Software 国家职业教育软件技术专业教学资源库配套教材

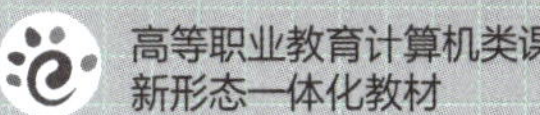

软件开发与项目管理

（第3版）

主编 朱利华 周伟 刘忠杰

中国教育出版传媒集团
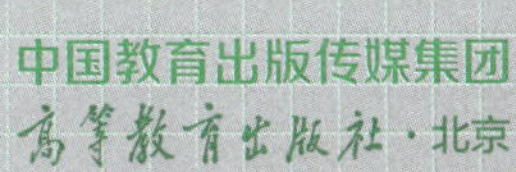
高等教育出版社·北京

内容简介

本书为“十四五”职业教育国家规划教材，也是国家职业教育软件技术专业教学资源库配套教材。

本书以教育案例“大学生综合素质拓展训练学分管理系统”作为贯穿全书的项目载体，重点阐述了软件开发的基本过程和项目管理方法。全书共分 8 个单元，单元 1 介绍了软件开发过程模型和软件开发方法概述；单元 2 ～ 6 系统阐述了需求分析、软件设计、编码、软件测试、软件部署与维护的软件开发完整过程；单元 7 以教育案例项目为例阐述了项目管理的重要内容，即项目计划制订、配置管理和质量管理；单元 8 是综合项目实战，用前 7 个单元中介绍的软件开发方法与项目管理知识阐述“学生公寓管理系统”的开发过程。

本书配有微课视频、课程标准、授课计划、授课用 PPT、案例素材等丰富的数字化学习资源。与本书配套的数字课程“软件开发与项目管理”已在“智慧职教”平台（www.icve.com.cn）上线，学习者可登录平台在线学习，授课教师可调用本课程构建符合自身教学特色的 SPOC 课程，详见“智慧职教”服务指南。教师也可发邮件至编辑邮箱 1548103297@qq.com 获取相关资源。

本书可作为高职高专院校软件技术与计算机应用专业方向的教材，也可以作为 IT 从业者、软件研发人员的参考书。

图书在版编目（CIP）数据

软件开发与项目管理 / 朱利华，周伟，刘忠杰主编 . 3 版 . -- 北京：高等教育出版社，2025.7. -- ISBN 978-7-04-063820-2

Ⅰ. TP311.52

中国国家版本馆 CIP 数据核字第 2025MY2677 号

Ruanjian Kaifa yu Xiangmu Guanli

策划编辑 傅　波　　责任编辑 傅　波　　封面设计 赵　阳　　版式设计 曹鑫怡
责任校对 张　薇　　责任印制 刘思涵

出版发行	高等教育出版社	网　　址	http://www.hep.edu.cn
社　　址	北京市西城区德外大街4号		http://www.hep.com.cn
邮政编码	100120	网上订购	http://www.hepmall.com.cn
印　　刷	高教社（天津）印务有限公司		http://www.hepmall.com
开　　本	787mm × 1092mm 1/16		http://www.hepmall.cn
印　　张	20.5	版　　次	2013 年 4 月第 1 版
字　　数	380千字		2025 年 7 月第 3 版
购书热线	010-58581118	印　　次	2025 年 7 月第 1 次印刷
咨询电话	400-810-0598	定　　价	55.00元

物 料 号　63820-00

“智慧职教”服务指南

“智慧职教”（www.icve.com.cn）是由高等教育出版社建设和运营的职业教育数字教学资源共建共享平台和在线课程教学服务平台，与教材配套课程相关的部分包括资源库平台、职教云平台和App等。用户通过平台注册，登录即可使用该平台。

● 资源库平台：为学习者提供本教材配套课程及资源的浏览服务。

登录“智慧职教”平台，在首页搜索框中搜索“软件开发与项目管理”，找到对应作者主持的课程，加入课程参加学习，即可浏览课程资源。

● 职教云平台：帮助任课教师对本教材配套课程进行引用、修改，再发布为个性化课程（SPOC）。

1. 登录职教云平台，在首页单击“新增课程”按钮，根据提示设置要构建的个性化课程的基本信息。

2. 进入课程编辑页面设置教学班级后，在“教学管理”的“教学设计”中“导入”教材配套课程，可根据教学需要进行修改，再发布为个性化课程。

● App：帮助任课教师和学生基于新构建的个性化课程开展线上线下混合式、智能化教与学。

1. 在应用市场搜索“智慧职教 icve”App，下载安装。

2. 登录App，任课教师指导学生加入个性化课程，并利用App提供的各类功能，开展课前、课中、课后的教学互动，构建智慧课堂。

“智慧职教”使用帮助及常见问题解答请访问 help.icve.com.cn。

总　　序

国家职业教育专业教学资源库是教育部、财政部为深化高职院校教育教学改革，加强专业与课程建设，推动优质教学资源共建共享，提高人才培养质量而启动的国家级建设项目。2011 年，软件技术专业被教育部、财政部确定为高等职业教育专业教学资源库立项建设专业，由常州信息职业技术学院主持建设软件技术专业教学资源库。

三年来，按照教育部提出的建设要求，建设项目组聘请了中国科学技术大学陈国良院士担任资源库建设总顾问，确定了常州信息职业技术学院、深圳职业技术学院、青岛职业技术学院、湖南铁道职业技术学院、长春职业技术学院、山东商业职业技术学院、重庆电子工程职业学院、南京工业职业技术学院、威海职业学院、淄博职业学院、北京信息职业技术学院、武汉软件工程职业学院、深圳信息职业技术学院、杭州职业技术学院、淮安信息职业技术学院、无锡商业职业技术学院、陕西工业职业技术学院 17 所院校和微软（中国）有限公司、国际商用机器（中国）有限公司（IBM）、思科系统（中国）网络技术有限公司、英特尔（中国）有限公司等 20 余家企业作为联合建设单位，形成了一支学校、企业、行业紧密结合的建设团队。依据软件技术专业“职业情境、项目主导”人才培养规律，按照“学中做、做中学”教学思路，较好地完成了软件技术专业资源库建设任务。

本套教材是“国家职业教育软件技术专业教学资源库”建设项目的重要成果之一，也是资源库课程开发成果和资源整合应用实践的重要载体。教材体例新颖，具有以下鲜明特色。

第一，根据学生就业面向与就业岗位，构建基于软件技术职业岗位任务的课程体系与教材体系。项目组在对软件企业职业岗位调研分析的基础上，对岗位典型工作任务进行归纳与分析，开发了“Java 程序设计”“软件开发与项目管理”等 12 门基于软件企业职业岗位的课程教学资源及配套教材。

第二，立足“教、学、做”一体化特色，设计三位一体的教材。从“教什么、怎么教”“学什么，怎么学”“做什么，怎么做”三个问题出发，每门课程均编写了“主体教材”“教学设计”“实训手册”等资源。

第三，有效整合教材内容与教学资源，打造立体化、自主学习式的新型教材。在教材编写的同时，各门课程开发了涵盖课程标准、学习指南、教学设计、电子课件、授课录像、课程案例、习题试题、经验技巧、常见问题及解答等在内的丰富的教学资源，同时与企业开发了大量的企业真实案例和培训资源包。

第四，有效地整合了教材内容与海量的网络技术专业教学资源，着力打造立体化、自主学习式的新形态一体化教材。教材创新采用辅学资源标注，通过图标形象地提示读者本教学内容所配备的资源类型、内容和用途，从而将教材内容和教学资源有机整合，浑然一体。通过对“知识点”提供与之对应的微课视频二维码，让读者以纸质教材为核心，通过互联网尤其是移动互联网，将多媒体的教学资源与纸质教材有机融合，实现“线上线下互动，新旧媒体融合”，称为“互联网+”时代教材功能升级和形式创新的成果。

第五，遵循工作过程系统化课程开发理论，打破“章、节”编写模式，建立了“以项目为导向，用任务进行驱动，融知识学习与技能训练与一体”的教材体系，体现高职教育职业化、实践化特色。

第六，本套教材装帧精美，采用双色印刷，并以新颖的版式设计，突出重点概念与技能，仿真再现软件技术相关资料。通过视觉效果搭建知识技能结构，给人耳目一新的感觉。

本套教材经过多年来在各高等职业院校中的使用，获得了广大师生的认可并收集到了宝贵的意见和建议，根据这些意见和建议并结合目前最新的课程改革经验，紧跟行业技术发展，在上一版教材的基础上，不断整合、更新和优化教材内容，将新技术、新工艺、新规范、典型生产案例及时纳入教学内容，与企业行业密切联系，内容及时反映产业升级和行业发展需求，保证教材内容紧跟行业技术发展动态，满足人才培养需求。

本套教材是在第一版基础上，几经修改，既具积累之深厚，又具改革之创新，是全国近20余所院校和20多家企业的110余名教师、企业工程师的心血与智慧的结晶，也是软件技术专业教学资源库三年建设成果的集中体现。我们相信，随着软件技术专业教学资源库的应用与推广，本套教材将会成为软件技术专业学生、教师、企业员工立体化学习平台中的重要支撑。

国家职业教育软件技术专业教学资源库项目组

第 3 版前言

本书是"十四五"职业教育国家规划教材，也是国家职业教育软件技术专业教学资源库配套教材。软件工程是研究软件开发与软件项目管理的一门工程科学，是软件技术与计算机应用等相关专业的主干课程，也是软件开发人员、分析设计人员、软件测试人员、软件管理人员、软件销售工程师、软件高层决策者等相关人员必学的课程，理论性较强。而软件开发与项目管理是与软件工程类似的一门课程，侧重于理论的具体应用。

本书以培养软件技术专业学生的综合职业能力为目标，根据本课程目标和软件工程项目的实际开发过程，基于对课程体系和教学内容的考虑，选用一个真实的、已实际开发完成的项目作为载体，将项目的开发过程与管理过程贯穿全书，并对各个阶段的内容根据实际工作过程划分成若干任务，每个任务都反映了软件开发过程中不同工作环节的要求。最后设置了一个实战演练项目，让学生利用课余时间进行实战演练，根据要求自主完成，以进一步巩固所学的知识并获得软件项目开发的实战经验。

本次修订加印，为加快党的二十大精神进教材、进课堂、进头脑，增加了"实事求是反映用户实际需求的软件开发落脚点""规范化是软件开发的质量保障""软件安全管理要融入软件开发全过程"等拓展阅读内容，通过科学思维方法的创新内容，不断提高战略思维、历史思维、辩证思维、系统思维、创新思维、法治思维、底线思维能力，贯彻"前瞻性思考、全局性谋划"的科学思维精神；对原有案例进行优化，重视思想意识引领，如结合国家安全与软件开发过程的安全管理，介绍中国文化自信大战略的相关内容，激发学生树立文化自立自强的信心；通过探究华为崛起的综合案例，介绍我国企业家艰难创业的心路历程，激发学生科技报国的信念，贯彻"坚持科技是第一生产力、人才是第一资源、创新是第一动力"的精神。

通过本书的学习，学生重点掌握需求分析、软件设计、编码、软件测试、部署与维护、项目管理的相关知识，掌握主流的编程技术，具有组织协作等综合素质，为以后从事软件开发与项目管理工作打下坚实的基础。

本书作为一本旨在培养高素质、技能型软件开发人员的教材，依据软件企业的开发流程和开发规范，以软件项目应用为主线，具有以下几个特点。

1. 引入软件开发及管理规范，突出对学生综合职业能力的培养

本书以软件项目应用为主线，采用业界流行的软件开发过程规范和管理规范进行软件项目的开发和管理，通过体验式的软件项目开发实训模式，选取真实项目"大学生综合素质拓展训练学分管理系统"作为载体，将整个管理系统软件的开发过程分解为开发方法与模型的

选取、需求分析、软件设计、编码、软件测试、软件部署与维护及项目管理7个能力培养模块，让学生经历真实的软件开发过程，体会企业规范化、标准化、专业化的软件开发流程和管理规范，使学生在走出校门之前具备实际、正规的软件开发项目的经验，具备作为程序员应有的基本技能和素质。

2. 以软件开发工作过程设计学习过程，选取典型工作任务组织教学内容

将项目的开发过程与管理过程贯穿全书，并对各个阶段的内容根据实际工作过程划分成若干任务，每个任务都以任务简介、任务分析、支撑知识、任务实施、任务小结和拓展任务进行展开。以工作任务为载体设计教学过程和教学模块，使学习内容联系软件技术行业的实际工程项目，进行任务驱动式教学，从而将学生置于发现问题、提出问题、思考问题、探究问题、解决问题的动态过程中学习。

3. 配套的“立体化”教学及学习资源

本书是国家职业教育软件技术专业教学资源库“软件开发与项目管理”课程的配套教材。“软件开发与项目管理”课程作为国家职业教育软件技术专业教学资源库建设课程之一，开发了丰富的数字化教学资源，如下表所示。

序号	资源名称	表现形式与内涵
1	课程简介	Word 电子文档，包含对课程内容简单介绍和对课时数、适用对象，课程的作用和地位等项目的介绍，让学习者对“软件开发与项目管理”课程有初步的认识
2	学习指南	Word 电子文档，包括“软件开发与项目管理”课程的学习指南，告知学习该课程的学前要求、学习目标及要求、学习路径和课程资源导航
3	课程标准	Word 电子文档，包括课程定位、课程目标、课程内容与要求、教学资源建议、考核与评价建议、教学实施建议
4	整体设计	Word 电子文档，包含课程设计思路、课程内容设计、能力训练设计、考核评价设计，同时给出考核方案设计，让教师理解课程的设计理念，有助于教学实施
5	微课	MP4 视频文件，读者通过扫描书中二维码进行学习
6	说课 PPT 和录像	PPT 电子课件和说课视频文件，可帮助教师理解如何教好软件开发与项目管理这门课程
7	单元设计	Word 电子文档，包括该教学单元的目标设计、教学内容、重点难点、过程设计、课后作业灯，帮助教师完成一堂课的教学细节分析
8	授课录像	AVI 视频文件，提供给学习者更加直观的学习，有助于学习知识
9	课程 PPT	PPT 电子文件，也可供教师根据具体需要加以修改后使用

续表

序号	资源名称	表现形式与内涵
10	单元案例	Word 或 Excel 电子文档，包括“软件开发与项目管理”课程的各个单元的教学案例，帮助学习者更好地消化和实践对应单元知识
11	习题库、试题库	网上资源，资源库为每个注册的用户提供了不同单元习题和试题在线测试，让学习者自主测试知识掌握情况
12	综合案例	Word 电子文档，“软件开发与项目管理”课程的综合案例
13	学生作品	Word 电子文档，学习者在学习“软件开发与项目管理”课程过程中的作品
14	参考资源	Word、Excel 电子文档或压缩包，包括文档模板、工具使用手册、常见问题解答、经验技巧等参考资源
15	企业真实案例	Word 电子文档和视频，提供 25 个企业真实案例开发过程中的文档，以及“跟我学”开发视频

本书配有微课视频、课程标准、授课计划、授课用 PPT、案例素材等丰富的数字化学习资源。与本书配套的数字课程“软件开发与项目管理”已在“智慧职教”平台（www.icve.com.cn）上线，学习者可登录平台在线学习，授课教师可调用本课程构建符合自身教学特色的 SPOC 课程，详见“智慧职教”服务指南。教师也可发邮件至编辑邮箱 1548103297@qq.com 获取相关资源。

本书由常州信息职业技术学院院长眭碧霞主审，朱利华、周伟、刘忠杰主编。眭碧霞负责审核教材内容和制定编写思路；朱利华负责内容的设计，以及统稿、定稿和终审工作；周伟负责项目的设计和实现。其中，朱利华编写单元 1、单元 4、单元 7 和单元 8，周伟编写单元 2，刘忠杰编写单元 3，简勇编写单元 5，余永佳编写单元 6。

本书在编写过程中得到了深圳职业技术学院、青岛职业技术学院、湖南铁道职业技术学院、长春职业技术学院、山东商业职业技术学院、南京工业职业技术学院、重庆电子工程职业学院、北京信息职业技术学院、淮安信息职业技术学院、武汉软件工程职业技术学院等的大力支持，在此一并表示衷心的感谢。

由于编者水平有限，难免有疏漏和不足之处，敬请广大读者和专家给予批评、指正。

编 者

2024 年 12 月

目　录

单元 1

软件开发过程模型和软件开发方法概述

学习目标

【知识目标】

- 理解软件开发过程模型。
- 理解软件开发方法。
- 理解瀑布模型、快速原型模型、敏捷模型和混合模型的适用场景。
- 理解结构化方法、面向对象的软件开发方法和可视化开发方法。
- 了解增量模型、演化模型、螺旋模型、喷泉模型和智能模型。
- 了解面向数据结构的软件开发方法、面向问题的分析法、ICASE 方法、软件重用和组件连接。

【能力目标】

- 能区分主流开发模型的特点，并根据场合合理选取开发模型。
- 会使用敏捷开发过程模型和面向对象开发方法。

【素养目标】

- 了解软件行业发展历史、现状、趋势和软件行业的奋斗故事，激发科技报国的社会责任感和使命担当。
- 通过对比软件生命周期目标，能够正确树立正确的人生目标，做好职业规划。
- 通过软件开发过程模型和开发方法的选择，明白人生成长既要正确的方法指导，也要管理好过程，还要善假于物，用好各类工具和资源。

单元介绍

软件开发是根据用户要求开发出软件系统或者系统中软件部分的过程。软件开发是一项包括分析、设计、编码、测试和维护 5 个阶段的系统工程。开发平台、开发环境和开发语言也是软件开发必须选择的实现手段。该单元重点介绍如何对一个软件项目进行开发，涵盖了软件开发的 5 个阶段。学习者可能只会从事或者未来会从事 5 个阶段中的某一个或几个阶段的工作，但是深入地理解这 5 个阶段在软件开发过程中的作用和关系，仍是一个软件从业人员必须掌握的技能。

软件开发过程模型和软件开发方法概述

如何在有限的时间周期内开发出一个符合用户需求的软件，这在现在和未来都是软件开发团队及其人员的终极目标。为了实现这个目标，既需要深刻理解软件开发过程中的分析、设计、编码、测试和维护这 5 个阶段需要完成的任务和各阶段的关系，也需要选择必要的软件开发过程模型和软件开发方法来开展对应的实际软件开发活动。

软件开发过程模型和软件开发方法是一些模式和方法高度凝练的总结。它们在现代软件开发中不断地演化和提升，目前，大量的软件系统仍然遵循其中的模型和方法。在全面、深入地学习软件开发的 5 个阶段之前，应该先完成本章的两个任务：软件开发过程模型的选取和软件开发方法的选择。

【重难点】软件开发过程模型的选取和软件开发方法的选择。

任务一　软件开发过程模型

任务简介

软件开发过程模型就是对于项目开发过程的概念建模，从而能够在理论上对软件项目开发过程进行量化分析。软件开发活动的多样性决定了软件开发过程模型也是多样的，开发技术和工具的发展也推动着软件开发过程模型的更新和发展。选择一个合适的软件开发过程模型，对于软件开发的质量和效率有着重要的意义。

支撑知识

同任何事物一样，一个软件产品或软件系统也要经历孕育、诞生、成长、成熟、衰亡等阶段，一般称为软件生存周期（软件生命周期）。

思政小课堂

把整个软件生存周期划分为若干阶段，使得每个阶段有明确的任务，从而使规模大、结构和管理复杂的软件开发变得容易控制和管理。通常，软件生存周期包括可行性分析与开发项计划、需求分析、设计（概要设计和详细设计）、编码、测试、维护等活动。人们可以将这些活动以适当的方式分配到不同的阶段去完成。

软件开发过程模型是软件开发全过程、软件开发活动及它们之间关系的结构框架。

一、瀑布模型

1970 年，温斯顿 • 罗伊斯提出了瀑布模型（Waterfall Model）。直到 20 世纪 80 年代早期，它一直是唯一被广泛采用的软件开发过程模型。

瀑布模型将软件生命周期划分为制订计划、需求分析、软件设计、程序编写、软件测试和运行维护 6 个基本活动，并且规定了它们自上而下、相互衔接的固定次序，如同瀑布流水，逐级下落，如图 1-1 所示。

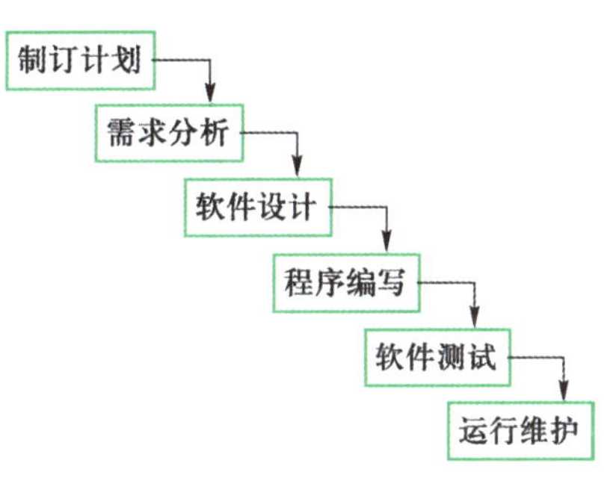

图 1-1 瀑布模型

微课 1-1 瀑布模型工程

在瀑布模型中，软件开发的各项活动严格按照线性方式进行，当前活动接收上一项活动的工作结果，实施并完成所需的工作内容。当前活动的工作结果需要进行验证，如果验证通过，则该结果作为下一项活动的输入，继续进行下一项活动，否则返回修改。

瀑布模型强调文档的作用，并要求每个阶段都要仔细验证。但是，这种模型的线性过程太理想化，已不再适合现代的软件开发模式，几乎被业界抛弃，其主要问题如下。

① 各个阶段的划分完全固定，阶段之间产生大量的文档，极大地增加了工作量。

② 由于开发模型是线性的，因此用户只有等到整个过程末期才能看到开发成果，从而增加了开发的风险。

③ 早期的错误可能要等到开发后期的测试阶段才能发现，进而带来严重

的后果。

应该认识到，线性是人们最容易掌握并能熟练应用的思想方法。当人们碰到一个复杂的非线性问题时，总是千方百计地将其分解或转化为一系列简单的线性问题，然后逐个解决。一个软件系统的整体可能是复杂的，而单个子程序总是简单的，可以用线性的方式来实现。线性是一种简洁，简洁就是美。当领会了线性的精神后，就不要呆板地套用线性模型的外表，而应该灵活运用。例如，增量模型的实质就是分段的线性模型，螺旋模型则是接连的、弯曲了的线性模型，在其他模型中也能够找到线性模型的影子。

二、快速原型模型

原型是指模拟某种产品的原始模型，在有些产业中经常使用。软件开发中的原型是软件的一个早期可快速原型模型运行的版本，它反映了最终系统的重要特性。

快速原型模型（Rapid Prototype Model）又称原型模型，它是增量模型的另一种形式。它是在开发真实系统之前构造一个原型，然后在该原型的基础上，逐渐完成整个系统的开发工作。快速原型模型的第一步是快速建造一个原型，实现客户或未来的用户与系统的交互，客户或用户对原型进行评价，进一步细化待开发软件的需求。通过逐步调整原型使其满足客户的要求，开发人员可以确定客户的真正需求是什么。第二步则在第一步的基础上开发客户满意的软件产品。快速原型模型如图 1-2 所示。

微课 1-2 快速原型模型工程

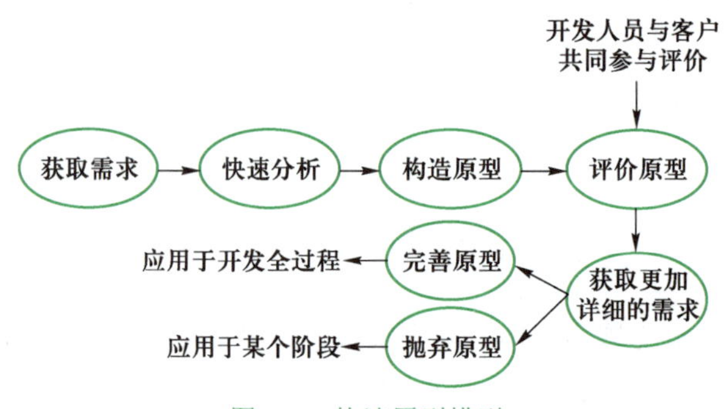

图 1-2 快速原型模型

显然，快速原型模型可以克服瀑布模型的缺点，减少由于软件需求不明确带来的开发风险，具有显著的效果。

快速原型模型的关键在于尽可能快速地建造出软件原型，一旦确定了客户的真正需求，所建造的原型将被丢弃或被修改。因此，原型系统的内部结构并不重要，重要的是必须迅速建立并修改原型，以反映客户的需求。

1. 快速原型模型思想的产生

由于种种原因，要在需求分析阶段得到完全、一致、准确、合理的需求说明是很困难的。在获得一组基本需求说明后，就应快速地使其“实现”。通过原型反馈，加深对系统的理解，并满足用户的基本要求，使用户在试用过程中受到启发，然后对需求说明进行补充和精确化，消除不协调的系统需求，逐步确定各种需求，从而获得合理、协调一致、无歧义的、完整的、现实可行的需求说明。可把快速原型模型思想用到软件开发的其他阶段，向软件开发的全过程扩展，即先用相对少的成本在较短的周期开发一个简单的但可以运行的系统原型，然后向用户演示或让用户试用，以便及早明确并检验一些主要设计策略，最后在此基础上开发实际的软件系统。

2. 快速原型模型的原理

快速原型模型利用的是原型辅助软件开发的一种新思想。经过简单、快速的分析，快速实现一个原型，用户与开发人员在试用原型过程中加强通信与反馈，通过反复评价和改进原型，减少误解，弥补漏洞，适应变化，最终提高软件质量。

3. 快速原型模型的类型

（1）探索型原型

该原型是把原型用于开发的需求分析阶段，目的是明确用户的需求，确定所期望的特性，并探索各种方案的可行性。它主要针对开发目标模糊的情况，以及用户与开发人员对项目都缺乏经验的情况，通过对原型的开发来明确用户的需求。

（2）实验型原型

这种原型主要用于设计阶段，可评价实现方案是否合适，能否实现。对于一个大型系统，若对设计方案没有把握，可通过这种原型来证实设计方案的正确性。

（3）演化型原型

这种原型主要用于及早地向用户提交一个原型系统。该原型系统或者包含系统的框架，或者包含系统的主要功能。在得到用户的认可后，将原型系统不断扩充，从而演变为最终的软件系统。它将原型的思想扩展到软件开发的全过程。

4. 快速原型模型的运用方式

由于运用原型的目的和方式不同，因此在使用原型时采取的策略也不同，有抛弃策略和附加策略。

（1）抛弃策略

抛弃策略可将原型用于开发过程的某个阶段，促使该阶段的开发结果更加完整、准确、一致、可靠。该阶段结束后，原型随之作废。探索型模型和实验型模型就是采用的此策略。

（2）附加策略

附加策略可将原型用于开发的全过程。原型由最基本的核心开始，逐步增加新的功能和新的需求，经过反复修改和扩充，最后发展为用户满意的最终系统，演化型原型就是采用的此策略。

不管采用何种形式、何种策略运用快速原型，都主要取决于软件项目的特点、人员素质、可供支持的原型开发工具和技术等，还要根据实际情况来决定。

5. 快速原型模型的开发步骤

（1）快速分析

在分析人员与用户的密切配合下，迅速确定系统的基本需求，根据原型所要体现的特征描述基本需求，以满足开发原型的需要。

（2）构造原型

在快速分析的基础上，根据基本需求说明尽快实现一个可运行的系统。这里要求具有强有力的软件工具的支持，并忽略最终系统在某些细节上的要求，如安全性、坚固性、例外处理等，主要考虑原型系统是否能够充分反映所要评价的特性，并暂时删除一切次要内容。

（3）运行原型

运行原型是发现问题、消除误解、开发者与用户充分协调的一个步骤。

（4）评价原型

在运行原型的基础上，考核评价原型的特性，分析运行效果是否满足用户的需求，纠正过去交互中的误解与分析中的错误，增添新的要求，并满足因环境变化或用户的新想法引起的系统要求变动，提出全面的修改意见。

（5）修改

根据评价原型的活动结果进行修改。若原型未满足需求说明的要求，则说明对需求说明存在不一致的理解或实现方案不够合理，此时应根据明确的要求迅速修改原型。

6. 快速原型模型和瀑布模型的对比

传统的瀑布模型本质上是一种线性顺序模型，存在着比较明显的缺点，各阶段之间存在着严格的顺序性和依赖性，特别是强调预先定义需求的重要性。在着手进行具体的开发工作之前，必须通过需求分析预先定义并“冻结”软件需求，然后一步一步地实现这些需求。但是实际上，很少项目是遵循这种线性顺序。在系统建立之前，很难只依靠分析就确定出一套完整、准确、一致和有效的用户需求，这种预先定义需求的方法更不能适应用户需求不断变化的情况。

用户不断变化的需求具体表现在如下几方面。

① 需求是可变的。某些应用软件的需求与外部环境、应用领域等密切相关，因此需求是随时变化的，按照预先指定的需求开发软件，当软件开发出来时往往已经过时，不符合用户的需要。

② 需求是模糊的。对于大多数的应用系统，例如管理信息系统，其需求往往很难预先准确地定义，也就是说，预先定义需求的策略所做出的假设只对某些软件成立，对多数软件并不成立。许多用户对他们的最初需求只有模糊的概念，让一个对需求只有初步设想的人准确无误地列出全部需求，显然是不切实际的。

③ 用户和开发人员沟通困难。大多数用户不热悉计算机和软件开发技术，软件开发人员也往往不熟悉用户的专业领域，因此，开发人员和用户之间很难做到完全沟通和相互理解，在需求分析阶段做出的用户需求常常是不完整、不准确的。

传统的瀑布模型很难适应需求可变、需求不定的软件系统的开发，而且在开发过程中，用户很难参与进去，只有到开发结束才能看到整个软件系统。这种理想的、线性的开发过程缺乏灵活性，不适合实际的开发过程。而快速原型模型的提出，可以较好地解决瀑布模型的局限性。通过建立原型，可以更好地和用户进行沟通，对一些模糊需求进行澄清，并且对需求的变化有较强的适应能力。原型模型可以减少技术、应用的风险，缩短开发时间，减少费用，提高生产率，通过实际运行原型，提供了用户直接评价系统的方法，促使用户主动参与开发活动，加强了信息的反馈，促进了各类人员的协调交流，减少误解，能够适应需求的变化，最终有效提高软件系统的质量。

7. 快速原型模型的缺点

① 没有考虑软件的整体质量和长期的可维护性。

② 这种模型在大部分情况下是不合适的，采用该种模型往往是为了演示功能的需要或它的方便性。

③ 由于达不到质量要求可能被抛弃，而采用新的模型重新设计。

8. 快速原型模型的优点

① 该原型模型比较适合下面情况：用户和开发人员达成一致协议；原型被建造仅为了定义需求，之后就被抛弃或者部分抛弃。

② 能快速吸引用户，从而抢占市场。

三、增量模型

与建造大厦相同，软件也是一步一步建造起来的。在增量模型（Incremental Model）中，软件被作为一系列的增量构件来分析、设计、编码和测试，每一个构件由多种相互作用的模块所形成的提供特定功能的代码片段构成。增量模型如图 1-3 所示。

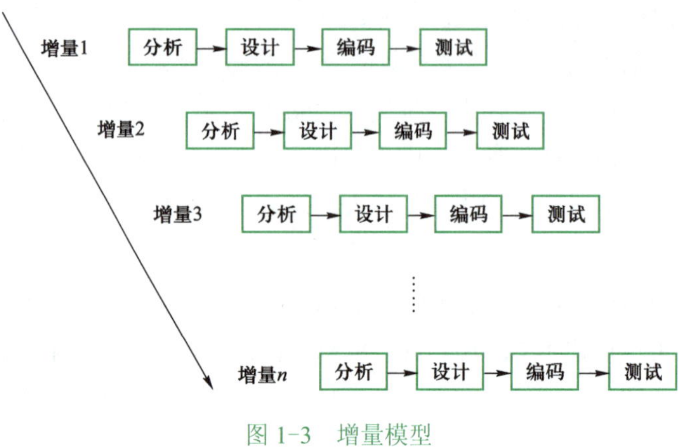

图 1-3 增量模型

增量模型在各个阶段并不交付一个可运行的完整产品，而是交付满足客户需求的一个子集的可运行产品。整个产品被分解成若干个构件，开发人员逐个构件地交付产品，这样做的好处是软件开发可以较好地适应变化，客户可以不断地看到所开发的软件，从而降低开发风险。

在使用增量模型时，第一个增量往往是实现基本需求的核心产品。核心产品交付用户使用后，经过评价形成下一个增量的开发计划，它包括对核心产品的修改和一些新功能的发布。这个过程在每个增量发布后不断重复，直到产生最终的产品，例如，使用增量模型开发字处理软件，第一个增量发布基本的文件管理、编辑和文档生成功能，第二个增量发布更加完善的编辑和文档生成功能，第三个增量实现拼写和文法检查功能，第四个增量完成高级的页面布局功能。

微课 1-3 增量模型

增量模型融合了线性顺序模型的基本成分和原型实现模型的迭代特征。增量模型采用随着日程时间的进展而交错的线性序列，每一个线性序列产生软件的一个可发布的“增量”。当使用增量模型时，第一个增量往往是核心的产品，也就是说第一个增量实现了基本的需求，但很多补充的特征还没有发布。客户对每一个增量的使用和评估，都作为下一个增量发布的新特征和功能。增量模型强调每一个增量均发布一个可操作的产品。

1. 增量模型的缺点

① 由于各个构件是逐渐并入已有的软件体系结构中的，所以加入构件必须不破坏已构造好的系统部分，这需要软件具备开放式的体系结构。

② 在开发过程中，需求的变化是不可避免的。增量模型的灵活性使其适应这种变化的能力大大优于瀑布模型和快速原型模型，但也很容易退化为边做边改的原始模型，从而使软件过程的控制失去整体性。

2. 增量模型的优点

① 人员分配灵活，刚开始不用投入大量的人力资源，当核心产品很受欢迎时可增加人力，实现下一个增量。

② 当配备的人员不能在设定的期限内完成产品时，它提供了一种先推出核心产品的途径，这样就可以先发布部分功能给客户，对客户起到镇静的作用。

四、螺旋模型

1988 年，巴利玻姆（Barry Boehm）正式发表了软件系统开发的螺旋模型（Spiral Model）。它将瀑布模型和快速原型模型结合起来，强调了其他模型所忽视的风险分析，特别适合于大型复杂的系统。

螺旋模型沿着螺旋线进行若干次迭代，图 1-4 中的 4 个象限代表了以下活动。

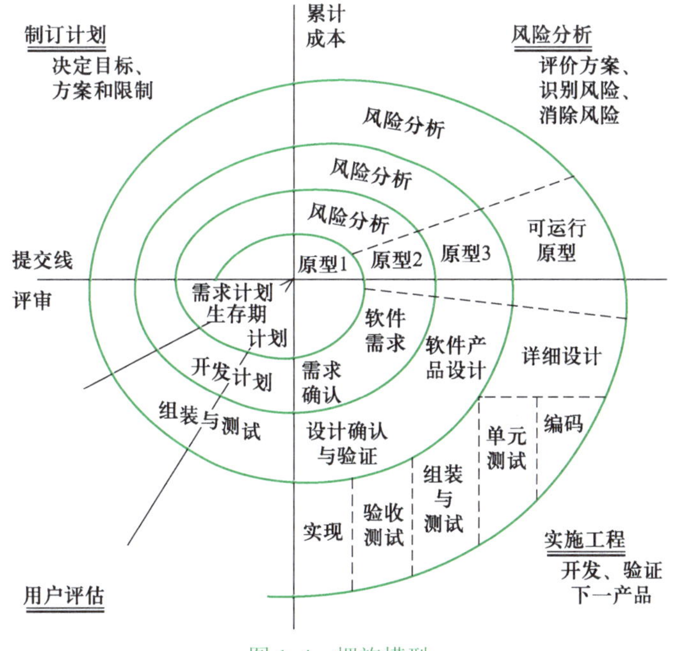

图 1-4 螺旋模型

微课 1-4 螺旋模型

① 制订计划：确定软件目标，选定实施方案，弄清项目开发的限制条件。

② 风险分析：分析评估所选方案，考虑如何识别和消除风险。

③ 实施工程：实施软件开发和验证。

④ 用户评估：评价开发工作，提出修正建议，制订下一步计划。

螺旋模型采用一种周期性的方法来进行系统开发，从而开发出众多的中间版本。使用它，项目经理在早期就能够为用户实证某些概念。该模型是快速原型法，以进化的开发方式为中心，在每个项目阶段使用瀑布模型法。这种模型的每一个周期都包括制订计划、风险分析、实施工程和用户评估 4 个阶段，由这 4 个阶段进行迭代。在软件开发过程中，每迭代一次，软件开发就前进一个层次。螺旋模型如图 1-4 所示。

螺旋模型的基本做法是，在瀑布模型的每一个开发阶段前引入非常严格的风险识别、风险分析和风险控制。它把软件项目分解成一个个小项目，每个小项目都标识一个或多个主要风险，直到所有的主要风险因素都被确定。

螺旋模型强调风险分析，使得开发人员和用户对每个演化层出现的风险都有所了解，继而做出应有的反应，因此特别适用于庞大、复杂且具有高风险的系统。对于这些系统，风险是软件开发不可忽视的潜在的不利因素，它可能在不同程度上损害软件开发过程，影响软件产品的质量。减小软件风险的目标是，在造成危害之前及时对风险进行识别及分析，从而决定采取何种对策，进而消除或减少风险的损害。

1. 螺旋模型的限制条件

① 螺旋模型强调风险分析，但要使许多用户接受和相信这种分析并采取相关措施是不容易的，因此，这种模型往往适应于大规模的软件开发。

② 如果执行风险分析会大大影响项目的利润，那么进行风险分析毫无意义，因此，螺旋模型只适合于大规模软件项目。

③ 软件开发人员应该擅长寻找可能的风险，并准确地分析风险，否则将会带来更大的风险。

2. 螺旋模型的缺点

① 很难让用户确信这种演化方法的结果是可以控制的。

② 建设周期长，而软件技术发展比较快，所以经常出现软件开发完毕后和当前的技术水平有较大差距的问题，无法满足当前的用户需求。

3. 螺旋模型的优点

① 设计上的灵活性，可以在项目的各个阶段进行变更。

② 以小的分段来构建大型系统，使成本计算变得简单、容易。

③ 用户始终参与每个阶段的开发，保证了项目不偏离正确方向及不失去

项目的可控性。

④ 随着项目推进，用户始终掌握项目的最新信息，从而能够和管理层有效地交互。

⑤ 用户认可这种公司内部的开发方式带来的良好的沟通和高质量的产品。

五、喷泉模型

微课 1-5　喷泉模型

喷泉模型（Fountain Model）是一种以用户需求为动力，以对象为驱动的模型，主要用于采用对象技术的软件开发项目。在喷泉模型中，软件开发过程的各阶段是相互迭代的、无间歇的。软件的某个部分常常被重复工作多次，相关对象在每次迭代中加入渐进的软件成分。无间隙是指在各项活动之间无明显边界，如分析和设计活动之间没有明显的界线。由于对象概念的引入，表达分析、设计、实现等活动只用对象类和关系，从而可以较容易地实现活动的迭代和无间隙，使其开发自然地包括复用。喷泉模型如图 1-5 所示。

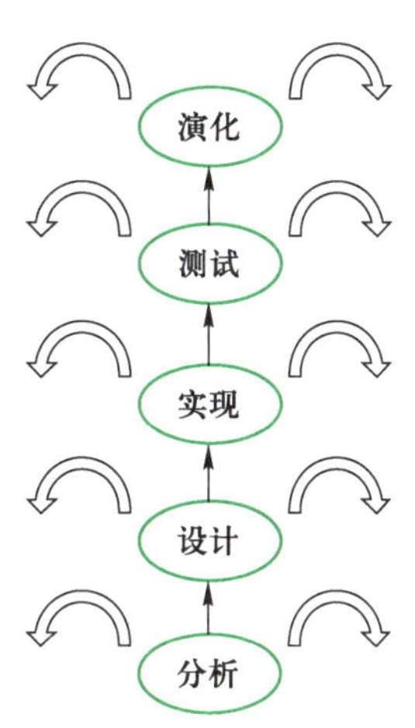

图 1-5　喷泉模型

喷泉模型与传统的结构化生存期比较，具有更多的增量和迭代性质。生存期的各个阶段可以相互重叠和多次反复，而且在项目的整个生存期中还可以嵌入子生存期，就像水喷上去又可以落下来，可以落在中间，也可以落在最底部。

1. 喷泉模型的缺点

由于喷泉模型在各个开发阶段是重叠的，因此在开发过程中需要大量的开发人员，从而不利于项目的管理。此外，这种模型要求严格管理文档，使得审核的难度加大，尤其是面对可能随时加入各种信息、需求与资料的情况。

2. 喷泉模型的优点

喷泉模型不像瀑布模型，喷泉模型需要分析活动结束后开始设计活动，需要设计活动结束后开始编码活动。该模型的各个阶段没有明显的界线，开发人员可以同步进行开发。因此其优点是，可以提高软件项目开发效率，节省开发时间，适用于面向对象的软件开发过程。

六、敏捷模型

敏捷模型（Agile Model）是一种从 20 世纪 90 年代开始逐渐引起广泛关注的过程模型，是应对快速变化的需求的一种软件开发能力。它们的具体名称、理念、过程、术语都不尽相同。相对于非敏捷模型，更注重程序员团队与业务专家之间的紧密协作、面对面的沟通（认为比书面的文档更有效）、频繁交付新的软件版本、紧凑而自我组织型的团队、能够很好地适应需求变化的代码编写和团队组织方法，也更注重软件开发中人的作用。敏捷开发是一种以人为核心的、迭代的、循序渐进的开发方法和过程。

1. 敏捷模型的价值观

① 人和交互重于过程和工具。

② 可以工作的软件重于求全责备的文档。

③ 用户协作重于合同谈判。

④ 随时应对变化重于循规蹈矩。

2. 敏捷模型的原则

① 通过尽早和不断交付有价值的软件满足客户需要。

② 欢迎需求的变化，即使在开发后期，敏捷过程也能够驾驭变化，保持用户的竞争优势。

③ 经常交付可以工作的软件，从几星期到几个月，时间尺度越短越好。

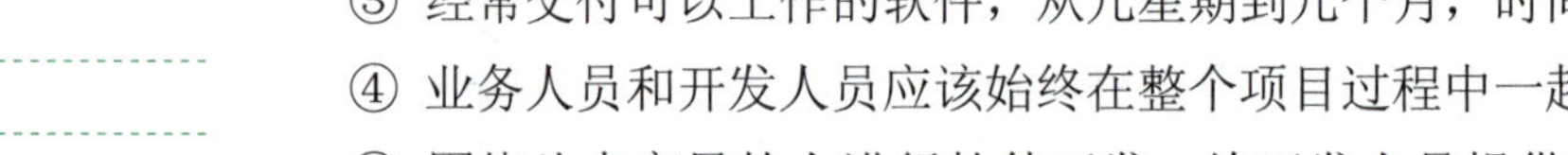

④ 业务人员和开发人员应该始终在整个项目过程中一起工作。

⑤ 围绕斗志高昂的人进行软件开发，给开发人员提供适宜的环境，满足他们的需要，并相信他们能够完成任务。

⑥ 在开发小组中，最有效率也最有效果的信息传达方式是面对面地交谈。

⑦ 可以工作的软件是进度的主要度量标准。

⑧ 敏捷过程提倡可持续开发。出资人、开发人员和用户应该总是维持不变的节奏。

⑨ 对卓越技术与良好设计的不断追求将有助于提高敏捷性。

⑩ 简单、尽可能减少工作量的技术至关重要。

⑪ 最好的架构、需求和设计都源自自我组织的团队。

⑫ 每隔一定时间，团队都要总结如何更有效率地工作，然后相应地调整自己的行为。

微课 1-6 敏捷模型

3. 对比其他软件过程模型

敏捷模型有时候被误认为是无计划性和纪律性的方法，实际上更确切的说法是，敏捷模型强调适应性而非预见性。

适应性的方法集中表现在快速适应现实的变化。当项目的需求变化时，团队应该迅速适应。

（1）对比增量模型

增量模型和敏捷模型都强调在较短的开发周期提交软件，但敏捷模型的周期可能更短，并且更加强调队伍中的高度协作。

（2）对比瀑布模型

两者没有很多的共同点。瀑布模型是最典型的预见性的方法，严格遵循预先计划的需求、分析、设计、编码、测试的步骤顺序进行。步骤成果作为衡量进度的方法，例如需求规格、设计文档、测试计划和代码审阅等。

瀑布模型的主要问题是，它的严格分级导致的自由度降低，项目早期作出的承诺导致对后期需求的变化难以调整，代价高昂。瀑布模型在需求不明确，并且在项目进行过程中可能变化的情况下，基本是不可行的。

相对来讲，敏捷模型可在几周或者几个月的时间内完成相对较小的功能，强调的是能尽早使可用功能交付使用，并在整个项目周期中持续改善和增强。有些人可能会在小规模范围内的每次迭代中使用瀑布式方法，还有些人可能会选择各种工作并行进行，例如极限编程。

七、智能模型

智能模型（Intelligent Model）也称为“基于知识的软件开发模型”，它把瀑布模型和专家系统结合在一起，利用专家系统来帮助软件开发人员进行工作。该模型应用基于规则的系统，采用归纳和推理机制，使维护在系统规格说明一级进行。这种模型在实施过程中将以软件工程知识为基础的生成规则构成的知识系统与包含应用领域知识规则的专家系统相结合，从而构成这一应用领域软件的开发系统。

智能模型拥有一组工具（如数据查询、报表生成、数据处理、屏幕定义、代码生成、高层图形功能及电子表格等），每个工具都能使开发人员在高层次上定义软件的某些特性，并把开发人员定义的这些软件自动地生成源代码。这种方法需要四代语言（4GL）的支持。

4GL 不同于三代语言，其主要特征是用户界面极其友好，即使没有受过训练的非专业程序员，也能用它编写程序。它是一种声明式、交互式和非过程性编程语言。

4GL 还具有高效的程序代码、智能缺省假设、完备的数据库和应用程序生成器。目前市场上流行的 4GL 都不同程度地具有上述特征。但 4GL 目前主要限于事务信息系统的中小型应用程序的开发。

智能模型所要解决的问题是特定领域的复杂问题，涉及大量的专业知识，而开发人员一般不是该领域的专家，他们对特定领域的熟悉需要一个过程，所以软件需求在初始阶段很难定义得完整。因此，采用原型实现模型需要通过多次迭代来精化软件需求。智能模型以知识作为处理对象，这些知识既有理论知识，也有特定领域的经验。在开发过程中需要将这些知识从书本中和特定领域的知识库中抽取出来（即知识获取），选择适当的方法进行编码（即知识表示），然后建立知识库。将模型、软件工程知识与特定领域的知识分别存入数据库，在这个过程中需要系统开发人员与领域专家的密切合作。智能模型开发的软件系统强调数据的含义，并试图使用现实世界的语言表达数据的含义。该模型可以勘探现有的数据，从中发现新的事实方法，从而指导用户以专家的水平解决复杂的问题。它以瀑布模型为基本框架，在不同开发阶段引入了原型实现方法和面向对象技术以克服瀑布模型的缺点，适用于特定领域软件和专家决策系统的开发。

一系列软件工具的使用是第四代技术的特点。这些工具有一个共同的特点，即能够使软件工程师们在较高级别上规约软件的某些特征，然后根据开发人员的规约自动生成源代码。软件在越高的级别上被规约，就越能被快速地开发出程序。

1. 智能模型的缺点

① 用工具生成的源代码可能是“低效”的。

② 生成的大型软件的可维护性目前还令人怀疑。

③ 在某些情况下可能需要更多的时间。

2. 智能模型的优点

① 缩短了软件的开发时间，提高了建造软件的效率。

② 对很多不同的应用领域提供了一种可行性途径和解决方案。

八、混合模型

混合模型（Hybrid Model）又称元模型（Meta-Model），就把几种不同模型组合成一种，它允许一个项目沿着最有效的路径发展。实际上，一些软件开发单位都使用几种不同的开发方法组成他们自己的混合模型。

 任务实施

本书采用的项目载体是“大学生综合素质拓展学分管理系统”（后面简称为“学分管理系统”），在后面的单元中将针对该项目的开发过程的不同阶段进行展开。

在项目进行开发之前必须先选取合适的软件开发过程模型。软件开发过程模型的选取合理与否，会直接决定项目开发的成功与否。“学分管理系统”是一个高等学校普遍适用的小型系统。该系统面对的用户角色主要是系统管理员、学工处、系部和学生，主要目的是将学工处创建的项目进行发布，然

后将学生完成项目的成绩进行录入和汇总，最后将学生成绩进行分类和统计并分发到学工处和系部。系统管理员主要负责权限和角色的构建和分配。因为本项目规模相对较小，因此可以采用瀑布模型作为实现“大学生综合素质拓展学分管理系统”的结构框架。

任务小结

本任务介绍了软件开发过程模型，详细分析了瀑布模型、快速原型、增量模型、螺旋模型、喷泉模型和敏捷模型的开发方法和每种模型的优缺点。任务实施中讨论“学分管理系统”的模型选取问题。

拓展训练

在教学过程中，作业批改是教学过程的一个必要环节，学生在线提交作业，老师在线评阅，并给出评语和分数。请针对“在线作业评分系统”的设计选取合适的开发模型。

【提示】分组讨论完成。

任务二　软件开发方法

任务简介

软件开发过程模型选定后，还要选择合适的开发方法。当今对于软件系统的开发，不仅需要掌握计算机开发语言的编程技巧，更重要的是掌握软件工程在需求分析、系统分析及测试阶段所需要的工作技巧，即软件的开发方法。选择好的软件开发方法可以保证项目有质量、高效地完成。

思政小课堂

支撑知识

在20世纪60年代中期爆发了众所周知的软件危机。为了克服这一危机，在1968年、1969年连续召开的两次著名的会议上提出了软件工程这一术语，并在以后不断发展、完善。与此同时，软件研究人员也在不断探索新的软件开发方法。下面将介绍6种主要的软件开发方法。

一、结构化方法

结构化方法是一种传统的软件开发方法，它是由结构化分析、结构化设计和结构化程序设计 3 部分有机组合而成的。它的基本思想是，把一个复杂问题的求解过程分阶段进行，而且这种分解是自顶向下、逐层分解，使得每个阶段处理的问题都控制在人们容易理解和处理的范围内。

结构化方法的基本要点是自顶向下、逐步求精、模块化设计。

① 结构化分析方法以自顶向下、逐步求精为基点，以一系列经过实践考验的被认为是正确的原理和技术为支撑，以数据流图、数据字典、结构化语言、判定表、判定树等图形表达为主要手段，强调开发方法的结构合理性和系统的结构合理性的软件分析方法。

② 结构化设计方法以自顶向下、逐步求精、模块化为基点，以模块化、抽象、逐层分解求精、信息隐蔽化及局部化、保持模块独立为准则的设计软件的数据架构和模块架构的方法。

③ 结构化方法按软件生命周期可划分为结构化分析（Structured Analysis，SA），结构化设计（Structured Design，SD）和结构化实现（Structured Programming，SP）。

其中要强调的是，结构化方法学是一个思想准则的体系，虽然有明确的阶段和步骤，但也集成了很多原则性的东西，所以要学会结构化方法不是能够单从理论知识上去了解就足够的，更多的还是要从实践中慢慢地理解每个准则，慢慢将其变成自己的方法。

结构化设计方法的设计原则如下。

① 每个模块尽量只执行一个功能（坚持功能性内聚）。

② 每个模块用过程语句（或函数方式等）调用其他模块。

③ 模块间传送的参数用做数据。

④ 模块间共用的信息（如参数等）尽量少。

微课 1–7　结构化方法

二、面向数据结构的软件开发方法

Jackson 方法是最典型的面向数据结构的软件开发方法，Jackson 方法把问题分解为可由 3 种基本结构形式表示的各部分的层次结构。3 种基本结构形式分别是顺序、选择和重复。3 种数据结构可以进行组合，形成复杂的结构体系。这一方法从目标系统的输入、输出数据结构入手，然后导出程序框架结构，最后补充其他细节，就可得到完整的程序结构图。

① 该方法以信息对象及其操作为核心进行需求分析。

② 复合信息对象具有层次结构，并且可以按照顺序、选择和重复 3 种结构分解为成员信息对象。

③ 提供由层次信息结构映射为程序结构的机制，从而为软件设计奠定良好的基础。

这一方法对输入、输出数据结构明确的中小型系统特别有效，如商业应用中的文件表格处理系统。该方法也可与其他方法结合，用于模块的详细设计。

微课 1-8　面向对象的软件开发方法

三、面向对象的软件开发方法

1. 传统开发方法存在的问题

传统的结构化开发方法存在以下问题。

（1）软件重用性差

重用性是指同一事物不经修改或稍加修改就可多次重复使用的性质。软件重用性是软件工程追求的目标之一。

（2）软件可维护性差

软件工程强调软件的可维护性，强调文档资料的重要性，规定最终的软件产品应该由完整、一致的配置成分组成。在软件开发过程中，始终强调软件的可读性、可修改性和可测试性是软件的重要质量指标。实践证明，用传统方法开发出来的软件，维护时的费用和成本很高，其原因是可修改性差，维护困难。

（3）开发出的软件不能满足用户需要

用传统的结构化方法开发大型软件系统会涉及各种不同领域的知识，在开发需求模糊或需求动态变化的系统时，所开发出的软件系统往往不能真正满足用户的需要。

用结构化方法开发的软件，其稳定性、可修改性和可重用性都比较差，这是因为结构化方法的本质是功能分解，从代表目标系统整体功能的单个处理着手，自顶向下不断把复杂的处理分解为子处理，这样一层一层地分解下去，直到仅剩下若干个容易实现的子处理功能为止，然后用相应的工具来描述各个最底层的处理。因此，结构化方法是围绕实现处理功能的“过程”来构造系统的。然而，用户需求的变化大部分是针对功能的，因此，这种变化对于基于过程的设计来说是灾难性的。用这种方法设计出来的系统结构常常是不稳定的，用户需求的变化往往造成系统结构的较大变化，从而需要花费很大的代价才能实现这种变化。

2. 面向对象方法的起源

面向对象方法（Object-Oriented Method）起源于面向对象的编程语言

（Object-Oriented Programming Language，OOPL）。

20 世纪 50 年代后期，在用 FORTRAN 语言编写大型程序时，常出现变量名在程序的不同部分发生冲突的问题。鉴于此，ALGOL 语言的设计者在 ALGOL60 中采用了以 Begin...End 为标识的程序块，使块内变量名是局部的，以避免它们与程序中块外的同名变量相冲突。这是编程语言中首次进行封装（保护）的尝试。此后，程序块结构广泛用于高级语言之中，如 Pascal、Ada、C。

60 年代中后期，Simula 语言在 ALGOL 的基础上被研制和开发，它将 ALGOL 的块结构概念向前发展一步，提出了对象的概念，并使用了类，也支持类继承。

70 年代，Smalltalk 语言诞生，它取 Simula 的类为核心概念，它的很多内容借鉴于 Lisp 语言。由 Xerox 公司经过对 Smautalk72、76 进行持续不断的研究和改进之后，于 1980 年推出并商品化。它在系统设计中强调对象概念的统一，引入对象、类、方法、实例等概念和术语，采用动态联编和单继承机制。

从 80 年代起，人们基于以往提出的有关信息隐蔽和抽象数据类型等概念，以及由 Modula2、Ada 和 Smalltalk 等语言所奠定的基础，再加上客观需求的推动，进行了大量的理论研究和实践探索，不同类型的面向对象语言（如 Objective-C、Eiffel、C++、Java、Object Pascal 等）逐步地发展和建立起较完整的面向对象方法概念理论体系和实用的软件系统。

面向对象源于 Simula，真正的 OOP 由 Smalltalk 奠基。Smalltalk 现在被认为是最纯的 OOPL。正是通过 Smalltalk80 的研制与推广应用，使人们注意到面向对象方法所具有的模块化、信息封装与隐蔽、抽象性、继承性、多样性等独特之处，这些优异特性为研制大型软件，以及提高软件可靠性、可重用性、可扩充性和可维护性提供了有效的手段和途径。

80 年代以来，人们将面向对象的基本概念和运行机制运用到其他领域，获得了一系列相应领域的面向对象的技术。面向对象方法已被广泛应用于程序设计语言、形式定义、设计方法学、操作系统、分布式系统、人工智能、实时系统、数据库、人机接口、计算机体系结构及并发工程、综合集成工程等，且在很多领域的应用都得到了很大的发展。

3. 面向对象方法的本质

面向对象方法的出发点和基本原则是尽可能模拟人类习惯的思维方式，使开发软件的方法与过程尽可能接近人类认识世界、解决问题的方法与过程。由于客观世界的问题都是由客观世界中的实体及实体相互间的关系构成的，因此人们把客观世界中的实体抽象为对象。持面向对象观点的程序设计者认为，计算机程序的结构应该与所要解决的问题一致，而不是与某种分析或开发方法保持一致。也就是说，系统中的对象及对象之间的关系能够如实地反映问题域中的固有事物及其关系。

4. 面向对象方法的基本概念

用计算机解决问题需要用程序设计语言对问题求解加以描述（即编程），实际上，软件是问题求解的一种表述形式。显然，假如软件能直接表现人们求解问题的思维路径（即求解问题的方法），那么软件不仅容易被人们理解，而且易于维护和修改，从而会保证软件的可靠性和可维护性，并能提高公共问题域中的软件模块和模块重用的可靠性。面向对象的理念和机制恰好可以按照人们通常的思维方式来建立问题域的模型，设计出尽可能自然地表现求解方法的软件。

（1）对象

对象（Object）是要研究的任何事物。从一本书到一家图书馆，从单个整数到整数列庞大的数据库，以及极其复杂的自动化工厂、航天飞机都可看做对象。对象不仅能表示有形的实体，也能表示无形的（抽象的）规则、计划或事件。对象由数据（描述事物的属性 Attribute）和作用于数据的操作（体现事物的行为 Method）构成独立整体。从程序设计者来看，对象是一个程序模块；从用户来看，对象为他们提供所希望的行为。在对内的操作通常称为方法。

对象指的是一个独立的实体，它能“学习一些事情”（即存储数据），“执行一些操作”（即封装服务），“与其他对象互动”（通过交换消息），从而完成系统的所有功能。

（2）类

类（Class）是对象的模板。类是对一组有相同数据和相同操作的对象的定义，一个类所包含的方法和数据描述一组对象的共同属性和行为。类是在对象之上的抽象，对象则是类的具体化，是类的实例。类可有其子类，也可有其他类，从而形成类层次结构。

（3）消息

对象之间进行通信的结构叫做消息（Message）。一般，消息由 3 部分组成：接收消息的对象、消息名及实际变量。在对象的操作中，当一个消息发送给某个对象时，消息包含接收对象去执行某种操作的信息。发送一条消息时，至少要包括说明接收消息的对象名、发送给该对象的消息名（即对象名、方法名）。一般还要对参数加以说明，参数可以是认识该消息的对象所知道的变量名，或者是所有对象都知道的全局变量名。

5. 面向对象方法的主要特征

（1）封装性

封装性（Encapsulation）是一种信息隐蔽技术，它体现于类的说明，是对象的重要特性。封装性可使数据和加工该数据的方法（函数）封装为一个整体，以实现独立性很强的模块，使用户只能看到对象的外特性（对象能接收哪些消息，具有哪些处理能力），而对象的内特性（保存内部状态的私有数据和实现加工能力的算法）对用户是隐蔽的。封装的目的在于把对象的设计者和对象的使用者分开，使用者不必知晓行为实现的细节，只需用设计者提供的消息来访问该对象即可。

（2）继承性

继承性（Inheritance）是子类自动共享父类之间数据和方法的机制。它由类的派生功能体现，一个类直接继承其他类的全部描述，同时可修改和扩充。继承具有传递性。继承分为单继承（一个子类只有一个父类）和多重继承（一个类有多个父类）。类的对象是各自封闭的，如果没有继承性机制，则类对象中的数据、方法就会出现大量重复。继承不仅支持系统的可重用性，而且还促进系统的可扩充性。

（3）多态性

对象会根据所接收的消息而做出动作。同一消息为不同的对象接收时可产生完全不同的行动，这种现象称为多态性（Polymorphism）。利用多态性，用户可发送一个通用的信息，而将所有的实现细节都留给接收消息的对象自行决定，如果是，同一消息即可调用不同的方法。例如，Print 消息被发送给一个图或表时调用的打印方法与将同样的 Print 消息发送给一个正文文件而调用的打印方法会完全不同。多态性的实现受到继承性的支持，利用类继承的层次关系，把具有通用功能的协议存放在类层次中尽可能高的地方，而将实现这一功能的不同方法置于较低层次，这样，在这些低层次上生成的对象就能给通用消息以不同的响应。在 OOPL 中可通过在派生类中重定义基类函数（定义为重载函数或虚函数）来实现多态性。

综上可知，在面向对象方法中，对象和传递消息分别表现事物及事物间相互联系的概念。类和继承是适应人们一般思维方式的描述范式。方法是允许作用于该类对象上的各种操作。这种对象、类、消息和方法的程序设计范式的基本点在于对象的封装性和类的继承性。通过封装能将对象的定义和对象的实现分开，通过继承性能体现类与类之间的关系，以及由此带来的动态联系和实体的多态性，从而构成了面向对象的基本特征。

6. 面向对象方法的实践

（1）自底向上的归纳

面向对象的软件开发方法的第一步是从问题的陈述入手，构造系统模型。从真实系统导出类的体系，即对象模型包括类的属性，与子类、父类的继承关系，以及类之间的关联。类是具有相似属性和行为的一组具体实例（客观对象）的抽象，父类是若干子类的归纳。因此，这是一种自底向上的归纳过程。在自底向上的归纳过程中，为使子类能更合理地继承父类的属性和行为，可能需要自顶向下的修改，从而使整个类体系更加合理。由于这种类体系的构造是从具体到抽象，再从抽象到具体，符合人类的思维规律，因此能更快、更方便地完成任务。在对象模型建立后，很容易在这一基础上导出动态模型和功能模型。这些模型一起构成所需要的系统模型。

（2）自顶向下的分解

系统模型建立后的工作就是分解。在面向对象的软件开发方法中通常按服务（Service）来分解。服务是具有共同目标的相关功能的集合，如 I/O 处理、图形处理等。这一步的分解通常很明确，而这些子系统的进一步分解因有较具体的系统模型为依据，也相对容易。所以，面向对象的软件开发方法也具有自顶向下方法的优点，既能有效地控制模块的复杂性，同时又避免了功能分解的困难和不确定性。

（3）面向对象的软件开发方法的基础是对象模型

每个对象类由数据结构（属性）和操作（行为）组成，有关的所有数据结构（包括输入 / 输出数据结构）都成了软件开发的依据。面向对象的软件开发方法可以应用于大型系统。更重要的是，在面向数据结构方法中，当它们的出发点——输入 / 输出数据结构（即系统的边界）发生变化时，整个软件必须重做。但在面向对象的软件开发方法系统边界的改变只是增加或减少了一些对象而已，整个系统改动极小，从而提高了工作效率。

（4）需求分析彻底

需求分析不彻底是软件失败的主要原因之一。即使在现在，这一危险依然存在。传统的软件开发方法不允许用户的需求在开发过程中发生变化，从而导致种种问题。正是由于这一原因，人们提出了原型化方法，推出探索原型、实验原型和进化原型，从而积极鼓励用户改进需求。每次改进需求后又会形成新的进化原型，以供用户试用，直到用户基本满意，这就大大提高了软件的成功率。但是它要求软件开发人员能迅速生成这些原型，这就要求有自动生成代码的工具的支持。

面向对象的软件开发方法解决了这一问题，因为需求分析过程已与系统模型的形成过程一致，开发人员与用户的讨论是从用户熟悉的具体实例（实体）开始的。开发人员必须搞清现实系统才能导出系统模型，这就使用户与开发人员之间有了共同的语言，避免了传统需求分析中可能产生的种种问题。

（5）可维护性大大改善

在面向对象的软件开发方法之前的软件开发方法都是基于功能分解的。尽管软件工程学在可维护方面做出了极大的努力，使软件的可维护性有了较大的改进，但从本质上讲，基于功能分解的软件是不易维护的。因为功能一旦有变化就会使开发的软件系统产生较大的变化，甚至推倒重来。更严重的是，在这种软件系统中，修改是困难的。由于种种原因，即使是微小的修改也可能引入新的错误。所以，传统开发方法很可能会引起软件成本增长失控、软件质量得不到保证等一系列严重问题。正是有了面向对象的软件开发方法，才使软件的可维护性有了质的改善。面向对象的软件开发方法的基础是目标系统的对象模型，而不是功能的分解。功能是对象的使用，它依赖于应用的细节，并在开发过程中不断变化。由于对象是客观存在的，因此当需求变化时，对象的性质要比对象的使用更为稳定，从而使建立在对象结构上的软件系统也更为稳定。

更重要的是，面向对象的软件开发方法彻底解决了软件的可维护性。在面向对象语言中，子类不仅可以继承父类的属性和行为，而且也可以重载父类的某个行为（虚函数）。利用这一特点，人们可以方便地进行功能修改。例如引入某类的一个子类；对要修改的一些行为（即虚函数或虚方法）进行重载，也就是对它们重新定义。由于不再在原来的程序模块中引入修改，所以彻底解决了软件的可修改性，从而彻底解决了软件的可维护性。面向对象技术还提高了软件的可靠性和健壮性。

四、可视化开发方法

可视化开发是 20 世纪 90 年代软件界最大的两个热点之一。随着图形用户界面的兴起，用户界面在软件系统中所占的比例也越来越大，有的甚至高达 60%～70%。产生这一问题的原因是，图形界面元素的生成很不方便。为此，Windows 提供了应用程序设计接口（Application Programming Interface，API），它包含了 600 多个函数，极大地方便了图形用户界面的开发。但是在这批函数中，大量的函数参数和使用数量非常多的有关常量，使基于 Windows API 的开发变得相当困难。为此，Borland C++ 推出了 Object Windows 编程。它将 API 的各部分用对象类进行封装，提供了大量预定义的类，并为这些类定义了许多成员函数。利用子类对父类的继承性，以及实例对类的函数的引用，应用程序的开发可以省去大量类的定义及大量成员函数的定义，或只需进行少量修改就可以定义子类。Object Windows 还提供了许多标准的默认处理，大大减少了应用程序开发的工作量。但要掌握它们，对非专业人员来说仍是一个沉重的负担，为此，人们开发了一批可视化开发工具。

可视化开发就是在可视化开发工具提供的图形用户界面上，通过操作界面元素，诸如菜单、按钮、对话框、编辑框、单选按钮、复选框、列表框和滚动条等，由可视化开发工具自动生成应用软件。这类应用软件的工作方式是事件驱动。对每一事件，由系统产生相应的消息，再传递给相应的消息响应函数。这些消息响应函数是由可视化开发工具在生成软件时自动装入的。

可视化开发工具应提供如下两大类服务。

1. 生成图形用户界面及相关的消息响应函数

通常的方法是先生成基本窗口，并在它的外面以图标形式列出所有其他的界面元素，让开发人员挑选后放入窗口指定位置。在逐一安排界面元素的同时，还可以用鼠标进行拖动，以使窗口的布局更趋合理。

2. 为各种具体子应用的各个常规执行步骤提供规范窗口

它包括对话框、菜单、列表框、组合框、按钮和编辑框等，以供用户挑选。可视化开发工具还应为所有的选择（事件）提供消息响应函数。由于要生成与各种应用相关的消息响应函数，因此，可视化开发只能用于相当成熟的应用领域，如目前流行的可视化开发工具基本上用于关系数据库的开发。对于一般的应用，目前的可视化开发工具只能提供用户界面的可视化开发。至于消息响应函数（或称脚本），则仍需用通常的高级语言（3GL）编写。只有在数据库领域才提供 4GL，使消息响应函数的开发大大简化。从原理上讲，与图形有关的所有应用都可采用可视化开发方法，典型的如 SQL Server 的报表服务（Reporting Service），只要有基础的数据支持，便可以选择不同的报表呈现形式，如列表、饼状图、柱状图、散点图、曲线图等。不同报表形式的色彩样式、大小及位置等的调整，只需要简单地使用鼠标或输入相应的属性参数就可以完成。

其实，可视化开发并不能单独地作为一种开发方法，更加贴切地说，可以认为它是一种辅助工具，比如用过 VB、Delphi、C++ Builder、Visual Studio 等开发工具的人一定不少，其实就是在使用可视化开发工具。当然，不可否认的是，只是在编程这个环节上用了可视化方法，而不是在系统分析和系统设计这两个层次上用了可视化方法。实际上，建立系统分析和系统设计的可视化工具是一个很好的发展方向，国外有很多工具都致力于这方面产品的设计。比如，Business Object 就是一个非常好的数据库可视化分析工具。可视化开发使开发人员的注意力集中在业务逻辑和业务流程上，用户界面可以用可视化工具方便地构成。

五、ICASE 方法

提高人类的劳动生产率，提高生产的自动化程度，一直是人类坚持不懈的追求目标，软件开发也不例外。早在 1982 年，美国国防部就提出了 STARS 工程，希望建立一个能支持需求定义、程序生成及软件维护等软件生存期全部活动的，并把它们集成在一起的整个体系。但早期的软件开发环境工具较少，且不配套，支持需求分析等高层次生存期阶段的工具更少，因此要求支持某类软件开发方法的全过程就很不容易了。如 Your-don 公司的 Cradle 软件开发环境支持 Yourdon 结构化开发方法，Jackson 工具集支持 Jackson 开发方法。

随着软件开发工具的积累，以及自动化工具的增多，软件开发环境进入了第三代 ICASE（Integrated Computer-Aided Software Engineering，集成计算机辅助软件工程）。系统集成方式经历了从数据交换（早期 CASE 采用的集成方式：点到点的数据转换）到公共用户界面（第二代 CASE：在一致的界面下调用众多不同的工具），再到目前的信息中心库方式。这是 ICASE 的主要集成方式。它不仅提供数据集成（1991 年，IEEE 为工具互连提出了标准 P1175）和控制集成（实现工具间的调用），还提供了一组用户界面管理设施和一大批工具，如垂直工具集（支持软件生存期各阶段，保证生成信息的完备性和一致性）、水平工具集（用于不同的软件开发方法）及开放工具槽。

ICASE 的进一步发展则是与其他软件开发方法的结合，如与面向对象技术、软件重用技术结合，以及智能化的 ICASE。近几年已出现了能实现全自动软件开发的 ICASE。

ICASE 的最终目标是实现应用软件的全自动开发，即开发人员只要写好软件的需求规格说明书，软件开发环境就能自动完成从需求分析开始的所有软件开发工作，自动生成供用户直接使用的软件及有关文档。

在应用最成熟的数据库领域，目前已有能实现全部自动生成的应用软件，如 MSE 公司的 Magic 系统。它只要求软件开发人员填写一系列表格（相当于要求软件实现的各种功能），系统就会自动生成应用软件。它不仅能节省 90% 以上的软件开发和维护的工作量，而且还能将应用软件的开发工作转交给熟练的用户。

六、软件重用和组件连接

软件重用（Reuse）又称软件复用或软件再用。早在 1968 年的 NATO 软件工程会议上就已提出可复用库的思想。1983 年，Freeman 对软件重用给出了详细的定义：在构造新的软件系统的过程中，对已存在的软件人工制品的使用技术。软件人工制品可以是源代码片断、子系统的设计结构、模块的详细设计、文档和某一方面的规范说明等。所以，软件重用是利用已有的软件成分来构造新的软件。它可以大大减少软件开发所需的费用和时间，且有利于提高软件的可维护性和可靠性。目前，软件重用沿着下面的 3 个方向发展。

1. 基于软件复用库的软件重用

它是一种传统的软件重用技术。这类软件开发方法要求提供软件可重用成分的模式分类和检索，且要解决如何有效地组织、标识、描述和引用这些软件成分。通常采用以下两种方式进行软件重用。

（1）生成技术

这是对模式的重用。由软件生成器通过替换特定参数，生成抽象软件成分的具体实例。

（2）组装方式

常用的组装方式有子程序库技术、共享接口设计和嵌套函数调用等。组装方式对软件重用成分通常不进行修改，或仅进行很少的修改。

2. 与面向对象技术结合

在面向对象技术中，类的聚集、实例对类的成员函数或操作的引用、子类对父类的继承等使软件的可重用性有了较大的提高，而且这种类型的重用很容易实现，所以这种方式的软件重用发展较快。

3. 组件连接

这是目前发展最快的软件重用方式。最早的组件连接技术 OLE 1.0（Object Linking and Embedding）是 Microsoft 公司于 1990 年 11 月在计算机代理分销业展览会（Computer Distribution Exposition，COMDEX）上推出的。OLE 1.0 的规范发表于 1990 年 12 月，1991 年 2 月推出了第一批支持 OLE 1.0 规范的应用程序。1993 年 5 月发表了 OLE 2.0。几个月后，第一批支持 OLE 2.0 的应用程序问世。

OLE 给出了软件组件（Component Object）的接口标准。这样，任何人都可以按此标准独立地开发组件和增值组件（在组件上添加一些功能构成新的组件），或由若干组件组建集成软件。在这种软件开发方法中，应用系统的开发人员可以把主要精力放在应用系统本身的研究上，因为他们可在组件市场上购买所需的大部分组件。

组件集成方式是一种社会化的软件开发方式，因此也是软件开发方式上的一次革命，必将极大地提高软件开发的劳动生产率。另外，应用软件开发周期将大大缩短，软件质量将更好，所需开发费用会进一步降低，软件维护也更容易。

软件组件连接的另一个标准是 1995 年 3 月推出的 OpenDoc。这是由

IBM、Apple 等公司组成的 CI Labs 集团使用的标准。由于 OpenDoc 的编程接口比 OLE 小，因此 OpenDoc 的应用程序能与 OLE 兼容。

第三个组件连接标准是对象管理集团 OMG 于 1991 年发表的通用对象请求代理体系结构（Common Object Request Broker Architecture，CORBA）。1994 年，OMG 又发表了 CORBA 2.0。

综上所述，今后的软件开发将是以面向对象技术为基础（指用它开发系统软件和软件开发环境）的，与可视化开发、ICASE 和软件组件连接 3 种方式并驾齐驱。它们 4 个将一起形成软件界主流的开发方法和技术。

任务实施

目前，面向对象的软件开发方法已经成为各开发平台的主流开发方法，针对“学分管理系统”项目，选用面向对象的软件开发方法作为项目实现的软件开发方法，可以有效地控制需求变化带来的风险。

任务小结

本任务阐述了软件开发方法，具体包括结构化方法、面向数据结构的软件开发方法、面向对象的软件开发方法、可视化开发方法、ICASE 方法，以及软件重用和组件连接技术，详细论述了每种开发方法的特点与实现要素。

拓展训练

请分析本单元任务一中的拓展训练提出的“在线作业评分系统”采用何种或哪几种软件开发方法比较合适。

【提示】分组讨论完成。

能力训练与素质拓展

第一部分　知识回顾与思考

1. 软件产品的特性是什么？
2. 软件生产有几个阶段？各有何特征？
3. 什么是软件危机？产生的原因是什么？
4. 什么是软件工程？它的目标和内容是什么？

5．软件工程面临的问题是什么？

6．什么是软件生存周期？它有哪几个活动？

7．什么是软件生存周期模型？有哪些主要模型？

8．什么是软件开发方法？有哪些主要方法？

第二部分　职业能力训练

一、单项选择题（下列答案中有一项是正确的，将正确答案对应的字母填入括号内）

1．软件开发的各项活动严格按照线性方式进行，当前活动接收上一项活动的工作结果，实施并完成所需的工作内容的软件开发模型是（　　）。

A．瀑布模型　　B．快速原型模型

C．增量模型　　D．敏捷模型

2．下列（　　）最能适应快速变化的需求。

A．瀑布模型　　B．快速原型模型

C．增量模型　　D．敏捷模型

3．（　　）可把一个复杂问题的求解过程分成几个阶段，而且这种分解是自顶向下、逐层分解的。

A．面向对象方法　　B．结构化方法

C．可视化方法　　D．ICASE 方法

4．（　　）在可视化开发工具提供的图形用户界面上，通过操作界面元素开发，诸如菜单、按钮、对话框、编辑框、单选按钮、复选框、列表框和滚动条。

A．面向对象方法　　B．结构化方法

C．可视化方法　　D．ICASE 方法

5．面向对象的特征有（　　）。

A．模块化、封装、继承　　B．模块化、继承、多态

C．封装、继承、多态　　D．模块化、封装、继承、多态

二、填空题（请在括号内填空）

1．瀑布模型将软件生命周期划分为（　　）、（　　）、（　　）、（　　）、（　　）和（　　）6 个基本活动，并且规定了它们自上而下、相互衔接的固定次序，如同瀑布流水，逐级下落。

2．螺旋模型沿着螺旋线进行若干次迭代，包括以下活动：（　　）、（　　）、（　　）、（　　）。

3．敏捷开发相对于非敏捷开发，更强调（　　）、（　　）、（　　）和（　　），

也更注重（　　）。

4. 结构化软件开发方法的基本要点是（　　）、（　　）和（　　）。

5. 面向对象方法的主要特征有（　　）、（　　）和（　　）。

三、简答题

1. 请比较瀑布模型和螺旋模型的优缺点？

2. 相对于传统的软件开发方法，面向对象方法有哪些优点？

3. ICASE 方法有什么特点？

4. 在增量模型的迭代过程中，应该先实现复杂的重要的功能模块还是简单的次要的功能模块？

5. 螺旋模型的 4 个象限包括哪些活动？

第三部分　实践能力训练

1. 分组讨论。针对拓展项目“学生公寓管理平台”的特点，选择合适的软件开发模型和开发方法。

2. 案例搜索。请通过网络、杂志等途径，搜索尽量多的成功或失败案例，和同学进行交流学习，最后对软件开发成功和失败的原因进行讨论和分析，并归纳。

第四部分　考核评价标准

<table>
<tr><th rowspan="2">单元名称</th><th colspan="3">结果考核（70%）</th><th colspan="6">过程考核（30%）</th><th rowspan="2">总分</th></tr>
<tr><th>考核主体</th><th>职业能力训练</th><th>实践能力训练</th><th>考核主体</th><th>课堂学习</th><th>小组学习</th><th>创新能力</th><th>课堂实践</th><th>实践报告</th></tr>
<tr><td rowspan="4">单元 1
软件开发过程模型和软件开发方法概述</td><td rowspan="2">教师</td><td rowspan="2"></td><td rowspan="2"></td><td>教师（70%）</td><td></td><td></td><td></td><td></td><td></td><td rowspan="2"></td></tr>
<tr><td>学生（30%）</td><td></td><td></td><td></td><td></td><td></td></tr>
<tr><td colspan="3">教师评价</td><td colspan="7">自我评价</td></tr>
<tr><td colspan="3"></td><td colspan="7"></td></tr>
</table>

考核评价时间：　　　　　　　　　　　　　　　　教师签字：

单元 2 需求分析

学习目标

【知识目标】

- 了解软件项目开发过程中的需求分析的重要性。
- 了解理解需求的 3 个层次。
- 熟悉需求捕获的技术：用户访谈、收集资料、问卷表和小组会议。
- 熟悉用户访谈的过程：准备访谈、计划和安排访谈日程、访谈开始和结束、引导访谈和后续的访谈整理工作。
- 了解结构化分析和面向对象需求分析方法。
- 熟悉系统功能架构及其分析和表达。
- 熟练掌握系统角色与职责的描述。
- 熟悉系统功能的业务处理流程的表达和描述。
- 熟悉系统数据流图、数据字典的描述，以及原数据和中间数据的分析。
- 熟练掌握用例图分析模型，熟悉模型中每个元素的意义和作用。
- 熟悉需求规格说明书的格式要求，掌握编写的内容。

学习目标

【能力目标】

- 能够正确地认识需求的 3 个层次。
- 能正确地进行用户访谈、捕获和记录用户的需求。
- 能够正确地收集与项目有关的资料，进行分类整理。
- 能够从用户需求中找出系统功能，进行分类、组织和架构表达。
- 能够从用户需求描述中找出使用系统的角色及其在系统中的职责。
- 能够熟练应用用例图进行需求分析。
- 能够根据需求进行系统功能的业务处理流程分析。
- 能够根据用户需求分析找到的系统数据分析出是原数据还是中间数据，并进行实体—关系分析。
- 能够正确编写需求规格说明书。

【素养目标】

- 能够正确根据现实情况做好需求调研，实事求是反映问题。
- 能够正确地挖掘出程序设计中蕴含的计算思维、辩证思维和实验思维。

单元介绍

需求分析是指根据用户需求，使软件功能和性能与用户达成一致，估计软件风险和评估项目代价，最终形成开发计划的一个复杂过程。在这个过程中，用户处于主导地位，需求分析工程师和项目经理要负责整理用户需求，为之后的软件设计打下基础。需求分析阶段结束后，要求编写出“用户需求说明书”和“需求规格说明书”两份文档。广义上，需求分析包括需求的获取、分析、规格说明、变更、验证、管理等一系列需求工程；狭义上，需求分析是指需求的获取、分析及定义的过程。如图 2-1 所示为需求分析示意图。需求分析的任务就是软件系统解决“做什么”的问题，要全面地理解用户的各项要求，并准确地表达所接受的用户需求的过程。

需求分析

PPT

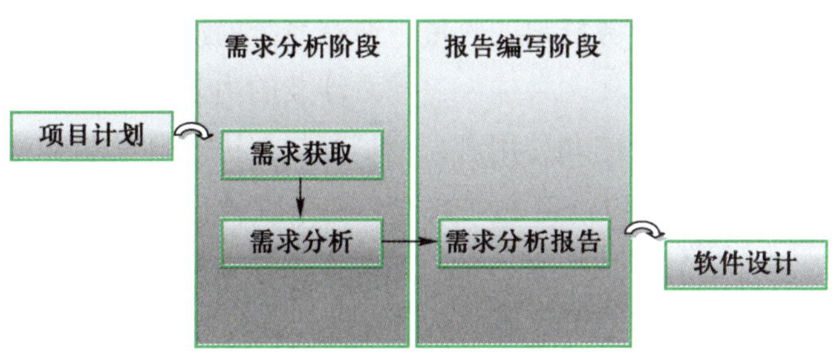

图 2-1 需求分析示意图

当投入大量的人力、物力、财力和时间后，开发出的软件产品却没有市场，那么所有的投入都是徒劳的。如果费了很大的精力开发一个软件，最后却不能满足用户的要求，而需重新开发，那么这种返工就事倍功半了。例如，用户需要一个响应时间快的软件，而在软件开发前期忽略了软件的性能要求，忘了向用户询问这个问题，想当然地认为是开发无响应时间这一性能要求的软件。一旦当开发人员千辛万苦地开发完成并向用户提交时才发现出了问题，这时就要付出沉重代价。所以，需求分析在软件开发过程中具有举足轻重的地位，起到决策性、方向性和策略性的作用，因此应对需求分析要有足够的重视。在一个大型软件系统的开发中，需求分析的作用远远大于程序设计。

在本单元，以“学分管理系统”中“项目计划与实施模块”的需求分析为主线安排任务。

任务一 需求获取。获取需求是一个确定和理解不同用户类的需要和限制的过程。掌握需求获取技术，与用户建立有效的沟通，明确用户要求系统“做什么”。

任务二　软件需求分析。经需求分析过程，将用户需求转为系统需求（即功能需求和非功能需求），分别使用结构化分析和面向对象需求分析方法确定系统功能架构、系统角色与职责、部分功能业务流程、数据流图、数据字典等，通过 UML 的用例图明确系统角色使用系统的功能。

任务三　需求规格说明书编写。根据规定的格式要求，书写和形成“需求规格说明书”。已评审的需求规格说明书是项目设计的依据。

任务一　需求获取

任务简介

通过用户访谈、业务资料的收集、原有系统的演示和小组会议等多种技术，获取系统功能性和非功能性需求。涉及的内容主要有系统目标要求和范围，系统涉及的部门和使用者，他们是如何进行日常业务处理的，主要处理对象（工作内容）、信息（数据）的来源是什么，在什么情况下给下一环节处理，最后产生什么结果，系统提供什么样的查询分析服务，对系统的运行环境有什么要求，要求系统提供什么样的工作效率。

任务分析

需求获取可能是软件开发中最困难、最关键、最易出错及最需要沟通交流的活动。也许用户说不清系统的边界，不同类型的用户只知道自己需要的系统，而不知道系统的整体情况，也不知道什么事情可以交给软件完成，他们甚至不清楚需求是什么。软件开发人员应该采用不同需求获取方法引导用户，尽可能从他们那里获得更多的要求。

本任务以“学分管理系统”中的“项目计划与实施模块”为例，采用用户访谈、收集资料、问卷表、小组会议等技术，获得本任务的用户需求。

思政小课堂

支撑知识

在需求捕获中，最常见的技术包括用户访谈、收集资料、问卷表、小组会议 4 种。不同技术有不同的特点及适用场合，应该知道在何时使用哪项技术。在大多数项目中，捕获需求不可能只采用某个技术。在实际情况中，项目组会根据不同的涉众团体，采用不同的方法。

一、用户访谈

用户访谈一般在下列情况下使用：需要与少数几个人进行大量的知识交流；项目团队能够与用户会谈；无法一次性收集所有涉众的需求。

用户访谈一般会经历5个阶段：准备访谈、计划和安排访谈日程、访谈开始和结束、引导访谈和后继的访谈整理工作。

微课2-1 用户访谈

1. 准备访谈

在进行访谈前，需求分析者应该很好地理解行业的组织结构、行业定位、项目范围和项目目标。访谈会涉及下面的内容。

① 组织结构报告。

② 年度报告。

③ 长期发展计划。

④ 部门目标的陈述。

⑤ 已有程序手册。

⑥ 已有系统的演示。

⑦ 系统文档。

需求分析者应该理解一般的行业术语（术语表），并且还要熟悉行业上的业务问题。

2. 计划和安排访谈日程

准备列表，列出主要话题或问题。这些问题可以帮助找到未意识到的重点，也利于有逻辑地引导访谈顺利进行。安排访谈应按照自上而下的顺序。首先访谈部门或地区的领导，然后才是他们下属的雇员。在邀请对方进行会谈时，要解释这次会谈的目的、一般会涉及哪些领域，以及大致需要的时间。

3. 访谈开始和结束

开始访谈时，应先介绍自己，陈述这次访谈的目的，谈谈被访谈者关心的事，并说明会有一些简短的会谈纪要，在整理后会交给对方审阅。一般，被访谈者会认为需求分析者试图找到他们工作中的缺陷。要使他们摆脱这种观点，可以讨论他们所熟悉的日常工作过程。好的访谈者会让被访谈者作为主讲人。因此，需求分析人员应该寻找一些问题，从而让被访谈者对他们开诚布公，例如，怎样的变化将使被访谈者的工作更简单或更有效，这个问题暗示被访谈者提出改进意见。

当列表中的所有领域都讨论过后，可提出下面的问题："还有什么问题没有讨论吗"，或是"我们还需要讨论些别的内容吗"。这些问题可鼓励被访谈者提出所有应该被讨论的问题。

结束会谈时，一般会简短地总结讨论过的问题，重点指出会谈的要点，并说出需求分析者的理解。这会使被访谈者知道需求分析者认真倾听了谈话，而且有机会澄清误解。在总结会谈及整个会谈中，需求分析者应采取客观的态度，避免带个人色彩的评论、观察或结论。最后，需求分析者必须感谢被访谈者参加这次访谈。如果有必要，可询问被访谈者能否在近期再参加一次简短的后继访谈活动。

4. 引导访谈

在访谈中避免提封闭性的问题，因为被访谈者通常会简短地回答完这样的问题，然后等待下一个问题，这样像是侦探在审问犯人。

在开始一个议题时，一般会用开放性的问题，便于被访谈者展开思路。然后，渐渐转为结论性问题，这样能帮助证实需求分析者的理解。太多的关闭性问题会导致收集的信息不完整，太多的开放性问题可能导致需求分析者的理解失误。

5. 后续的访谈整理工作

在访谈之后，需要对访谈的问题及回答进行整理。

二、收集资料

主要收集以下资料或文档。

① 收集用户的书面需求文档。

② 收集用户现在的业务操作流程及其改进意见文档。

③ 收集用户现在使用的数据表和文件及其格式，并确定数据的来源。

三、问卷表

问卷表是需求捕获时广泛使用的另一种工具，它采用了统计分析的方法，显得更科学。问卷表一般在下列情况中使用。

① 需访谈的个体太多。

② 需要回答容易确定的细节问题。

③ 希望有详细的结果。

准备问卷表时，应注意以下情况。

① 使问卷表尽可能简短。用多个短小的问卷表替代一个长的问卷表。长的问卷表会使用户感觉厌烦，从而使他们不会对其余的问题做出正确的判断。通常，一个问卷表包含的问题不超过 15 个。

② 估计回答问题需要的时间，并在问卷表开头标明这个时间，以便让回答者做出相应的安排，从而确保问题是前后一致的，没有让人含混的理解。为

了保证不会使理解含混，让与回答者关系密切的人员来进行问卷调查，这样可保证他们对问题的理解是正确的。

③ 在制定问题前，先确定需求分析者需要得到怎样的答案，然后分别列出所有可能的答案。一旦所有的需求和问题都准备好了，可把需求点当做 X 轴，将问题当做 Y 轴，以确保所有的需求能被问题覆盖。最后，剔除掉与需求无关的问题。如图 2-2 所示为用户需求问卷表样例。

<table>
<tr><th colspan="5">用户需求问卷表</th></tr>
<tr><td colspan="5">子系统名称：住房公积金归集支付子系统</td></tr>
<tr><th>类型</th><th>序</th><th>调查内容</th><th>调查结果</th><th>备注</th></tr>
<tr><td>归集模式</td><td>1</td><td>归集模式</td><td>1. 中心归集（）　2. 银行托收（）
3. 混合模式（）　4. 其他模式（）</td><td></td></tr>
<tr><td rowspan="4">与其他系统的关系</td><td>1</td><td>公积金系统与个人贷款系统关联</td><td>1. 关联（）　2. 不关联（）</td><td></td></tr>
<tr><td>2</td><td>与财务系统关联</td><td>1. 关联（）　2. 不关联（）</td><td></td></tr>
<tr><td>3</td><td>与用户资料系统关联</td><td>1. 关联（）　2. 不关联（）</td><td></td></tr>
<tr><td>4</td><td>是否独立核算住房补贴</td><td>1. 核算（）　2. 不核算（）</td><td></td></tr>
<tr><td rowspan="2">身份证控制</td><td>1</td><td>职工开户身份证是否必须输入</td><td>1. 可以不输入（）　2. 必须输入（）</td><td></td></tr>
<tr><td>2</td><td>身份证号码是否允许重复</td><td>1. 不控制重复号码（）　2. 给予提示，由操作员确定（）
3. 不允许重复（）</td><td></td></tr>
<tr><td rowspan="4">月缴额计处理</td><td>1</td><td>月缴额计算方式</td><td>1. 单位缴存金额、职工缴存金额按照尾数进位方式处理后汇总（）
2. 单位缴存金额、职工缴存金额汇总后按照尾数进位方式处理（）</td><td></td></tr>
<tr><td>2</td><td>尾数保留位数</td><td>1. 元（）　2. 角（）
3. 分（）</td><td></td></tr>
<tr><td>3</td><td>尾数处理方式</td><td>1. 四舍五入（）　2. 向上进位（）
3. 向下取整（）</td><td></td></tr>
<tr><td>4</td><td>尾数进位临界值</td><td>大于0</td><td></td></tr>
</table>

图 2-2　用户需求问卷表样例

四、小组会议

小组会议一般在下列情况中使用：信息平均地分布在小部分个人中；无法个别地会见所有的涉众；一系列的访谈已经结束，团队需要在同一平台下听取所有的回答。

在小组会议中，每个人都可讲出自己的想法。团队的答案一般比个人的答案好。小组会议可以减少一部分需求冲突，绕开纷繁的情况，得到需求列表。

在小组讨论结束时，要感谢大家抽出时间参与讨论，告诉大家整理确认需求的计划并传阅会议纪要。

【课堂讨论】不同需求捕获技术的适用场合是什么？

任务实施

一、需求计划

为把需求获取工作做好，应首先制订一个需求开发计划，主要明确需求的内容、负责人和主要参与人、访谈的用户对象、时间安排等信息。如图 2-3 所示为需求开发计划样例。

大学生综合素质训练项目管理系统需求开发计划

序号	内容	主要参与人	时间	说明
1	访谈1：目标和范围	*郭永洪、殷兆燕、丁慧	2021.03.15	访谈学工处
2	访谈2：业务处理	*郭永洪、丁慧	2021.03.20	访谈计算机学院
3	访谈……	*郭永洪、丁慧	2021.03.22	访谈学工处
4	整理需求资料	*丁慧	2021.03.25	
5	小组会议	*郭永洪	2021.03.30	讨论明确需求内容
6	编写需求分析报告	*殷兆燕、郭永洪	2021.04.06	

带*为负责人

图 2-3 需求开发计划样例

这里主要采用用户访谈技术，首先对项目组织管理部门“学工处”进行访谈安排，明确系统的目标和范围、参与系统的组织机构、各部门的用户角色及其职责，以及整个项目的业务处理流程等用户需求；然后选择一个（或几有代表性的）业务实施部门“计算机学院”进行业务处理访谈安排，获取业务处理操作、使用的数据、数据的来源、用户最后获得的查询、分析数据等用户需求。

二、学工处访谈需求整理

1. 需求准备

第一次访谈：获得系统的目标和范围。

访谈对象：系统的组织部门（学工处）。

访谈时间：2021 年 3 月 15 日。

访谈内容：系统的目标和范围、组织机构、系统角色及其职责、业务处理流程。

参加人员：项目小组成员、相关教师。

2. 需求访谈整理

学工处访谈的需求整理如下。

（1）目标和范围

为培养学生的创新能力、实践能力和创新精神，提高学生的综合素质，促进学生的全面发展，推动“学分管理系统”的全面实施，学工处制定了素质训练项目管理办法和学分认定办法。这里开发的“学分管理系统”可对素质训练项目和学分情况进行信息化管理。

（2）组织机构、系统角色及其职责

如图 2-4 所示为组织机构。

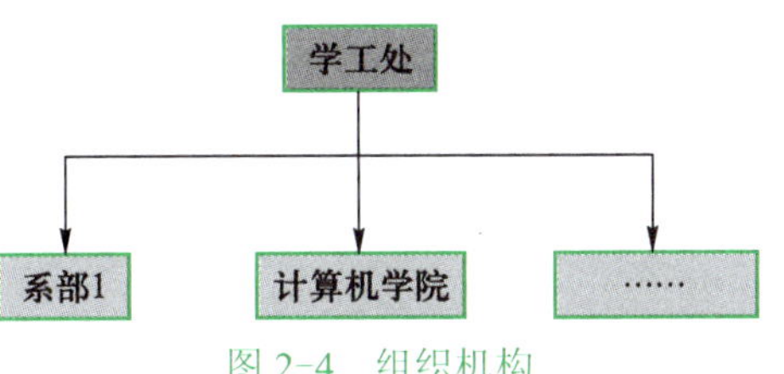

图 2-4　组织机构

系统的角色及其职责如下。

学工处：负责项目设置、审批和统计查询。

系部：负责项目的开始、记分和处理。

学生：负责查询自己的成绩。

系统管理者：负责用户权限设置。

（3）系统处理功能要求

系统处理功能要求如表 2-1 所示。

表 2-1　系统处理功能要求

序号	功能需求	需求说明
1	设置素质领域	模块名称、项目名称
2	设置最高素质分	对模块设置，可以是一个模块，也可以是多个模块
3	设置学分	对项目设置，可以是一个项目，也可以是多个项目
4	安排项目	设置项目内容、项目计划（项目时间安排）、学期安排、考核要点、素质训练分（不可高于最高素质分）、实施要求与组织单位（系部）、负责人
5	按月统计项目完成情况	（1）统计条件 选择起始年月和终止年月：起始年月→终止年月 选择统计系部：系部名称 选择统计项目：素质领域→模块名称→项目名称 （2）统计结果 项目内容、项目计划、开始时间、结束时间、完成状况、参与人数、通过人数、考核要点、学期安排、负责系部、负责人
6	其他统计	（1）按学期统计项目完成情况 （2）不分年级统计项目完成情况 （3）分年级统计项目完成情况 （4）按系统计项目完成情况 （5）查询学生项目完成情况

（4）系统其他要求

正常使用时能在 3 s 左右对用户做出响应。

所有操作人员都要通过用户名和密码登录系统，B/S 端用户还必须通过证书验证才能进入系统，从而保证了数据的安全性。

本系统对于用户的需求，在功能上可以进行扩展，从而满足业务发展的需求。

本系统在数据库上可以进行移植，支持 Oracle、Sybase 等数据库。

三、计算机学院访谈需求整理

1. 需求准备

第二次访谈：在第一次访谈的基础上，按系统角色分别获得进行业务操作的用户需求。

访谈对象：系统的业务用户（计算机系）。

访谈时间：2021 年 3 月 20 日。

访谈内容：业务处理流程、系统使用的数据、数据的来源、处理过程、用户获得的查询分析数据。

参加人员：郭永洪、丁慧。

2. 需求访谈整理

（1）业务处理

业务处理流程如图 2-5 所示。

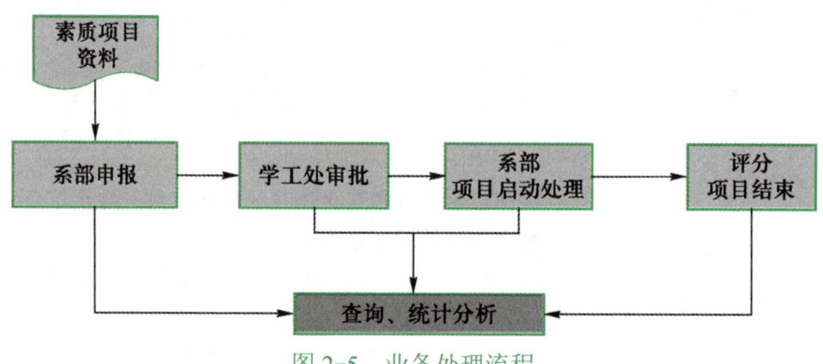

图 2-5 业务处理流程

（2）系统处理功能

系统处理功能如表 2-2 所示。

表 2-2　系统处理功能

功能	功能需求	需求说明
1	登记学生	(1) 显示数据项（本系已计划的未结束的项目） 素质领域、模块名称、项目名称、项目内容、项目计划、开始时间、结束时间、完成状况、学期安排、考核要点、素质训练分 (2) 添加学生（本系学生） 条件：年级（依据当前的年月推算能够参与选择的年级）→班级→姓名 显示数据项：系部名称、年级、班级、学号、姓名、性别
2	记录项目实际开始时间	(1) 显示数据项（本系已计划的未结束的项目） 素质领域、模块名称、项目名称、项目内容、项目计划、开始时间、结束时间、完成状况、学期安排、考核要点、素质训练分 (2) 系部开始进行项目训练，记录项目实际开始时间
3	评分 （如果实际开始时间为未定义，即为 undefined，则不能评分）	(1) 显示数据项（本系已计划和定义开始时间但未结束的项目） 素质领域、模块名称、项目名称、项目内容、项目计划、开始时间、结束时间、完成状况、学期安排、考核要点、素质训练分 (2) 显示学生数据项（本系参与项目的学生） 系部名称、年级、班级、学号、姓名、性别、是否通过
4	记录项目实际结束时间	(1) 显示（本系已计划和定义开始时间但未结束的项目） 素质领域、模块名称、项目名称、项目内容、项目计划、开始时间、结束时间、完成状况、学期安排、考核要点、素质训练分 (2) 项目训练，记录项目实际结束时间（项目实际结束时间不大于实际开始时间）
5	查询学生参与项目的情况	(1) 统计条件 筛选路径 1：输入学生学号 筛选路径 2：系→年级→班级→学生姓名 (2) 统计结果 显示（单条）：系部名称、年级、班级、学号、姓名、性别、总学分、总训练分、总有效分、考核评价（不合格、合格、中等、良好、优秀） 项目信息（多条）：素质领域、模块名称、项目名称、项目内容、项目计划、开始时间、结束时间、完成状况、学期安排、考核要点、素质训练分
6	其他统计	(1) 按班级统计学生项目完成情况 (2) 按年月统计学生项目完成情况 (3) 按项目统计学生参与项目情况 (4) 汇总表
7	数据项配置	(1) 总素质分配置（设置到模块） (2) 学分配置（设置到项目） (3) 考核评价配置（依据实际训练总分设置）

（3）系统其他要求

数据的输入 / 输出保持正确，界面显示无误。

用户输错数据时会有提示信息，具有较好的容错性能。

本系统用户界面简单，用户在经过培训以后，能很快上手使用。

【试一试】请修改“计算机学院访谈需求”的资料整理。

【提示】分组讨论完成。

任务小结

本任务以“大学生综合素质训练项目管理系统”中的“项目计划与实施模块”为例，采用了用户访谈、收集资料等技术，对用户进行分类，按照从上到下的需求原则，先对系统的组织部门（学工处）进行需求获取，获得了系统的总体目标和系统范围（业务需求）。通过对本系统主要使用用户（计算机学院）的访谈、调查，对用户使用的场景进行整理，从而建立以用户角度的需求。

本任务完成后应该达到下列要求。

正确掌握需求的步骤，先目标、再要求。正确应用用户访谈，收集资料，整理用户需求。

拓展训练

对“大学生综合素质训练项目管理系统”的“学生查询模块”进行需求获取，写出访谈计划，整理出用户需求。

【提示】可以分角色模拟访谈，通过讨论完成。

任务二　软件需求分析

任务简介

在需求获取阶段得到的需求，是用户群体中的用户从不同角度、不同抽象级别阐述对问题域的理解和对目标软件的要求，因此必须为问题域及目标软件建立逻辑模型，这一过程称为需求分析或需求建模。一方面，模型用于精确记录用户从各个视角、不同抽象级别对问题域及目标软件的描述；另一方面，它将帮助分析人员去伪存真、由表及里地挖掘用户需求。不同的方法有不同的建模规则，但建模的用途都是一致的，它不仅是描述系统的工具，也是用户与开发人员进行交流的工具。例如，在面向对象的分析方法中要建立对象模型，而在结构化分析方法中，数据流程图则是建模的主要工具。

思政小课堂

任务分析

所谓需求分析是指对要解决的问题进行详细的分析，弄清楚问题的要求，包括需要输入什么数据、要得到什么结果、最后应输出什么。可以说，就是确定要计算机“做什么”。

本任务以“学分管理系统”中的“项目计划与实施模块”为例，从需求获取的资料对系统需求、系统角色和职责、业务处理过程、系统数据方面进行详细的分析处理。

微课 2-2　需求分析

支撑知识

一、软件需求分析

1. 需求分析的任务

深入描述软件的功能和性能，确定软件设计的约束和软件同其他系统元素的接口细节，定义软件的其他有效性需求，借助于当前系统的逻辑模型导出目标系统逻辑模型，解决目标系统“做什么”的问题。

2. 需求分析的过程

软件需求分析所要做的工作是深入描述软件的功能和性能，确定软件设计的限制和软件同其他系统元素的接口细节，定义软件的其他有效性需求。

进行需求分析时应注意，一切信息与需求都是站在用户的角度上的。尽量避免分析人员的主观想象，并尽量将分析进度提交给用户。在不进行直接指导的前提下，让用户进行检查与评价，从而提高需求分析的准确性。

分析人员通过需求分析，逐步细化对软件的要求，描述软件要处理的数据域，并给软件开发提供一种可转化为数据设计、结构设计和过程设计的数据和功能表示。在软件完成后，制定的软件规格说明还要为评价软件质量提供依据。

二、UML 用例图

1. 用例图

用例图主要用来图示化系统的主事件流程，它主要用来描述用户的需求，即用户希望系统具备的能完成一定功能的动作。通俗地讲，用例就是软件的功能模块，所以是设计系统分析阶段的起点。设计人员根据用户的需求来创建和解释用例图，从而描述软件应具备哪些功能模块及这些模块之间的调用关系。用例图包含了用例⬭和参与者，用例之间用关联来连接，以求把系统的整个结构和功能反映给非技术人员（通常是软件的用户），对应的是软件的结构和功能分解。

用例是从系统外部可见的行为，是系统为某一个或几个参与者（Actor）提供的一段完整的服务。从原则上来讲，用例之间都是独立、并列的，它们之间并不存在包含从属关系。但是为了体现一些用例之间的业务关系，提高可维护性和一致性，用例之间可以抽象出包含（Include）、扩展（Extend）和泛化（Generalization）几种关系。

其共性是，都是从现有的用例中抽取出的公共的那部分信息，然后作为一个单独的用例，最后通过不同的方法来重用这个公共的用例，以减少模型维护的工作量。

2. 关系

（1）包含

包含是指使用包含用例来封装一组跨越多个用例的相似动作（行为片断），以便多个基用例复用。基用例控制与包含用例的关系，以及被包含用例的事件流是否会插入到基用例的事件流中。基用例可以依赖包含用例执行的结果，但是双方都不能访问对方的属性。

微课 2-3 关系

包含关系最典型的应用就是复用。但是当某用例的事件流过于复杂时，为了简化用例的描述，也可以把某一段事件流抽象为一个被包含的用例。相反，当用例划分太细时，也可以抽象出一个基用例，以包含这些细颗粒的用例。这种情况类似于在过程设计语言中将程序的某一段算法封装成一个子过程，然后从主程序中调用这一子过程。

例如业务中，总是存在维护某某信息的功能，如果将它作为一个用例，那么新建、编辑及修改都要在用例详述中描述，这就过于复杂；如果分成新建用例、编辑用例和删除用例，则划分太细。这时，包含关系可以用来理清关系。如图 2-6 所示为包含关系。

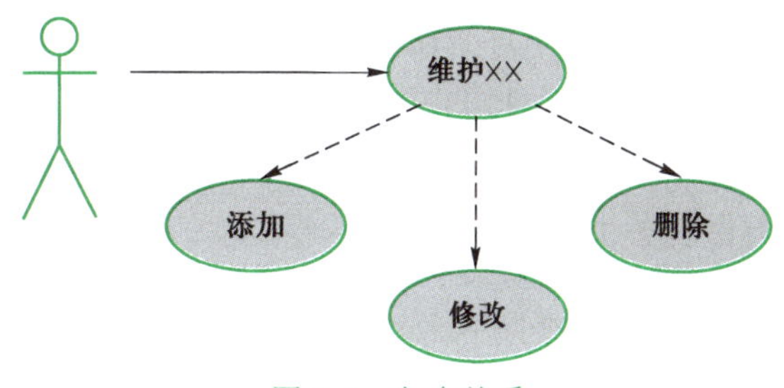

图 2-6　包含关系

（2）扩展

扩展是指将基用例中的一段相对独立且可选的动作用扩展用例加以封装，再让它从基用例中声明的扩展点（Extension Point）上进行扩展，从而使基用例行为更简练和目标更集中。扩展用例为基用例添加新的行为。扩展用例可以访问基用例的属性，因此它能根据基用例中扩展点的当前状态来判断是否执行自己，但是扩展用例对基用例不可见。如图 2-7 所示是扩展关系。

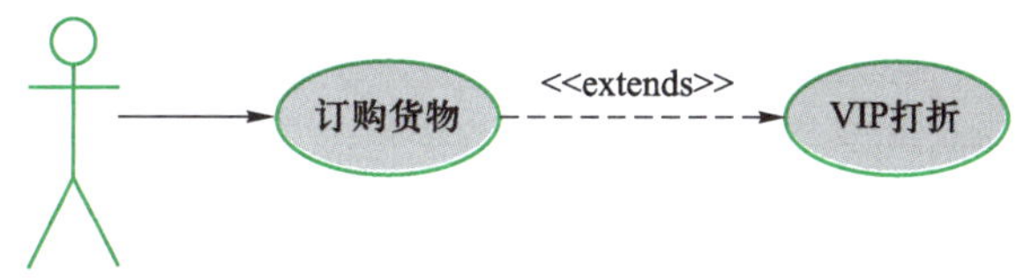

图 2-7　扩展关系

（3）泛化

泛化是指子用例和父用例相似，但表现出更特别的行为，子用例将继承父用例的所有结构、行为和关系。子用例可以使用父用例的一段行为，也可以重载它。父用例通常是抽象的。在实际应用中很少使用泛化关系，子用例中的特殊行为都可以作为父用例中的备选流存在。

例如，业务中可能存在许多需要部门领导审批的事情，但是领导审批的流程是很相似的，这时可以使用泛化关系表示。如图 2-8 所示是泛化关系。

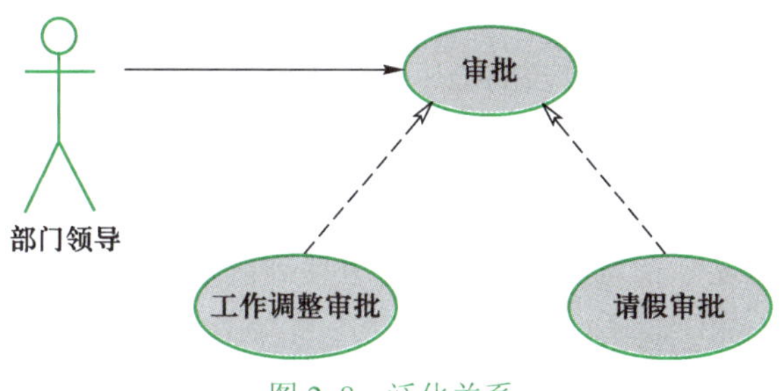

图 2-8　泛化关系

3. 用例描述

对于用例描述的内容，一般没有硬性规定的格式，但一些必须或者重要的内容还是需要写进用例描述中的。用例描述一般包括简要描述（说明）、前置（前提）条件、基本事件流、其他事件流、异常事件流、后置（事后）条件等。

4. 用例描述模板

用例描述模板如表 2-3 所示。

表 2-3 用例描述模板

内 容	说 明
系统用例编号	
系统用例名称	
用例描述	
执行者	
主过程描述	
备选描述	
业务规则	
涉及的业务实体	
前置条件	
后置条件	
补充说明	

下面对表 2-3 中的部分内容进行说明。

① 系统用例编号：用例在本系统中的一个唯一编码，一般可以分段进行规划编码。例如，系统（QTP）+ 模块（JH）+ 顺序（001）= QTPJH001。

② 系统用例名称：用例名称应是一个动词短语，应让读者一目了然地从中知道该用例的目标。

③ 用例描述：是一个较长的描述，甚至包括触发条件。

④ 执行者：也就是该用例的主参与者，在此应列出其名称，并给予简要描述。

⑤ 主过程描述。在这里写出从触发事件到目标完成，以及清除的步骤。

```
[步骤编号#：动作描述]
[步骤编号#：动作描述]
```

⑥ 备选过程描述。在这里写出扩展情况，每次写一个扩展，每个扩展都应指向主场景的特定步骤。

[被改变步骤　条件：动作或子用例]
[被改变步骤　条件：动作或子用例]

⑦ 前置条件：用例的前置条件是执行用例之前必须存在的系统状态。

⑧ 后置条件：用例的后置条件是用例执行完毕系统可能处于的一组状态。

三、业务流程图

微课 2-4　业务流程图

业务流程图（Transaction Flow Diagram，TFD）就是用一些规定的符号及连线来表示某个具体业务的处理过程。

1. 简介

业务流程图是一种描述系统内各单位、人员之间的业务关系、作业顺序和管理信息流向的图表。利用它可以帮助分析人员找出业务流程中的不合理流向，它是物理模型。业务流程图主要是描述业务走向的，比如说看病，病人要首先去挂号，然后到医生那里看病、开药，接着到药房领药，最后回家。

业务流程图的绘制是按照业务的实际处理步骤和过程进行的。

业务流程图是一种系统分析人员都懂的共同语言，用来描述系统组织结构、业务流程。

2. 基本符号及含义

如图 2-9 所示为业务流程图的基本符号及含义。

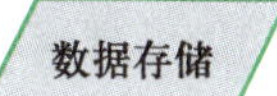

处理、加工

业务流向

图 2-9　业务流程图基本符号及含义

3. 绘制步骤

① 现行系统业务流程总结。在绘制业务流程图之前，要对现行系统进行详细调查，并写出现行系统业务流程总结。

② 业务流程图的绘制。根据系统业务流程的描述，绘制出系统处理业务流程图。

4. 作用

① 制作流程图的过程是全面了解业务处理的过程，是进行系统分析的依据。

② 它是系统分析人员、管理人员、业务操作人员相互交流思想的工具。

③ 系统分析人员可直接在业务流程图上拟出可以实现计算机处理的部分。

④ 用它可分析出业务流程的合理性。

四、数据字典

1. 数据字典的定义

数据字典（Data Dictionary）是一种用户可以访问的记录数据库和应用程

序源数据的目录。主动数据字典是指在对数据库或应用程序结构进行修改时，其内容可以由 DBMS 自动更新的数据字典；被动数据字典是指修改时必须手工更新其内容的数据字典。

微课 2-5 数据字典

数据字典是一个预留空间，是一个数据库，可用来存储信息数据库本身。

数据字典可能包含的信息有数据库设计资料、存储的 SQL 程序、用户权限、用户统计、数据库的过程中的信息、数据库增长统计、数据库性能统计等。

数据字典是系统中各类数据描述的集合，是进行详细的数据收集和数据分析所获得的主要成果。

数据字典是关于数据的信息集合，也就是对数据流图中包含的所有元素定义的集合。数据字典还有另一种含义，就是在数据库设计时用到的一种工具，用来描述数据库中基本表的设计，主要包括字段名、数据类型、主键、外键等描述表的属性的内容。

2. 数据字典的作用

数据字典最重要的作用是作为分析阶段的工具。任何字典最重要的用途都是供人查询。在结构化分析中，数据字典的作用是给数据流图上的每个成分加以定义和说明。换句话说，数据流图上的所有成分的定义和解释的文字集合就是数据字典。在数据字典中建立的严密、一致的定义，有助于改进分析人员和用户的通信。

3. 数据字典的组成

数据字典由数据项、数据结构、数据流、数据存储和处理过程组成。

4. 数据字典描述的信息

数据字典是数据库的重要组成部分。它存放数据库所用的有关信息，对用户来说是一组只读的表。数据字典还能描述以下信息。

① 数据库中所有模式对象的信息，如表、视图、簇及索引等。

② 分配了多少空间，当前使用了多少空间等。

③ 列的默认值。

④ 约束信息的完整性。

⑤ 用户的名称。

⑥ 用户及角色被授予的权限。

⑦ 用户访问或使用的审计信息。

⑧ 其他产生的数据库信息。

如表 2-4 所示为数据字典样例。

表 2-4　数据字典样例

列　名	描述	数据类型（精度范围）	空 / 非空	唯一	约 束 条 件
StudentID	学号 ID	Nchar(10)	否	是	无
StudentName	姓名	nvarchar(50)	否	否	无
……	……	……	……	……	……

任务实施

一、需求分析

根据需求获取资料，将用户需求转换为系统需求（功能需求和非功能需求）；梳理系统角色和职责，建立用例，如模型；分析业务处理过程，绘制业务处理流程；分析系统提供的数据，建立数据字典。

二、功能架构分析

1. 系统功能需求

如表 2-5 所示为系统功能需求表。

表 2-5　系统功能需求表

功 能 类 别	子　功　能
项目配置功能	学分配置模块
	考核评价配置模块
项目计划与实施功能	项目计划制订模块
	登记学生模块
	启动项目模块
	评分结项模块
统计查询功能	按学期统计查询模块
	按系统计查询模块
	按班级统计查询模块
	按年级统计查询模块
	按年月统计查询模块
	按项目统计查询模块
	查询学生成绩模块

2. 系统非功能需求

如表 2-6 所示为系统非功能需求表。

表 2-6 系统非功能需求表

主要质量属性	详 细 要 求
正确性	数据输入 / 输出保持正确，界面显示无误
健壮性	用户输错数据都有提示信息，具有较好的容错性能
可靠性	本系统的数据必须可靠和正确，不要有严重的逻辑错误，否则会导致系统崩溃或数据丢失
性能、效率	正常使用时能在 3 s 左右对用户做出响应
易用性	本系统用户界面简单，用户在经过培训以后能很快上手使用
安全性	所有操作人员都要通过用户名和密码登录系统，B/S 端用户必须通过证书验证才能进入系统，从而保证了数据的安全性
可扩展性	对于用户的需求，本系统在功能上可以进行扩展，从而能满足业务发展的需求
可移植性	本系统在数据库上可以进行移植，支持 Oracle、Sybase 等数据库

三、系统角色和职责分析

从需求获取的资料分析使用的系统用户，主要有学工处、系部和学生三大类。系统分别设置对应的 3 类角色，以满足用户的使用。如表 2-7 所示为系统角色和职责分析表。

表 2-7 系统角色和职责分析表

序 号	角 色	职 责 描 述
1	学工处	① 设置素质领域、模块名称、项目名称 ② 设置最高素质分 ③ 设置学分 ④ 安排项目 ⑤ 查询统计分析
2	系部（计算机学院）	① 登记学生 ② 记录项目实际开始时间 ③ 评分 ④ 记录项目实际结束时间 ⑤ 项目统计查询（本系已完成的项目）
3	学生	查询
4	系统管理者	① 总素质分设置（设置到模块） ② 学分设置（设置到项目） ③ 考核评价设置（依据实际训练总分设置） ④ 用户权限设置

四、用例模型分析

系统使用 UML 用例模型进行分析建模，从项目的设置、业务处理、查询分析方面进行详细分析，分别建立用例模型。

1. 项目素质设置用例分析

如图 2-10 所示为项目素质设置用例。

微课 2-6　用例模型分析

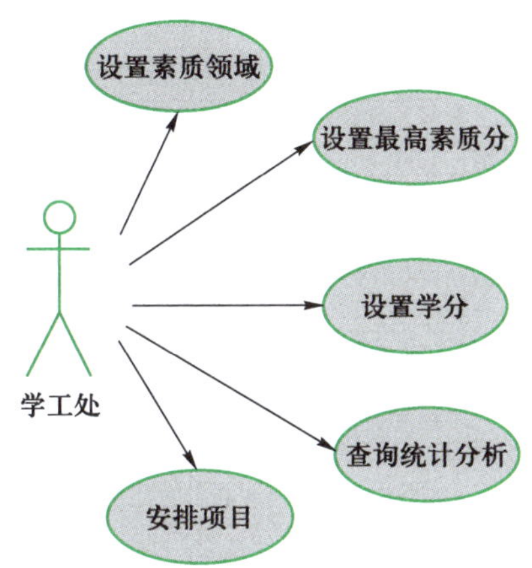

图 2-10　项目素质设置用例

2. 项目处理用例分析

如图 2-11 所示为项目处理用例。

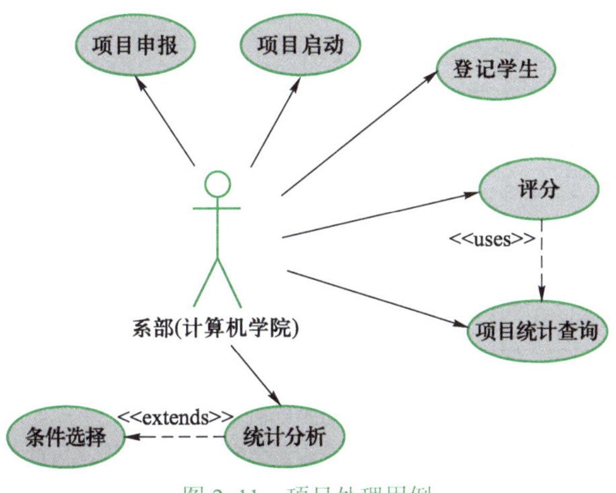

图 2-11　项目处理用例

3. 系统配置用例分析

如图 2-12 所示为项目配置用例。

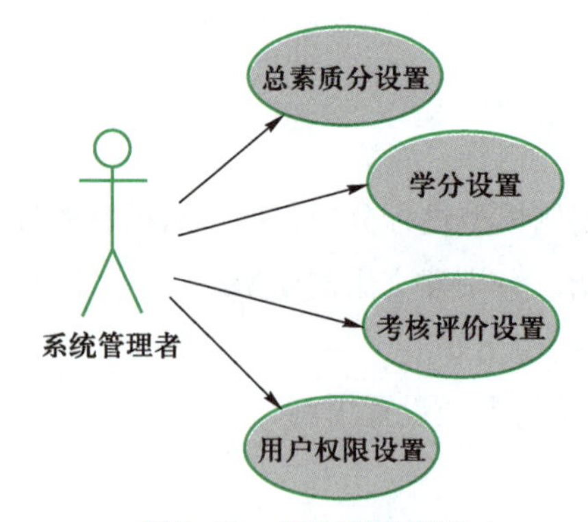

图 2-12 项目配置用例

4. 学生查询用例分析

如图 2-13 所示为学生查询用例。

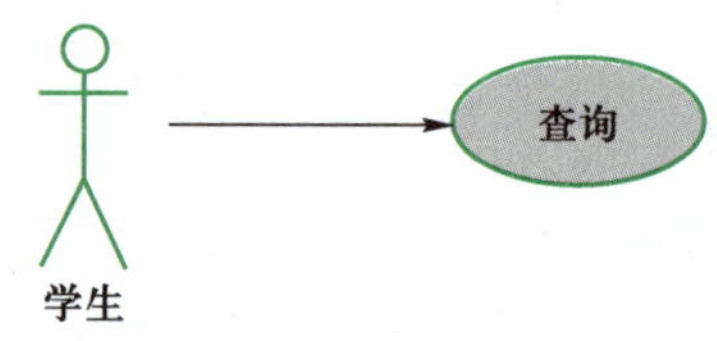

图 2-13 学生查询用例

五、用例描述

用例图只是简单地用图描述了一下系统，但对于每个用例，还需要有详细的说明，这样就可以让其他人对这个系统有一个更加详细的了解，此时需要写用例描述。下面以项目申报为例，编写用例描述。如表 2-8 所示为用例描述。

表 2-8 用例描述

内容	说明
系统用例编号	QTPSB001
系统用例名称	项目申报
用例描述	项目申报是学院各系部提出的向学工处进行申报和开设的大学生综合素质训练项目
执行者	各系部项目经办人
主过程描述	① 选择素质领域、模块、项目 ② 单击“新增”按钮，项目计划编号显示在页面 ③ 输入项目内容、考核要点、素质训练分、学期安排、负责系部、负责人 ④ 单击“保存”按钮，所制订的项目计划显示在页面 ● 如果成功，则结束用例 ● 如果失败，执行 A
备选描述	A. 单击“修改”按钮，修改原来的项目计划，转③

续表

内　容	说　明
业务规则	按规则自动生成计划编号；必须填写素质领域、模块、项目名称、项目内容、考核要点、素质训练分、学期安排、负责系部、负责人；确保项目名称的唯一性，避免一个项目重复申报
涉及的业务实体	项目数据库
前置条件	已经登录系统，并有项目申报的权限，素质领域已经成功维护
后置条件	查询已申报的项目列表，学工处可以查询和审批申报项目
补充说明	

六、业务流程分析

项目计划与实施模块的业务处理过程是，首先学工处开设综合素质训练项目，然后设置素质领域、模块名称、项目名称、最高素质分、项目学分，以及排列项目等。

1. 素质项目参数初始化流程

如图 2-14 所示为素质项目参数初始化流程。

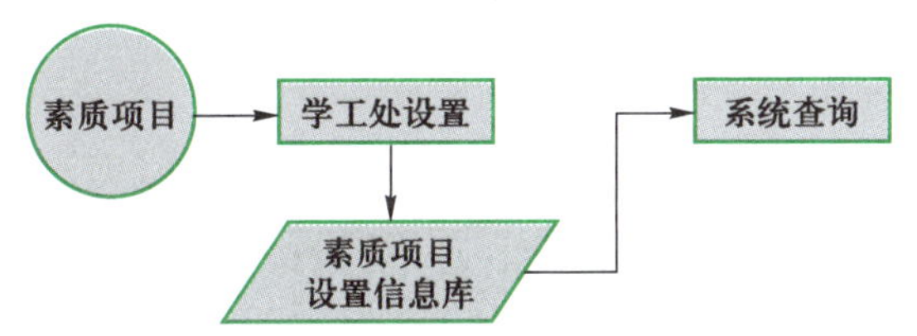

图 2-14　素质项目参数初始化流程

微课 2-7　业务流程分析

2. 素质项目业务处理流程

项目处理过程为系部申报→学工处审批→项目启动→项目执行（登记学生名单、输入成绩→填写评分→项目结束）如图 2-15 所示。

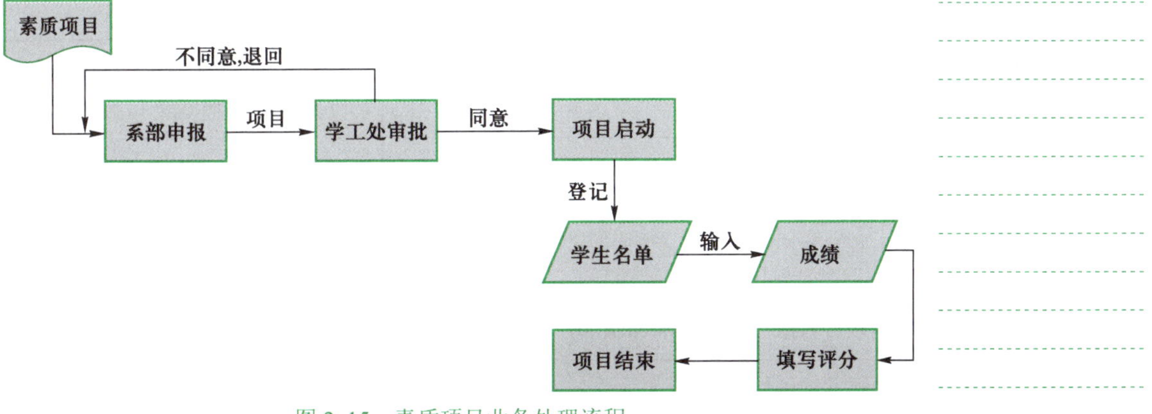

图 2-15　素质项目业务处理流程

3. 素质项目查询分析业务处理流程

如图 2-16 所示为素质项目查询分析业务处理流程。

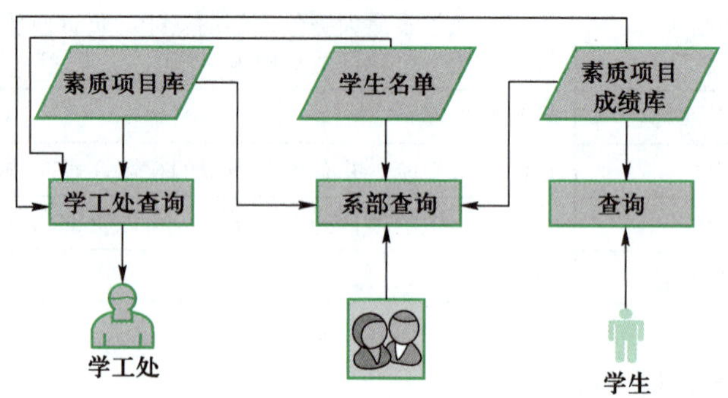

图 2-16 素质项目查询分析业务处理流程

七、系统数据分析

在需求获取的资料中收集与数据有关的信息，进行整理分析，明确原始数据和系统产生的中间结果数据，形成的数据字典如表 2-9 ～表 2-11 所示。

表 2-9 素质领域设置方面的数据字典

列 名	描 述	数据类型（精度范围）	空 / 非空	唯一	约 束 条 件
QualityAreaID	素质领域 ID	int	否	是	从 1 000 递增到 9 999（递增值为 1）
QualityAreaName	素质领域名称	nvarchar(50)	否	否	无
DeleteSign	删除标识	bit	否	否	无
ModuleID	模块 ID	int	否	是	从 1 000 递增到 9 999（递增值为 1）
ModuleName	模块名称		否	否	无
ProID	项目 ID	int	否	是	从 10 000 递增到 99 999（递增值为 1）
ProName	项目名称	nvarchar(50)	否	否	无
MaxQualityScore	最高素质分	int	否	否	无

表 2-10　组织机构和人员信息方面的数据字典

列　　名	描　　述	数据类型（精度范围）	空 / 非空	唯一	约 束 条 件
OrganizeID	组织机构 ID	nvarchar(2)	否	是	主键
OrganizeName	组织机构名称	nvarchar(50)	否	否	无
TeacherID	教师 ID	int	否	是	从 1 递增到 99 999 999（递增值为 1）
TeacherNumber	工号（或用户登录号）	nvarchar(20)	否	是	主键约束
UserPassword	登录密码	nvarchar(20)	否	否	无
TeacherName	教师姓名	nvarchar(50)	否	否	无
TeacherSex	教师性别	bit	否	否	无
TeacherContact	教师联系方法	nvarchar(100)	否	否	无
UserLevel	级别	int	否	否	无

表 2-11　班级和学生信息方面的数据字典

列　　名	描　　述	数据类型（精度范围）	空 / 非空	唯一	约 束 条 件
ClassID	班级编号	nvarchar(8)	否	是	主键约束
ClassName	班级名称	nvarchar(50)	否	否	无
ClassNumber	班级人数	int	否	否	无
InSchoolYear	入学年	nvarchar(4)	否	否	无
StudentID	学号	nvarchar(10)	否	是	主键约束
UserPassword	登录密码	nvarchar(20)	否	否	无
StudentName	学生姓名	nvarchar(50)	否	否	无
StudentSex	学生性别	bit	否	否	无
StudentContact	联系方式	nvarchar(50)	否	否	无
UserLevel	级别	int	否	否	无

【试一试】请修改“项目计划与实施模块”的功能分析和用例模型分析。

任务小结

本任务以“学分管理系统”中的“项目计划与实施模块”为例，对收集的用户需求资料进行分析、转换为系统需求，从而获得了系统的功能架构、分析系统角色和职责、建立了用例模型、进行业务流程处理分析、对系统数据分析得到了系统的数据字典。

拓展训练

对“学分管理系统”中的“学生查询模块”需求进行分析，写出功能架构、系统角色和职责，并建立用例模型、编写用例描述、绘制业务流程、编制数据字典。

【提示】分组讨论完成。

任务三 需求规格说明书编写

任务简介

需求规格说明书用于阐述一个软件系统必须提供的功能和性能，以及它所要考虑的限制条件。它不仅是系统测试和用户文档的基础，也是所有子系列项目规划、设计和编码的基础。它应该尽可能完整地描述系统预期的外部行为和用户可视化行为。除了设计和实现上的限制外，软件需求规格说明书不应该包括设计、构造、测试或工程管理的细节。

任务分析

在完成需求获取和需求分析工作的基础上，最后必须编写“用户需求说明书”和“需求规格说明书”两份文档。这些文档是需求分析阶段的重要成果。在编写文档时，要注意两者的区别和联系。

“用户需求说明书”是面向用户的，是合同的产物；而“需求规格说明书”则是面向公司内部的，是立项建议书的产物。“用户需求说明书”可产生“需求规格说明书”。

目前，国内的有些公司在做软件开发项目时，将两者合二为一。此举不规范，对于小而熟悉的项目可以，但对于大而生疏的项目则不适合。

本任务以“学分管理系统”中的“项目计划与实施模块”为例，从需求获取的资料和需求分析内容出发，编写需求规格说明书。

支撑知识

首先要为需要编写的软件需求文档定义一种标准模板。该模板为记录功能需求和各种其他与需求相关的重要信息提供了统一的结构。注意，其目的并非是创建一种全新的模板，而是采用一种已有的、可满足项目需要的、适合项目特点的模板。许多组织一开始都采用 IEEE 标准 830-1998（IEEE 1998）描述的需求规格说明书模板。在很多情况下，模板是很有用的，但有时要根据项目特点进行适当的改动和裁剪。

需求规格说明书作为产品需求的最终成果必须具有综合性，必须包括所有的需求。开发人员和用户不能进行任何假设。如果任何所期望的功能或非功能需求未写入软件需求规格说明书，那么它将不能作为协议的一部分，并且不能在产品中出现。

一、项目背景和介绍

该部分很容易被忽视，主要是大家都不愿意认真写这块内容。其实，这块内容很简单，即为什么要提出一个系统，目前遇到了什么样的问题，哪些问题应该得到解决和优化。把这几点说明白，可以帮助设计人员和开发人员理解相关的功能奠定一个基础。

微课 2-8　需求规格说明书编写一

二、确定读者

需求文档有粗细之分，划分它的基础就是确定读者。一般写软件需求规格说明书时，在没有特殊要求情况下，锁定为用户、设计人员、开发人员。软件需求规格说明书应该写得较细，可细到每一个功能、功能间的前后关系。

微课 2-9　需求规格说明书编写二

三、术语

列出跟本系统有关的名称，这里列出术语。在文档中有时会出现没有提到过的术语，此时不需要列出，给读者减轻点负担。

还有就是表达方式的统一，如“修改”“编辑”“用户”“员工”等，文档中应把这类词语统一表达，以避免引起歧义。

四、描述模块

在编写模块时，通常包括模块摘要，业务数据项，模块功能点的操作说明、规则、相关业务及模块、角色、附图等。

① 模块摘要：说明模块在系统中所处的环境、目的、要解决什么样的问题，以及要达到这个目的该模块应该包括哪些功能。

② 业务数据项：包括业务数据项名称及说明。这里只会列出所支撑业务的数据项，不是设计数据库。很多人在写数据项的说明时不认真考虑，内容和名称一样，这是不合适的。说明是数据项详细的描述。举个例子，数据项名称是项目状态，很多人会将数据项说明写成项目的状态，乍一看，没什么问题，但认真分析后会发觉，是什么状态，业务状态还是数据本身的有效状态，没有说明白。

③ 模块功能点的操作说明：这部分内容写起来比较简单，把这个功能存在的目的说明白就可以了。

④ 规则：这一点看起来很简单，但常常会空着，这也是没有经过认真分析的结果。这里可以写一些数据的有效规则，以激活该功能，例如它的前后关系的规则（业务规则）。其实认真分析后，规则是有的。如果真的没有，那就写个“无”，等想到了再写。

⑤ 相关业务及模块：主要说明该功能会影响到的模块，从而把相互模块及功能串起来。

⑥ 角色：这就更简单了，也就是谁可以操作该功能。

⑦ 附图：包括流程图、原型图、用例图等，只要能快速帮助读者理解的，都可以绘制出来，但一定要注意质量，千万不要误导读者。

五、需求规格说明书模板

每个软件开发组织都应该在它们的项目中采用一种标准的软件需求规格说明书模板。有许多推荐的软件需求规格说明书模板可以使用。Dorfman 和 Thayer（1990）从美国国家标准局、美国国防部、美国宇航局及英国和加拿大的有关部门收集了 20 多个需求标准和许多实例。很多人使用来自 IEEE 标准 830-1998 的模板。这是一个结构好且适用于多种软件项目的灵活的模板。

开发组织可以根据项目的需要来修改这个模板。如果模板中某一特定部分不适合所开发的项目，那么就在原处保留标题，并注明该项不适用。这将防止读者认为是否不小心遗漏了一些重要的部分。与其他任何软件项目文档一样，该模板包括一个内容列表和一个修正的历史记录，该记录包括对软件需求规格说明所进行的修改、修改日期、修改人员和修改原因。如图 2-17 所示为需求规格说明书变更记录。

需求规格说明书变更记录

变更类型：A-增加、M-修订、D-删除

版本号	变更日期	变更类型	变更人	变更摘要	备注
1.0	2011.03.27	A	朱明	新建	
1.1	2011.05.27	M	朱明	增加 3.2 节，修改 4.1 节	

图 2-17　需求规格说明书变更记录

六、需求规格说明书编写

如图 2-18 所示为需求规格说明书模板。

××项目需求规格说明书

1. 引言
   1.1 目的
   1.2 文档约定
   1.3 预期的读者和阅读建议
   1.4 产品的范围
   1.5 参考文献
2. 综合描述
   2.1 产品的前景
   2.2 产品的功能
   2.3 用户类和特征
   2.4 运行环境
   2.5 设计和实现上的限制
   2.6 假设和依赖
3. 外部接口需求
   3.1 用户界面
   3.2 硬件接口
   3.3 软件接口
   3.4 通信接口
4. 系统特性
   4.1 说明和优先级
   4.2 激励/响应序列
   4.3 功能需求
5. 其他非功能需求
   5.1 性能需求
   5.2 安全设施需求
   5.3 安全性需求
   5.4 软件质量属性
   5.5 业务规则
   5.6 用户文档

图 2-18　需求规格说明书模板

1. 引言

引言提出了对软件需求规格说明的纵览，这有助于读者理解文档是如何编写的，并且如何进行阅读和解释。

1.1 目的

对产品进行定义，在该文档中详尽说明了这个产品的软件需求，包括修正或发行版本号。如果这个软件需求规格说明书只与整个系统的一部分有关系，那么就只定义文档中说明的部分或子系统。

1.2 文档约定

描述编写文档时所采用的标准或排版约定，包括正文风格、提示区或重要符号。

1.3 预期的读者和阅读建议

列举了软件需求规格说明书所针对的不同读者，例如开发人员、项目经理、营销人员、用户、测试人员或文档的编写人员，描述了文档中剩余部分的内容及其组织结构，提出了最适合每一类型读者阅读文档的建议。

1.4 产品的范围

提供了对指定的软件及其目的的简短描述，包括利益和目标，可将软件与企业目标或业务策略相联系。可以参考项目视图和范围文档，而不是将其内容复制到这里。

1.5 参考文献

列举了编写软件需求规格说明书时所参考的资料或其他资源。这可能包括用户界面风格指导、合同、标准、系统需求规格说明、使用实例文档，以及相关产品的软件需求规格说明书。

2. 综合描述

概述了正在定义的产品及其所运行的环境、使用产品的用户、已知的限制、假设和依赖。

2.1 产品的前景

描述了软件需求规格说明书中所定义的产品的背景和起源，说明了该产品是否是产品系列中的下一成员，是否是成熟产品所改进的下一代产品、是否是现有应用程序的替代品，或者是否是一个兼容原有产品功能的新型产品。

2.2 产品的功能

概述了产品所具有的主要功能。其详细内容将在模块设计中描述，所以在此只需要概略地总结、很好地组织产品的功能即可，从而使每个读者都易于理解。

2.3 用户类和特征

确定可能使用该产品的不同用户类并描述它们相关的特征。有一些需求可能只与特定的用户类相关。

2.4　运行环境

描述了软件的运行环境，包括硬件平台、操作系统和版本，还有其他软件组件或与其共存的应用程序。

2.5　设计和实现上的限制

确定影响开发人员自由选择的问题，并说明这些问题为什么成为一种限制。

2.6　假设和依赖

列举出影响需求陈述的假设因素（与已知因素相对立）。这可能包括打算要用的商业组件或有关开发或运行环境的问题，可能认为产品将符合一个特殊的用户界面设计约定，但是其他读者却可能不这样认为。如果这些假设不正确、不一致或被更改，就会使项目受到影响。

此外，确定项目对外部因素存在的依赖。例如，如果打算把其他项目开发的组件集成到系统中，那么就要依赖那个项目，以按时提供正确的操作组件。如果这些依赖已经记录到其他文档（例如项目计划）中了，那么在此就可以参考其他文档。

3. 外部接口需求

用来确定可以保证新产品与外部组件正确连接的需求。关联图表示了高层抽象的外部接口。需要把对接口数据和控制组件的详细描述写入数据字典中。如果产品的不同部分有不同的外部接口，那么应把这些外部接口的详细需求并入到这一部分的实例中。

3.1　用户界面

陈述所需要的用户界面的软件组件。描述每个用户界面的逻辑特征。而对于用户界面的细节，例如特定对话框的布局，则应该写入一个独立的用户界面规格说明中，而不能写入软件需求规格说明中。

3.2　硬件接口

描述系统中每一个软件和硬件接口的特征。这种描述可能包括支持的硬件类型、软硬件之间交流的数据和控制信息的性质，以及所使用的通信协议。

3.3　软件接口

描述该产品与其他外部组件（由名称和版本识别）的连接，包括数据库、操作系统、工具、库和集成的商业组件。明确并描述在软件组件之间交换数据或消息的目的，描述所需要的服务及内部组件通信的性质，确定将在组件之间共享的数据。

3.4 通信接口

描述与产品所使用的通信功能相关的需求，包括电子邮件、Web 浏览器、网络通信标准或协议、电子表格等，定义了相关的消息格式，规定通信安全、加密问题、数据传输速率和同步通信机制。

4. 系统特性

这部分列出了系统的特性，如对系统特性的简短性说明、特性的优先级、功能性需求等。

4.1 说明和优先级

提出了对该系统特性的简短说明，并指出该特性的优先级是高、中、低。还可以包括对特定优先级部分的评价，例如利益、损失、费用和风险，其相对优先等级可以从 1（低）～ 9（高）。

4.2 激励 / 响应序列

列出输入激励（用户动作、来自外部设备的信号或其他触发器）和定义这一特性行为的系统响应序列，这些序列将与使用实例相关的对话元素相对应。

4.3 功能需求

列出与该特性相关的详细功能需求，这些是必须提交给用户的软件功能，用户可以使用所提供的特性执行服务或者使用所指定的使用实例执行任务，描述产品如何响应可预知的出错条件或者非法输入或动作，必须唯一地标识每个需求。

5. 其他非功能需求

这部分列举出了所有非功能需求，如产品的易用程度如何、执行速度如何、可靠性如何，以及当发生异常情况时，系统如何处理。

5.1 性能需求

阐述了不同的应用领域对产品性能的需求，并解释它们的原理，以帮助开发人员做出合理的设计选择。确定相互合作的用户数或者所支持的操作、响应时间及与实时系统的时间关系。还可以在这里定义容量需求，例如存储器和磁盘空间的需求，或者存储在数据库中表的最大行数。尽可能详细地确定性能需求，可能需要针对每个功能需求或特性分别陈述其性能需求，而不是把它们集中在一起陈述。

5.2 安全设施需求

详尽陈述与产品使用过程中可能发生的损失、破坏或危害相关的需求。定义必须采取的安全保护或动作，以及那些预防的潜在的危险动作，明确产品必须遵从的安全标准、策略或规则。

5.3　安全性需求

详尽陈述与系统安全性、完整性或与私人问题相关的需求。这些问题将会影响到产品的使用和产品所创建或使用的数据的保护，定义用户身份确认或授权需求，明确产品必须满足的安全性或保密性策略。

5.4　软件质量属性

详尽陈述对用户或开发人员至关重要的其他产品质量特性。这些特性必须是确定、定量的，并在可能时是可验证的，至少应指明不同属性的相对侧重点，例如易用程度优于易学程度，或者可移植性优于有效性。

5.5　业务规则

列举出有关产品的所有操作规则，例如，什么人在特定环境下可以进行何种操作。这些本身不是功能需求，但它们可以暗示某些功能需求执行这些规则。

5.6　用户文档

列举出将与软件一同发行的用户文档部分，例如用户手册、在线帮助和教程，明确所有已知的用户文档的交付格式或标准。

任务实施

一、需求规格说明书模版

选择 IEEE 标准 830-1998 的模板，根据项目的大小和组织的要求，从实际的工作出发，修改和补充上述的需求规格说明书模板（参考图 2-18）。

二、需求规格说明书编写

以“学分管理系统”中的“项目计划与实施模块”为例，编写需求规格说明书样例，可参考“附录 A”。

任务小结

本任务在选定的需求规格说明书模板下明确各部分的编写要求和内容，最后将在“大学生综合素质训练项目管理系统”的“项目计划与实施模块”中收集的用户需求资料和需求分析的成果编写成为需求规格说明书。

拓展训练

将本任务的“学生查询模块”内容编写到本项目的需求规格说明书中。

能力训练与素质拓展

第一部分 知识回顾与思考

1. 软件需求有哪 3 个层次？
2. 常用的需求捕获技术有哪些？
3. 用户访谈过程有哪几个步骤？
4. 什么是功能性需求和非功能性需求？
5. 什么是系统用户和角色？
6. 用例模型中的重要元素和作用是什么？
7. 什么是业务流程图？作用是什么？
8. 数据字典是什么？作用是什么？

第二部分 职业能力训练

一、单项选择题（下列答案中有一项是正确的，将正确答案对应的字母填入括号内）

1.（　　）包括需求的获取、分析、规格说明、变更、验证、管理一系列需求工程。

A．系统设计　　B．数据库设计　　C．测试　　D．需求分析

2．需求分析的任务就是软件系统解决（　　）的问题，要全面地理解用户的各项要求，并准确地表达所接收的用户需求的过程。

A．设计　　B．做什么　　C．需求　　D．功能

3．用户访谈一般会经历 5 个阶段：准备访谈、（　　）、访谈开始和结束、引导访谈、后继的访谈整理工作。

A．计划和安排访谈日程　　B．日程管理

C．日程安排　　D．计划实施

4.（　　）是需求捕获时广泛使用的一种工具，它采用了统计分析的方法，显得更科学。

A．用户调研　　B．收集资料　　C．问卷表　　D．用户访谈

5.（　　）主要用来图示化系统的主事件流程，它主要用来描述用户的需求，即用户希望系统具备的能完成一定功能的动作，通俗地讲，用例就是软件的功能模块，所以是设计系统分析阶段的起点。

A．顺序图　　B．用例图　　C．协作图　　D．构件图

6. 用例之间可以抽象出包含、(　　) 和泛化几种关系。

A. 扩大　　B. 缩小　　C. 多态　　D. 扩展

7. 用例描述一般包括简要描述（说明）、前置（前提）条件、(　　)、其他事件流、异常事件流、后置（事后）条件等。

A. 数据流　　B. 基本事件流　　C. 函数　　D. 数据

8. (　　) 是一种描述系统内各单位、人员之间业务关系、作业顺序和管理信息流向的图表，利用它可以帮助分析人员找出业务流程中的不合理流向，它是物理模型。

A. 数据流图　　B. 业务流程图　　C. E-R 图　　D. 顺序图

9. (　　) 作为产品需求的最终成果必须具有综合性，必须包括所有的需求。开发人员和用户不能进行任何假设。

A. 用例说明书　　B. 系统设计说明书

C. 数据库设计说明书　　D. 需求规格说明书

10. 在编写模块时，通常包括模块摘要，业务数据项，(　　)，功能点的操作说明、规则、角色、附图等。

A. 模块性能　　B. 模块的功能点

C. 谈话摘要　　D. 用例模型

二、填空题（请在括号内填空）

1. (　　) 是指根据用户需求，将软件功能和性能与用户达成一致，估计软件风险和评估项目代价，最终形成开发计划的一个复杂过程。

2. 在需求捕获中最常见的技术包括用户访谈、(　　)、问卷表、小组会议 4 种。

3. 用户访谈一般经历 5 个阶段：准备访谈、计划和安排访谈日程、访谈开始和结束、(　　)、后继的访谈整理工作。

4. 在面向对象的分析方法中要建立 (　　)，而在结构化分析方法中，数据流程图则是建模的主要工具。

5. 软件需求分析所要做的工作是深入描述 (　　)，确定软件设计的限制和软件同其他系统元素的接口细节，定义软件的其他有效性需求。

6. (　　) 是从系统外部可见的行为，是系统为某一个或几个参与者（Actor）提供的一段完整的服务。

7. 包含关系最典型的应用就是 (　　)。

8. (　　) 就是用一些规定的符号及连线来表示某个具体业务处理过程。

9. (　　) 是一种用户可以访问的记录数据库和应用程序源数据的目录。

10. “用户需求说明书”是面向用户的，是合同的产物；而 (　　) 则是面向公司内部的，是立项建议书的产物。

三、简答题

1. 什么是需求分析？

2. 什么是用例？用例之间有什么关系？

3. 现行系统业务流程总结，在绘制业务流程图之前，要对现行系统进行详细调查，并写出现行系统业务流程总结。

4. 根据系统业务流程的描述，绘制出系统处理业务流程图。

5. 什么数据字典（Data Dictionary）？

6. 简述数据字典的组成？

第三部分　实践能力训练

1. 制订一个“学生公寓管理平台”的需求开发计划，明确需求的内容、负责人和主要参与人、访谈的用户对象、时间安排等信息。

2. 编制一份“公寓辅导员访谈需求”的需求资料整理。

3. 编制“学生公寓管理平台”的需求分析报告。

第四部分　考核评价标准

<table>
<tr><th rowspan="2">单元名称</th><th colspan="3">结果考核（70%）</th><th colspan="6">过程考核（30%）</th><th rowspan="2">总分</th></tr>
<tr><th>考核主体</th><th>职业能力训练</th><th>实践能力训练</th><th>考核主体</th><th>课堂学习</th><th>小组学习</th><th>创新能力</th><th>课堂实践</th><th>实践报告</th></tr>
<tr><td rowspan="4">单元 2
需求分析</td><td rowspan="2">教师</td><td rowspan="2"></td><td rowspan="2"></td><td>教师（70%）</td><td></td><td></td><td></td><td></td><td></td><td rowspan="2"></td></tr>
<tr><td>学生（30%）</td><td></td><td></td><td></td><td></td><td></td></tr>
<tr><td colspan="3">教师评价</td><td colspan="7">自我评价</td></tr>
<tr><td colspan="3"></td><td colspan="7"></td></tr>
</table>

考核评价时间：　　　　　　　　　　　　　　　　教师签字：

单元 3 软件设计

学习目标

【知识目标】

- 理解软件设计过程。
- 理解软件架构设计的方法和原则。
- 掌握 4+1 视图模型架构。
- 理解软件界面设计的方法和原则。
- 掌握图形用户界面、网页风格的用户界面设计方法。
- 了解移动手持设备界面设计的方法。
- 掌握数据库设计过程。
- 掌握语义模型、实体关系模型和关系模型设计方法。
- 掌握业务规则提取和规范化设计方法。
- 理解模块化设计方法和原则。
- 掌握简单工厂模式。
- 了解工厂方法模式和抽象工厂模式。
- 掌握流程图的绘制。
- 掌握概要设计文档和详细设计文档的编写知识。

学习目标

【能力目标】

- 学会使用 4+1 视图模型设计软件架构。
- 学会设计图形用户界面和网页风格的用户界面。
- 学会依据项目需求定义数据概念设计层的语义模型和实体关系模型。
- 学会将语义模型和实体关系模型转换为逻辑设计层关系模型。
- 学会提取业务规则和规范化数据。
- 学会使用 PowerDesigner 工具进行物理建模。
- 学会使用模块化的思想设计软件。
- 学会使用简单工厂模式设计软件。
- 学会绘制软件业务处理逻辑算法流程图。
- 学会编写概要设计文档和详细设计文档。
- 学会编写软件架构设计文档和数据库设计文档。

【素养目标】

- 能够掌握一定的文档撰写能力，能够清晰地描述问题、概括问题。
- 能够运用数学知识和其他抽象模型，建立信息系统的模型。

单元介绍

在软件需求分析阶段，已经搞清楚了软件“做什么”的问题，并把这些需求通过需求规格说明书描述了出来，这也是目标系统的逻辑模型。进入软件设计阶段，要把软件“做什么”的逻辑模型变换为“怎么做”的物理模型，即着手实现软件的需求，并将设计的结果反映在“设计规格说明书”文档中。所以，软件设计是一个把软件需求转换为软件表示的过程，最初这种表示只是描述了软件的总体结构，称为软件概要设计或结构设计，属于软件高层设计阶段，然后对结构进行细化，称为详细设计或过程设计。本单元主要介绍软件的概要设计和详细设计。

软件设计

高层设计阶段的重点是软件系统的架构设计。详细设计阶段的重点是用户界面设计、数据库设计和模块设计。如图 3-1 所示为软件设计示意图。

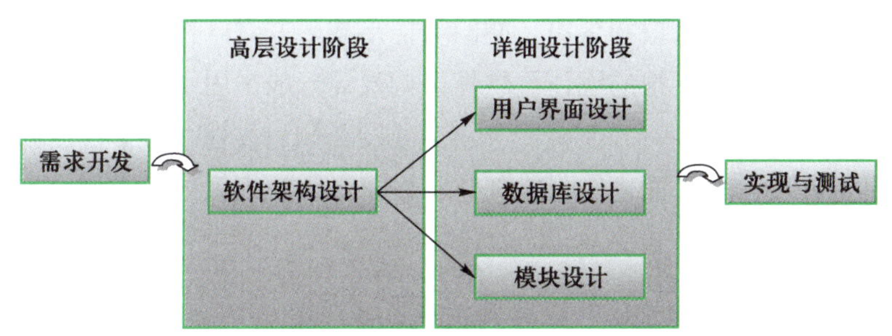

图 3-1　软件设计示意图

软件架构从顶层对系统进行设计，是从宏观角度设计系统的。架构关注的是系统结构，系统由哪些模块组成，以及组成系统各个模块之间的调用关系。架构设计使用 4+1 视图模型描述系统设计，从 5 个不同的视角来描述软件体系结构，即逻辑视图（Logical View）、进程视图（Process View）、开发视图（Development View）、物理视图（Physical View）和场景视图（Scenarios）。

详细设计是从底层模块对系统进行设计的，具体到与用户交互的界面设计、面向数据管理的数据库设计，以及连接用户界面接口与底层数据库的中间层组件模块设计。用户界面包括桌面用户界面和 Web 用户界面，本单元的项目载体是基于 B/S 架构的项目，用户界面均是在浏览器中呈现的 Web 用户界面。数据库设计从用户需求开始，依据用户需求建立语义模型和 E-R 模型，再将语义模型和 E-R 模型转换为关系模型，最后对关系模型数据表进行业务规则提取和规范化操作，最终获得符合 3NF 的数据库产品。模块设计的主要任务是详细设计模块的接口和通信，详细设计模块的业务处理逻辑，详细设计模块数据的输入流和输出流等。

本单元选取“学分管理系统”的“项目实施模块”作为载体讨论软件设计，详细讨论了整个系统的架构设计、界面设计、数据库设计和模块设计。

【重难点】软件架构设计、界面设计、数据库设计和模块设计。

任务一 软件架构设计

任务简介

软件架构是软件设计的高层部分，从宏观层面对软件的模块进行了划分，定义各模块的接口和模块之间的通信形式，并对软件的物理架构和用例场景进行了较为详细的设计。软件架构设计一般采用 4+1 视图模型，即逻辑视图、进程视图、开发视图、物理视图和场景视图。每个视图都反映了软件开发的一个方面内容。本任务将以“学分管理系统”为例讨论软件架构设计。

任务分析

“学分管理系统”采用分层架构设计，用户界面、业务逻辑处理和数据库访问分别封装在不同层次中，使用接口技术可将业务与业务的具体实现分开。与系统交互的用户角色有系统管理员、学工处、系部和学生。系统管理员在系统层面维护学生和教师账户，创建角色和分配权限。组织部门信息和学生信息由系统管理员从外部文档导入（例如，通过系统的接口导入包含组织结构和学生信息的 Excel 文档）。学工处维护基础数据，配置项目参数。项目实施由学工处和系部共同负责。学工处负责制订项目计划，并发布项目；系部负责具体实施项目，包括启动项目、登记学生、项目评分和项目结项。

项目结项后，学生成绩将导入成绩库。学工处可以在学校层面查询和统计全部项目的数据。系部可以统计本系项目数据，学生可以查询自己的成绩。

本任务将从软件架构视图角度结合“大学生综合素质拓展学分管理系统”讨论软件架构设计，并对系统的功能架构进行具体划分。

支撑知识

思政小课堂

一、软件架构的定义

软件架构（Software Architecture）是软件设计的高层部分，是用于支撑细节的设计框架。架构也称为“系统架构”、“高层设计”或“顶层设计”。架构描述的对象可直接构成系统抽象组件。各个组件之间的连接则明确与相对细致地描述组件之间的通信。在实现阶段，这些抽象组件被细化为实际的组件，如具体某个类或者对象。在面向对象领域中，组件之间的连接通常用接口来实现。

二、软件架构设计的目的

软件架构设计一般有以下几个目的。

① 为大规模开发提供基础和规范。软件系统的大规模开发必须有一定的基础并遵循一定的规范，这既是软件工程本身的要求，也是用户的要求。在架构设计的过程中，可以将一些公共部分抽象提取出来，形成公共类和工具类，以达到重用的目的。

② 一定程度上缩短项目的周期。利用软件架构提供的框架或重用组件，可缩短项目开发的周期。

③ 降低开发和维护的成本。大量的重用和抽象可以提取出一些开发人员不用关心的公共部分，这样便可以使开发人员仅仅关注于业务逻辑的实现，从而减少了其他作业量，提高了开发效率。

④ 提高产品的质量。好的软件架构设计是产品质量的保证，特别是对于用户常常提出的非功能性需求的满足。

三、软件架构设计的原则

软件架构设计必须遵循以下原则。

① 满足功能性需求和非功能性需求。这是一个软件系统最基本的要求，也是架构设计时应该遵循的最基本的原则。

② 实用性原则。就像每一个软件系统交付给用户使用时必须实用，且能解决用户的问题一样，架构设计也必须实用，否则就会“高来高去”或“过度设计”。

③ 满足复用的要求。最大限度地提高开发人员的工作效率。

四、软件架构设计的 4+1 视图模型

架构视图是对从某一视角或某一点上看到的系统所进行的简化描述。描述中涵盖了系统的某一特定方面，而省略了与此方面无关的实体。

Kruchten 提出了 4+1 视图模型，从 5 个不同的视角来描述软件体系结构，即逻辑视图、进程视图、开发视图、物理视图和场景视图。每一个视图只关心系统的一个侧面，5 个视图结合在一起才能反映系统的软件体系结构的全部内容，如图 3-2 所示。

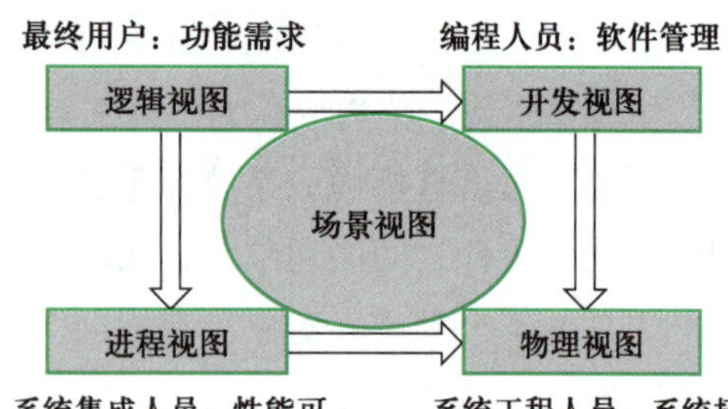

图 3-2 4+1 视图模型

微课 3-1 软件架构设计的 4+1 视图模型 1

微课 3-2 软件架构设计的 4+1 视图模型 2

1. 逻辑视图

逻辑视图用来描述系统的功能需求，即在用户提供服务方面系统所应该提供的功能。在逻辑视图中，系统分解成一系列的功能抽象、功能分解与功能分析，这些主要来自问题领域（Problem Definition）。在面向对象技术中，表现为对象或对象类的形式，采用抽象、封装和继承的原理。用对象模型来代表逻辑视图，可以用类图（Class Diagram）来描述逻辑视图。借助于类图和类模板，类图用来显示一个类的集合和它们的逻辑关系，如关联、使用、组合、继承等。相似的类可以划分成类集合。类模板关注单个类，它们强调主要的类操作，并且识别关键的对象特征。

逻辑视图的表示法如下。

① 构件（Component）：包括类、类服务、参数化类、类层次。

② 连接件（Connector）：包括关联、包含聚集、使用、继承、实例化。

逻辑视图的风格采用面向对象的风格。其主要的设计准则是，视图在整个系统中保持单一的、一致的对象模型，以避免就每个场合或过程产生草率的类和机制的技术说明。

2. 进程视图

进程视图考虑一些非功能性的需求，如性能和可用性。它解决并发性、分布性、系统完整性、容错性的问题，以及逻辑视图的主要抽象如何与进程结构配合在一起，即定义逻辑视图中的各个类的具体操作是在哪一个线程（Thread）中被执行的。进程视图侧重于系统的运行特性，服务于系统集成人员，方便后续性能测试。

进程视图的表示法如下。

① 构件：包括进程、简化进程、循环进程。

② 连接件：包括消息、远程过程调用、双向消息、事件广播。

进程视图关注进程、线程、对象等运行时的概念，以及相关的并发、同步和通信等问题。

3. 开发视图

开发视图描述了开发环境中软件的静态组织结构，即关注软件开发环境下实际模块的组织，服务于软件编程人员。将软件打包成小的程序块（程序库或子系统），可以由一位或几位开发人员来开发。子系统可以组织成分层结构，每个层为上一层提供良好定义的接口。

系统的开发架构用模块和子系统图来表达，显示了“输出”和“输入”关系。对于完整的开发架构，只有当所有软件元素被识别后才能加以描述。但是，可以列出控制开发架构的规则：分块、分组和可见性。

开发视图的风格通常是层次结构，每个层为上一层提供良好定义的接口。层次越低，通用性越好。

开发视图的表示法如下。

① 构件：包括模块、子系统、层。

② 连接件：包括参照相关性、模块 / 过程调用。

4. 物理视图

物理视图主要描述硬件配置，服务于系统工程人员，解决系统的拓扑结构、系统安装、通信等问题。物理视图主要考虑如何把软件映射到硬件上，还要考虑系统性能、规模、可靠性等。物理视图可以与进程视图一起映射。物理架构主要关注系统非功能性的需求，如可用性、可靠性（容错性）、性能（吞吐量）和可伸缩性。

物理视图的表示法如下。

① 构件包括处理器、计算机、其他设备。

② 连接件包括通信协议等。

5. 场景视图

场景视图又称用例视图，它综合了其他所有的视图。场景视图用于刻画构件之间的相互关系，将其他 4 个视图有机地联系起来。该视图可以描述一个特定的视图内的构件关系，也可以描述不同视图间的构件关系。

场景视图是其他视图的冗余，但它起到了两个作用：一是，作为一项驱动因素来发现架构设计过程中的架构元素；二是，作为架构设计结束后的一项验证和说明功能，既以视图的角度来说明，又作为架构原型测试的出发点。

【课堂讨论】不同视图的适用场合是什么？

任务实施

下面将以“学分管理系统”为例，讨论软件架构设计。系统各功能模块相对独立，采用单线程设计方法，进程架构较为简单，这里不再讨论。本任务主要讨论系统逻辑架构设计、开发架构设计、物理架构设计、场景架构设计。

一、逻辑架构设计

“学分管理系统”逻辑功能视图包含基础数据维护、项目配置、项目实施和统计查询模块。每个模块独立封装在各自的类对象中。系统通过接口服务调用所需要的外部数据。为实现对“学分管理逻辑”功能模块的权限分配和管理，单独架构“账户和权限管理逻辑”，以管理教师和学生的账户，设置学工处、系部和学生3个层面的角色，并负责为3种类型的角色分配访问系统的权限。

“学分管理系统”逻辑架构视图如图3-3所示。

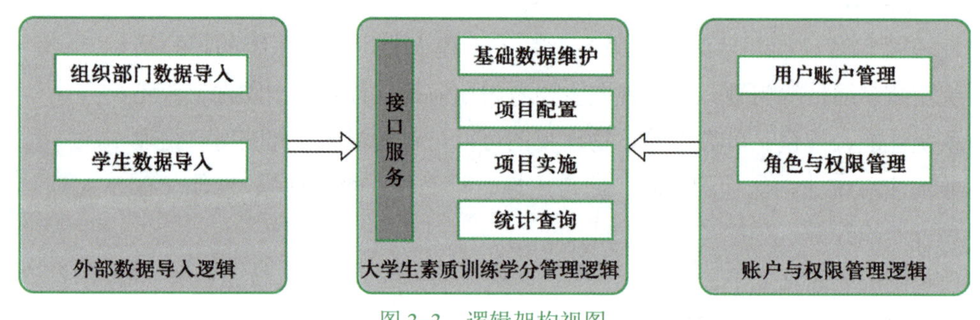

图3-3 逻辑架构视图

二、开发架构设计

“学分管理系统”按3层架构设计：WebUI层、业务逻辑层和数据资源层。开发架构视图如图3-4所示。

WebUI层是用户与系统交互的接口，使用ASP.NET技术封装了学工处、系部、学生和管理员4类角色访问系统的页面类对象。

业务逻辑层构架于Microsoft Framework 4.6之上，采用接口分离原则，使用简单工厂方法，将业务逻辑实现细节与界面层的访问隔离开来，提供了安全灵活的处理机制，降低各模块的耦合性。该层分为3个子层：接口子层、业务实现子层和公共组件子层。

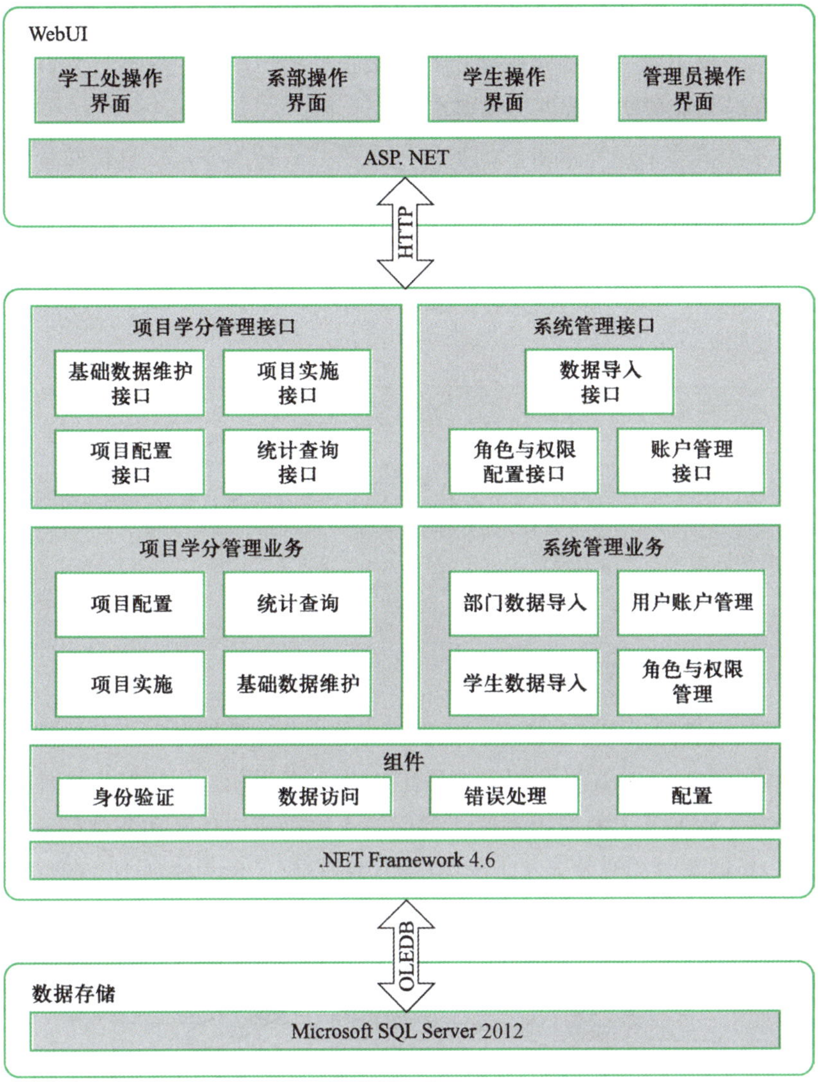

WebUI

学工处操作界面 | 系部操作界面 | 学生操作界面 | 管理员操作界面

ASP. NET

HTTP

项目学分管理接口：基础数据维护接口、项目实施接口、项目配置接口、统计查询接口

系统管理接口：数据导入接口、角色与权限配置接口、账户管理接口

项目学分管理业务：项目配置、统计查询、项目实施、基础数据维护

系统管理业务：部门数据导入、用户账户管理、学生数据导入、角色与权限管理

组件：身份验证、数据访问、错误处理、配置

.NET Framework 4.6

OLEDB

数据存储

Microsoft SQL Server 2012

图 3-4 开发架构视图

微课 3-3 开发架构设计(任务实施)

- 接口子层供 WebUI 层调用。WebUI 层仅使用接口提供的方法，而不需要关心业务逻辑的具体实现。素质拓展学分管理系统接口子层分为两类：项目学分管理接口和系统管理接口。前者包括基础数据维护接口、项目配置接口、项目实施接口和统计查询接口；后者包括数据导入接口、账户管理接口和角色与权限配置接口。
- 业务实现子层包含了两类业务的实现：项目学分管理业务实现和系统管理业务实现。它们各自实现了自身的接口。项目学分管理业务中的基础数据维护业务实现基础数据维护接口，项目配置业务实现项目配置接口，项目实施业务实现项目实施接口，统计查询业务实现统计查询接口。系统管理业务中的用户账户管理业务实现账户管理接口，角色与权限管理业务实现角色与权限管理接口，部门数据导入和学生数据导入业务实现数据导入接口。

- 公共组件子层为逻辑层的处理提供了公共接入方法。身份验证组件验证登录用户身份是否合法，是否有权访问系统模块。数据访问组件封装了查询和操作数据库的公共逻辑。错误处理组件为系统容错提供了统一的处理机制。配置组件封装了对系统参数进行访问和修改的逻辑。

【试一试】请修改“学分管理系统”的开发架构视图，增加实体层。

【提示】在应用系统的设计中，可以构建一个业务实体层，从而与底层数据库的数据建立映射关系，将逻辑层对数据库资源的直接访问转向对业务实体层的访问，实现对数据库的间接访问。当底层数据分布比较松散时，可以在业务实体层统一，以方便逻辑层的处理。

三、物理架构设计

物理架构视图如图 3-5 所示。数据库部署在数据库服务器上，应用程序逻辑、中间层组件和 Web 界面程序部署在 Web 服务器上。用户客户端使用浏览器访问 Web 服务器上的应用程序。使用防火墙隔离信任区和非信任区。Web 服务器、数据库服务器部署在防火墙后面的信任区，客户端处于非信任区。客户端只可以通过 80 端口访问 Web 服务器。

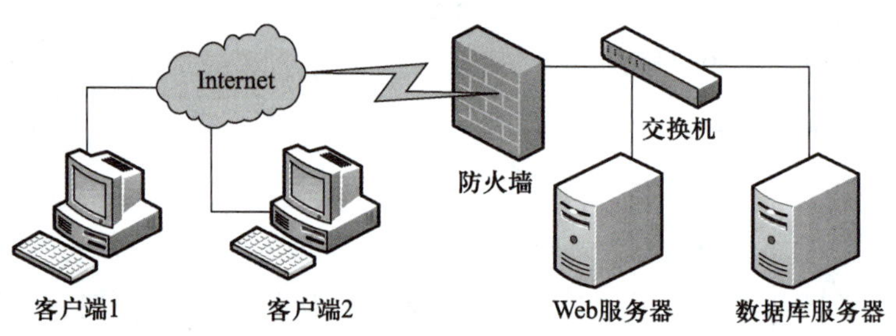

图 3-5 物理架构视图

四、场景架构设计

下面以“学分管理系统”的“项目实施模块”为例，讨论软件架构设计中的场景视图设计。如图 3-6 所示为项目实施模块用例场景。学工处负责制订项目计划，并提交项目计划（即将项目计划发布给各个具体实施项目的系部）；系部按照启动项目、登记学生、项目评分和项目结项的顺序操作项目。

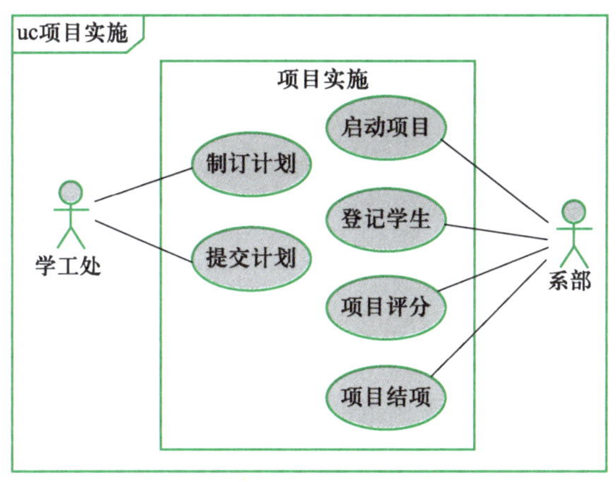

图 3-6　项目实施模块用例场景

任务小结

本任务讨论了软件架构设计，结合“学分管理系统”分析了软件架构设计中的重要视图，即逻辑视图、进程视图、开发视图、物理视图和场景视图。

拓展训练

针对“学分管理系统”的项目基础数据维护模块、项目配置模块、统计查询模块实现逻辑架构设计、开发架构设计和场景架框设计。

【提示】分组讨论完成。

任务二　界面设计

任务简介

目前，应用系统软件一般有基于窗体的桌面应用系统和基于浏览器的 Web 应用系统。此外，随着近年来移动互联网络的迅速发展，基于移动互联网的手机应用系统也非常普及。这 3 类应用系统用户界面的接口设计各不相同。桌面应用系统的用户接口主要是图形用户界面，Web 应用系统的用户接口主要是网页风格的用户界面，而移动互联网应用系统的用户接口主要是手持设备用户界面。本任务将讨论软件设计中的界面设计。由于该任务的项目载体基于浏览器的 Web 应用系统，故本任务在项目实施时主要讨论网页风格的用户界面设计。

任务分析

Web 用户界面设计包括界面总体布局、界面功能简述和界面元素详细设计。界面元素详细设计与使用的开发工具相关，本任务讨论的项目基于 ASP.NET 技术，使用的开发工具是 Visual Studio 2017。在任务实施过程中，在设计 Web 用户界面时主要使用 ASP.NET 服务器控件布局。本任务使用 ASP.NET 母版页技术对项目界面进行总体布局，将“项目实施模块”的项目计划制订页面、计划提交页面、启动项目页面、登记学生页面、项目评分页面和项目结项页面设计成内容页。程序运行时，内容页与母版页进行合成。

支撑知识

一、用户界面

用户界面（User Interface，UI）设计包括用户研究、交互设计和界面设计。

1. 用户研究

用户研究包含两个方面：一是研究如何提高产品的可用性，使得系统的设计更容易被人使用、学习和记忆；二是研究用户的潜在需求，为技术创新提供思路和方法。

2. 交互设计

交互设计指人机交互过程。现在，软件设计工作把交互设计从程序员的工作中分离出来，使其单独成为一个学科，即人机交互设计。人机交互设计的目的在于加强软件的易用、易学、易理解，使计算机真正成为为人类服务的工具。

3. 界面设计

界面设计就像工业产品中的工业造型设计一样，是产品的重要卖点。一个友好、美观的界面会给用户带来舒适的视觉享受，拉近人与计算机的距离。界面设计不是单纯的美术绘画，它需要定位使用者、使用环境、使用方式，并且为最终用户而设计，是纯粹的科学性的艺术设计。检验一个界面的标准，既不是某个项目开发组领导的意见，也不是项目成员投票的结果，而是最终的用户感受。所以，界面设计要和用户研究紧密结合起来，它是一个不断为最终用户设计满意视觉效果的过程。

二、用户界面设计原则

用户界面设计要求置界面于用户的控制之下，减少用户的记忆负担，保持界面的一致性。一般有下面一些原则。

1. 一般设计原则

（1）界面的功能

界面是用户完成自己业务工作的工具。界面应该有益于用户的任务，而不是使用户对它本身产生兴趣。界面中不应包含与任务无关的内容。

（2）界面类型的选择

用户界面可以有对话（问答）、菜单、全屏幕表格、命令语言等多种形式。不同的形式在用途、使用及学习的难易程度上各具特点。设计者可根据用户的类别（初学者、熟练者）、使用的频度（日常使用、偶尔使用）、开发的难易程度来选取一种或多种形式。对日常使用的功能，应主要从易于使用的角度考虑；对偶尔一用或是较高级用户使用的功能，可从开发的难易程度方面考虑。

（3）用户控制

应用程序的对话和处理过程应为用户提供足够多的选择，以满足用户按其期望的方式控制程序流向的需要，即用户控制程序。程序应避免强加给用户某一动作，即程序控制用户。比如，在打印过程中，程序应允许用户中断打印，以处理夹纸等故障，而不能强迫用户打印完成后再获得控制。

（4）直接性

界面应该给用户提供直接的、直观的方法来完成任务。较好的方法是，用户先选取要操作的对象，然后选择对该对象进行的操作。

（5）一致性

一致性包含两层含义：与现实世界的一致性，应用程序内部及应用程序与应用程序之间的一致性。首先，程序中所使用的概念、符号应与用户的现实经验相一致；其次，在程序内部及程序之间，在概念、符号、命令、外观、操作上应保持一致。

（6）反馈性

对于一个操作，用户应得到立即的、可见的反馈信息。特别是在响应时间特别长的情况下，程序应将正在做什么及正在做的任务进度的信息告诉用户，以使用户明白程序仍然在按照要求工作。

（7）宽容性

当发现用户的操作有错误或可能发生不良后果时，程序应客观地提示用户，并允许用户终止当前的操作。

（8）减少用户工作量

应尽可能地减少用户操作界面时的工作量。例如，一步可以完成的决不使用两步；能够自动完成的就不要用户击键。

（9）恰当地设置默认值

对具有明显倾向的选择，尽可能提供默认值。为防止用户误操作，默认值应是各种选择中后果较安全的一个。

2. 屏幕格式设计原则

① 格式化的屏幕应包括 4 个部分：标题、菜单、数据区和提示信息区。其中，菜单可选。

② 屏幕中的内容应按照信息的相关性或使用顺序进行分组，各组间应有明显的分界标志。

③ 一个屏幕中用于显示信息的面积一般不要超过屏幕总面积的 40%。

④ 对屏幕中重要的数据要进行强化，以吸引用户注意力。强化的手段包括闪烁、高亮、颜色、字符形状、字符大小、阴影、加框（线）等。但应注意，屏幕中强调的内容不能太多，否则会适得其反。

⑤ 一个屏幕中，显示使用颜色的数目不要超过 6 种。

⑥ 数据区应当左侧对齐。当一行中有多个输入区时，每行的右侧也尽可能对齐。

【提示】 常用颜色的约定：红色为危险或停止，黄色为警告。

3. 输入过程设计原则

① 明确地输入：只有当用户按下输入接收键时，才确认输入，以便于用户在输入过程中纠错。

② 明确地移动：要使用 Tab 键在输入项目之间显式移动光标，不要使用自动跳跃 / 转换。

③ 明确地取消：如果用户中断了一个输入过程，则已经输入的数据（即使是当前正输入的字段）也不应删除，以备用户选择是否删除。

④ 确认删除：当进行删除操作时，应让用户确认。

⑤ 保存提示：如果用户修改了数据，且在退出输入时尚未保存，则应提示用户保存。

⑥ 允许编辑：在输入的过程中或完成后，都应允许以相同的方式进行编辑。

⑦ 自动格式化：例如，对前导零之类的格式字符，用户可以不必输入，而由界面自动转换。

⑧ 数据校验：对输入的数据要进行合法性校验。没有通过校验的，不能进行下一个输入，这时可选择取消或联机帮助。

4. 信息显示设计原则

① 仅显示必需的数据，与用户需求或当前任务无关的数据一律省略。相关的数据应显示在一起，应尽量少用代码。

② 日期的显示格式为 YYYY-MM-DD，时间的显示格式为 HH24:MM:SS。

5. 提示信息设计原则

① 提示信息用语要简单、易懂，不要使用计算机专业术语。例如，“记录插入成功”不如“数据已保存”直观、易懂。

② 用肯定句，不要用否定句。例如，“字符串格式不正确”不如“字符串应由字母和数字组成”。

③ 提示信息要礼貌，不要过分。

④ 出错提示应尽可能详细地指定出错位置和错误原因。例如，“数据库操作错误”不如“住院号重复”清晰、具体。

⑤ 错误信息不要暗示用户做错了什么，而要客观地叙述问题，提供可能的解决办法。

6. 报表设计原则

① 报表设计的用途应明确，每个报表要反映一个问题或主题。

② 每个报表必须有一个标题，标题应安排在中间。

③ 根据相关内容将行分成组，将列组成块，以利于清晰阅读。一般每 3～5 行使用空行分隔。

④ 根据用户的需求与阅读顺序安排组与块。

⑤ 字符靠左对齐，数字靠右对齐，有小数时则对齐小数点。

⑥ 两列的间隔不小于 3 个空格。

⑦ 如果报表有多页，则每页应加页码。

⑧ 每次打印报表，都要给报表加上打印日期和时间。

7. 菜单设计原则

程序中可使用下拉菜单、级联菜单和弹出式菜单。菜单设计原则：菜单项的说明应简单明了；按相近或相关的原则将各选择项分组排列；为菜单项设置快捷键；常用的选项可设置图标。

【提示】级联菜单一般不超过 3 层。

8. 操作方法原则

应用程序除了提供鼠标操作方式外，还要提供在无鼠标操作时，使其完全靠键盘也能操作。

鼠标的操作方法有单击、双击和右击。在进行菜单、命令按钮等功能选择时，单击表示确认执行；在数据上单击表示选择，双击表示选择并确认；右击表示显示对象相关的属性或功能选择、提示帮助。

输入文字时，光标的移动一般使用 Tab 键和 Shift+Tab 组合键。特殊情况下，也可考虑同时按 Enter 键。

三、用户界面分类

1. 图形用户界面

图形用户界面（Graphics User Interface，GUI）有时也称为窗口、图标、菜单。在图形用户界面中，计算机屏幕上显示的窗口、图标、按钮等图形表示不同目的的动作，用户通过鼠标等指针设备进行选择。

2. 网页风格用户界面

网页风格用户界面（Web User Interface，WebUI）通过用户浏览器展现。互联网与传统媒体最大的不同就在于，除了文字和图像以外，还包含声音、视频和动画等新兴多媒体元素，增加了网页界面生动性的同时，也使得网页设计者需要考虑更多页面元素的合理性运用。

3. 手持设备用户界面

手持设备用户界面（Handset User Interface，HUI），狭义上来看是手机和 PPC 的界面，广义上可以推广至移动电视、车载系统、手持游戏机、MP3、GPS 等一切手持移动设备适用的界面。

手机界面的基本要素：待机界面（Idle）、主菜单（Main Menu）、二级菜单（Sub Menu）、三级菜单（Third Level Menu）。界面除了包括图标和文字外，比较重要的还有呼叫、发送信息、计算器、日历界面等功能性信息。

任务实施

“学分管理系统”是构架于 B/S 结构的 Web 应用系统。用户与系统的交互是通过浏览器来实现的，人机交互界面是具有网页风格的用户界面。本任务将选择该系统的“项目实施模块”讨论 Web 用户界面设计。

项目实施模块包括制订项目计划、提交项目计划、启动项目、登记学生、项目评分和项目结项 6 个子功能模块。下面分别为这 6 个子模块设计用户界面。

界面设计使用 ASP.NET 技术，采用母版页、主题和样式、服务器控件设计技术。

一、总体界面布局

1. 界面说明

总体界面布局使用 ASP.NET 母版页技术，考虑几个基本需求。总页宽默认值为 1 000 像素，总页高默认值为 600 像素。

页面分为 4 个区。界面上部为页眉，高度为 100 像素。下部为页脚，高度为 60 像素。中间的左侧为用户登录信息和功能菜单栏，宽度为 120 像素。右侧为显示内容区。显示内容区用于合成内容页。

功能菜单栏分 3 个层次：第一层为根结点，代表整个训练项目管理系统；第二层为业务功能模块，包含完整的业务流程；第三层为每个业务流程的具体功能项。如图 3-7 所示为总体布局。

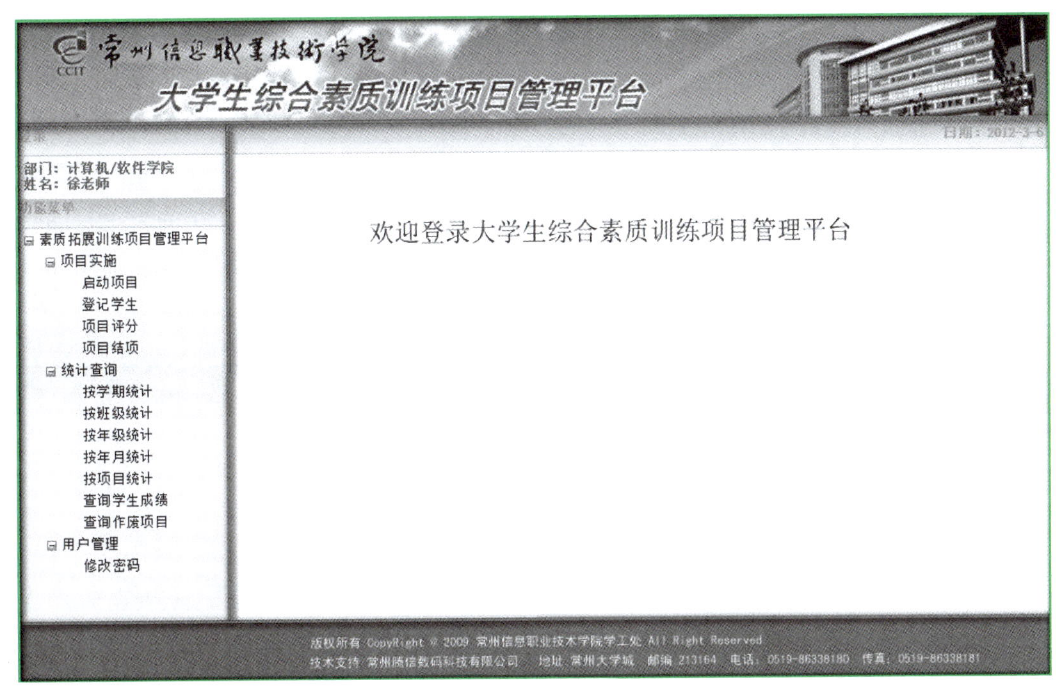

图 3-7 总体布局

2. 控件布局

总体界面设计的控件主要有若干个标签（Label）、功能菜单树（TreeView）和内容页控件（ContentPlaceHolder）等。总体界面控件布局如表 3-1 所示。

表 3-1 总体界面控件布局一览表

模版页			
控件 ID	控件名称	控件类型	说明
labDeptName	部门显示控件	Label	显示登录用户部门信息
labUserName	姓名显示控件	Label	显示登录用户姓名
labDate	日期显示控件	Label	显示系统日期
treeFunction	三级功能菜单树显示控件	TreeView	绑定显示三级功能菜单树
ContentPlaceHolder1	内容页控件	ContentPlaceHolder	与母版页合成内容页容器

【试一试】总体界面布局和界面元素定义。

二、制订项目计划

1. 界面说明

微课 3-4 制定项目计划(任务实践)

制订项目计划功能为学工处提供了新项目计划界面输入接口。

制订项目计划功能界面使用 ASP.NET 内容页与母版页合成技术，内容页界面如图 3-8 所示。页面上部的“素质领域”、“模块”和“项目”构成三级联动菜单，“模块”由“素质领域”产生，“项目”由“模块”产生。第三级菜单“项目”关联的项目计划显示在页面底部的项目计划列表中。中间为项目编辑区，可以为第三级菜单“项目”添加项目内容，添加的项目计划也将显示在页面底部的项目计划列表中。

日期：2012-3-6

制订项目计划添加项目内容

素质领域： 基本素质 模块： 人文素质修炼 项目： 历史与哲学修养

编辑

编号

项目内容：

考核要点：

素质训练分：

学期安排：

负责系部： 外国语学院

负责人：

新增 保存 清除

操作	编号	项目内容	考核要点	学期安排	素质训练分	组织单位	负责人
修改	10001288				5	外国语学院	
修改	10001291				5	外国语学院	

图 3-8 制订项目计划内容页界面

2. 控件布局

制订项目计划界面控件主要由下拉控件、列表显示控件、文本框、按钮等组成。具体控件布局如表 3-2 所示。

表 3-2　制订项目计划界面控件布局一览表

制订项目计划内容页			
控件 ID	控 件 名 称	控 件 类 型	说　明
ddlQuaField	素质领域数据显示下拉控件	DropDownList	用于选择素质领域
ddlModule	模块显示下拉控件	DropDownList	用于选择模块
ddlProject	项目显示下拉控件	DropDownList	用于选择项目
gdvProPlan	项目计划列表显示控件	GridView	列表显示指定项目下所有计划
txtPlanID	项目计划编号显示控件	TextBox	用于显示系统自动分配项目编号
txtProjPlan	项目计划内容文本输入控件	TextBox	文本框，限长 200
txtAssessPoints	考核要点文本输入控件	TextBox	文本框，限长 200
txtTrainScore	素质训练分文本输入控件	TextBox	文本框，限长 50
txtTeamArrange	学期安排	TextBox	文本框，限长 50
ddlDepartment	负责系部下拉控件	DropDownList	用于选择项目的负责系部
txtResponsePerson	负责人输入控件	TextBox	文本框，限长 50
btnAddNew	新增	Button	按钮，产生新项目计划编号
btnModify	保存	Button	按钮，将项目计划保存到数据库
btnClear	清除	Button	按钮，清除界面输入

三、提交项目计划

1. 界面说明

提交项目计划功能为学工处将项目计划分发给各系部提供了界面输入接口。

提交项目计划内容页界面如图 3-9 所示。页面显示所有项目计划列表，一页显示 50 条，如果超过 50 条，则记录将产生分页。单击一条项目计划前的“提交”按钮，该项目计划将被分发到设定的系部，本页将不再显示已提交的项目计划。

微课 3-5　提交项目计划(任务实践)

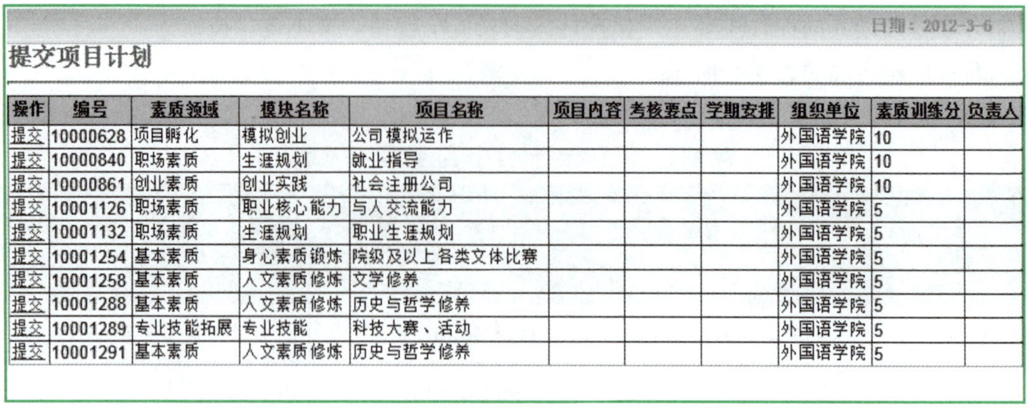

日期：2012-3-6

提交项目计划

操作	编号	素质领域	模块名称	项目名称	项目内容	考核要点	学期安排	组织单位	素质训练分	负责人
提交	10000628	项目孵化	模拟创业	公司模拟运作				外国语学院	10	
提交	10000840	职场素质	生涯规划	就业指导				外国语学院	10	
提交	10000861	创业素质	创业实践	社会注册公司				外国语学院	10	
提交	10001126	职场素质	职业核心能力	与人交流能力				外国语学院	5	
提交	10001132	职场素质	生涯规划	职业生涯规划				外国语学院	5	
提交	10001254	基本素质	身心素质锻炼	院级及以上各类文体比赛				外国语学院	5	
提交	10001258	基本素质	人文素质修炼	文学修养				外国语学院	5	
提交	10001288	基本素质	人文素质修炼	历史与哲学修养				外国语学院	5	
提交	10001289	专业技能拓展	专业技能	科技大赛、活动				外国语学院	5	
提交	10001291	基本素质	人文素质修炼	历史与哲学修养				外国语学院	5	

图 3-9 提交项目计划内容页界面

2. 控件布局

提交项目计划界面控件主要有列表显示控件。具体控件布局如表 3-3 所示。

表 3-3 提交项目计划界面控件布局一览表

提交项目计划内容页			
控件 ID	控 件 名 称	控 件 类 型	说 明
gdvProPlan	项目计划显示控件	GridView	列表显示所有已制订的项目计划

四、启动项目

1. 界面说明

启动项目功能为系部开始执行项目计划提供了界面操作接口。

启动项目内容页界面如图 3-10 所示。启动项目的关键步骤是设置项目开始时间。界面的下部显示学工处分发给本系部的项目列表。如果项目不再执行，则可以单击项目计划右侧的“作废”按钮，删除该项目计划。单击项目计划左侧的“选择”按钮，将项目计划的编号设置到页面上部“设置项目开始时间”选项组的文本控件“项目编号”上。单击“项目开始时间”文本框，将弹出日历控件，以供选择日期。单击“设置”按钮，项目开始时间将被设置到指定时间，并在项目计划列表区显示。

2. 控件布局

启动项目计划界面控件主要有文本框控件、时间输入控件、日期选择控件和列表显示控件。具体控件布局如表 3-4 所示。

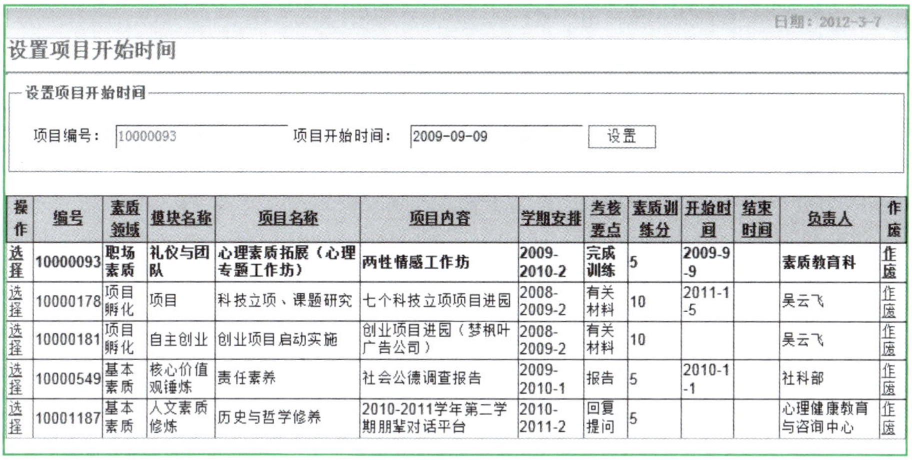

日期：2012-3-7

设置项目开始时间

设置项目开始时间

项目编号：10000093　项目开始时间：2009-09-09　设置

操作	编号	素质领域	模块名称	项目名称	项目内容	学期安排	考核要点	素质训练分	开始时间	结束时间	负责人	作废
选择	10000093	职场素质	礼仪与团队	心理素质拓展（心理专题工作坊）	两性情感工作坊	2009-2010-2	完成训练	5	2009-9-9		素质教育科	作废
选择	10000178	项目孵化	项目	科技立项、课题研究	七个科技立项项目进园	2008-2009-2	有关材料	10	2011-1-5		吴云飞	作废
选择	10000181	项目孵化	自主创业	创业项目启动实施	创业项目进园（梦枫叶广告公司）	2008-2009-2	有关材料	10			吴云飞	作废
选择	10000549	基本素质	核心价值观锤炼	责任素养	社会公德调查报告	2009-2010-1	报告	5	2010-1-1		社科部	作废
选择	10001187	基本素质	人文素质修炼	历史与哲学修养	2010-2011学年第二学期朋辈对话平台	2010-2011-2	回复提问	5			心理健康教育与咨询中心	作废

图 3-10　启动项目内容页界面

表 3-4　启动项目界面控件布局一览表

启动项目计划内容页			
控件 ID	控 件 名 称	控 件 类 型	说　明
txtPlanID	项目编号显示控件	TextBox	显示项目计划编号
txtStartDate	项目开始时间输入控件	TextBox	用于输入或设置项目开始时间
startDateCalendar	日期选择控件	CalendarExtender	AJAX 日历扩展控件，与 txtStartDate 控件关联，用于设置项目开始时间
gdvProPlan	项目计划显示控件	GridView	显示本部门所有待执行的项目计划

五、登记学生

1. 界面说明

登记学生功能为系部将学生添加到项目提供了输入接口。

登记学生内容页界面如图 3-11 所示。页面中间显示区为正在实施的项目列表。页面的下部为全校学生列表区。页面上部为参加项目的学生列表区。在项目列表区选择项目计划，则项目计划编号将显示在页面上部的“项目计划编号”文本框中，表示将为该项目添加学生。在页面下部的全校学生列表区选择系部和班级，将显示该班级所有学生；单击“全选”按钮，将选中该班所有学生；单击“全不选”按钮，将清除所有选择。用户也可以单独选择某些学生。单击“登记”按钮，选中的学生将出现在页面上部参加项目的学生列表区。单击“参与人员”学生记录左侧的“删除”按钮，将把该学生从项目中排除。

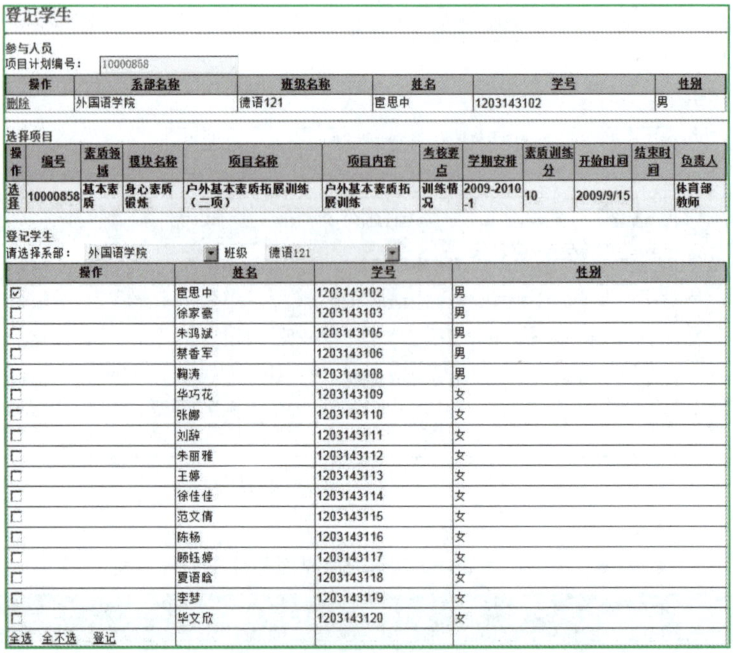

图 3-11 登记学生内容页界面

2. 控件布局

登记学生界面控件主要有文本框控件、列表显示控件、下拉选项控件和按钮控件。具体控件布局如表 3-5 所示。

表 3-5 登记学生界面控件布局一览表

登记学生内容页			
控件 ID	控 件 名 称	控 件 类 型	说 明
txtPlanID	项目计划编号显示控件	TextBox	用于显示需要添加学生的项目计划编号
gdvProStu	参加项目的学生列表显示控件	GridView	用于显示和清除参加项目学生
gdvProPlan	项目计划显示控件	GridView	用于显示正在实施中的项目计划
ddDept	显示系部的下拉控件	DropDownList	用于选择系部
ddlClass	显示班级的下拉控件	DropDownList	用于选择系部所属的班级
gdvStuInf	班级学生信息列表显示控件	GridView	显示所选班级的学生具体信息列表
lbtSelectAll	全选	LinkButton	按钮，用于选中全部学生
lbtCancelAll	全不选	LinkButton	按钮，用于取消全部选中的学生
lbtRegister	登记	LinkButton	按钮，用于将选中学生登记到项目中

六、项目评分

1. 界面说明

项目评分功能为系部给参加项目的学生评分提供了操作接口。

项目评分内容页界面如图 3-12 所示。页面上部为执行中的项目列表，页面下部为参加项目的学生信息列表。选择一个项目，则页面下部将列表显示所有参加该项目的所有学生名单。选中学生信息左侧的评分列，单击“保存”按钮，则将该项目对应的素质训练分给该学生。单击“全选”按钮可以批量评分，单击“全不选”按钮可以取消全部评分。

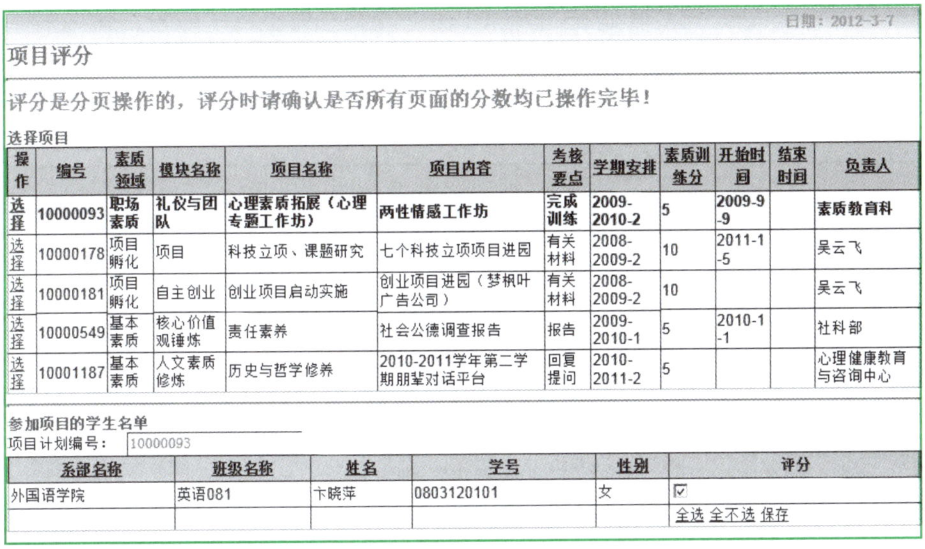

日期：2012-3-7

项目评分

评分是分页操作的，评分时请确认是否所有页面的分数均已操作完毕！

选择项目

操作	编号	素质领域	模块名称	项目名称	项目内容	考核要点	学期安排	素质训练分	开始时间	结束时间	负责人
选择	10000093	职场素质	礼仪与团队	心理素质拓展（心理专题工作坊）	两性情感工作坊	完成训练	2009-2010-2	5	2009-9-9		素质教育科
选择	10000178	项目孵化	项目	科技立项、课题研究	七个科技立项项目进园	有关材料	2008-2009-2	10	2011-1-5		吴云飞
选择	10000181	项目孵化	自主创业	创业项目启动实施	创业项目进园（梦枫叶广告公司）	有关材料	2008-2009-2	10			吴云飞
选择	10000549	基本素质	核心价值观锤炼	责任素养	社会公德调查报告	报告	2009-2010-1	5	2010-1-1		社科部
选择	10001187	基本素质	人文素质修炼	历史与哲学修养	2010-2011学年第二学期朋辈对话平台	回复提问	2010-2011-2	5			心理健康教育与咨询中心

参加项目的学生名单

项目计划编号：10000093

系部名称	班级名称	姓名	学号	性别	评分
外国语学院	英语081	卞晓萍	0803120101	女	☑
					全选 全不选 保存

图 3-12　项目评分内容页界面

2. 控件布局

项目评分界面控件主要有文本框控件、列表显示控件和超链接按钮。具体控件布局如表 3-6 所示。

表 3-6　项目评分界面控件布局一览表

项目评分内容页			
控件 ID	控 件 名 称	控 件 类 型	说　　明
txtPlanID	项目计划编号显示控件	TextBox	用于显示需要添加学生的项目计划编号
gdvProPlan	项目计划显示控件	GridView	用于显示正在实施中的项目计划
gdvStuInf	参加项目的学生列表显示控件	GridView	用于显示参加项目的学生
lbtSelectAll	全选	LinkButton	按钮，用于选中全部学生的评分项
lbtCancelAll	全不选	LinkButton	按钮，用于取消全部选中的学生评分项
lbtRegister	登记	LinkButton	按钮，用于给学生评分

七、项目结项

1. 界面说明

项目结项功能为系部提供结束项目，将学生成绩导入成绩库的界面操作接口。

项目结项内容页界面如图 3-13 所示。上部为设置项目结束时间编辑区，中部为项目计划列表，下部为参加该项目的学生通过考核情况列表。单击项目计划列表左侧的“结束项目”列的“结束”按钮，可以结束项目。结束后的项目将不出现在项目计划列表中。结束项目前需要先设定项目结束时间，单击“选择”按钮，对应的项目编号将出现在上部编辑区的“项目编号”文本框中。在“项目结束时间”文本框中输入结束时间，单击“设置”按钮，结束时间将出现在项目计划列表中。

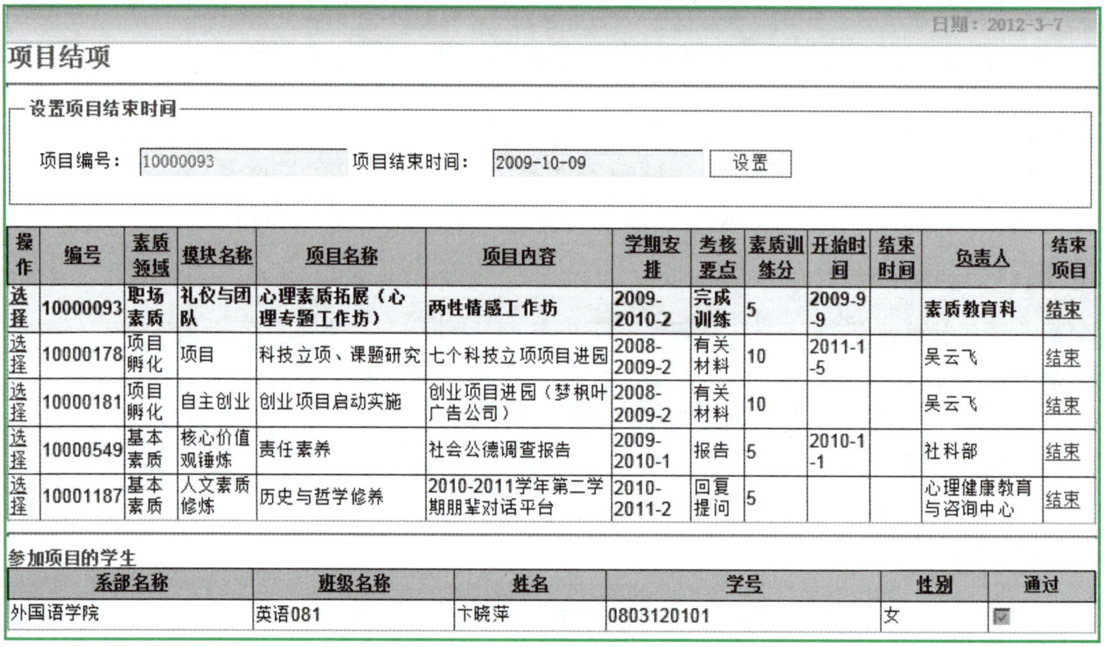

日期：2012-3-7

项目结项

设置项目结束时间

项目编号：10000093 项目结束时间：2009-10-09 设置

操作	编号	素质领域	模块名称	项目名称	项目内容	学期安排	考核要点	素质训练分	开始时间	结束时间	负责人	结束项目
选择	**10000093**	**职场素质**	**礼仪与团队**	**心理素质拓展（心理专题工作坊）**	**两性情感工作坊**	**2009-2010-2**	**完成训练**	**5**	**2009-9-9**		**素质教育科**	**结束**
选择	10000178	项目孵化	项目	科技立项、课题研究	七个科技立项项目进园	2008-2009-2	有关材料	10	2011-1-5		吴云飞	结束
选择	10000181	项目孵化	自主创业	创业项目启动实施	创业项目进园（梦枫叶广告公司）	2008-2009-2	有关材料	10			吴云飞	结束
选择	10000549	基本素质	核心价值观锤炼	责任素养	社会公德调查报告	2009-2010-1	报告	5	2010-1-1		社科部	结束
选择	10001187	基本素质	人文素质修炼	历史与哲学修养	2010-2011学年第二学期朋辈对话平台	2010-2011-2	回复提问	5			心理健康教育与咨询中心	结束

参加项目的学生

系部名称	班级名称	姓名	学号	性别	通过
外国语学院	英语081	卞晓萍	0803120101	女	☑

图 3-13 项目结项内容页界面

2. 控件布局

项目结项界面控件主要有文本框控件、按钮控件、日历输入控件和列表显示控件。具体控件布局如表 3-7 所示。

【试一试】学生可以在线查询本人参与的项目，以及获得的训练分和学分，请设计“学生查分”功能的界面，包括界面说明和控件布局说明。

表 3-7 项目结项界面控件布局一览表

项目评分内容页			
控件 ID	控 件 名 称	控 件 类 型	说 明
txtPlanID	项目编号显示控件	TextBox	用于显示待设置结束时间的项目编号
txtEndDate	项目结束时间显示控件	TextBox	用于输入或设置项目结束时间
btnEndDate	设置	Button	按钮，用于为指定项目设置结束时间
startDateCalendar	AJAX 帮助输入日历控件	CalendarExtender	用于设置 txtEndDate 对象时间
gdvProPlan	项目计划显示控件	GridView	用于显示待结束项目的计划列表
gdvProStu	参加项目的学生评分情况列表显示控件	GridView	用于显示参加项目的学生的评分情况

任务小结

本任务结合“学分管理系统”的“项目实施模块”讨论界面设计过程。对需设计的界面首先进行功能解说，述说界面的执行功能，并给出界面的详细布局图，最后详细列出界面布局所需的控件。

拓展训练

项目也可以由系部发起，输入项目后提交项目给学工处审核，学工处对项目审核后，把项目转发给系部，由系部负责实施。请补充一个审批流程，设计系部输入并提交项目、学工处审批项目这两个模块的 Web 用户界面。

【提示】分组讨论完成。

任务三 数据库设计

任务简介

数据库设计从用户需求开始，经历概念设计、逻辑设计和物理实现过程。期间共需建立 4 个模型：界面模型、语义模型、E-R 模型和关系模型。本任务将重点讨论语义模型、E-R 模型的建立，以及依据语义模型和 E-R 模型建立关系模型。本任务将讨论软件设计的数据库设计过程，选择“项目实施模块”作为载体设计相关数据库，还将讨论关系表的业务规则提取和规范化操作。

任务分析

数据库设计一般经历下面几个过程：需求分析、概念设计、逻辑设计、物理设计和运行维护。在概念设计阶段，需要通过语义模型和 E-R 模型将用户对数据的需求表现出来。在逻辑设计阶段，需要把语义模型和 E-R 模型转换为关系模型，还需要对关系模型进行业务规则提取和规范化操作。在物理设计阶段，需要选择数据库产品实现数据库的创建。本任务将针对“项目实施模块”具体讨论数据库的设计过程。

支撑知识

一、数据库设计定义

数据库设计是指对于一个给定的应用环境，构造最优的数据库模式，建立数据库及其应用系统，使之能够有效地存储数据，以满足各种用户的应用需求。

由于数据库应用系统的复杂性，设计数据库的过程也异常复杂，最佳设计不可能一蹴而就，只能是一种“反复探寻，逐步求精”的过程，即逐步规划和结构化数据库中的数据对象及这些数据对象之间关系的过程。

二、数据模型设计

数据库设计首先从需求分析开始，然后把用户需求转换成数据模型。数据模型一般包括用户界面模型、语义对象模型、实体关系模型和关系模型。界面模型、语义对象模型和实体关系模型属于概念设计的范畴，关系模型属于逻辑设计的范畴。用户界面模型即用户界面设计，该内容请参考本单元的“任务二 界面设计”。

1. 语义对象模型

语义对象模型是用来文档化用户需求并建立的数据模型。它首先确定用户需求中语义对象的可标识事物，然后确定这些事物的属性来表达语义对象的特征及其之间的联系，从而建立数据模型。语义对象模型的构建依赖于语义对象和语义对象属性。

（1）语义对象属性

每一个对象都具有一定的性质，人们称之为属性。每个属性代表对象的一个特征。对象也是一个属性集合。语义对象属性有 3 种类型：简单属性、属性组和对象属性。简单属性保存简单值，如字符串、数字或日期。简单属性不可再分，是单值的。属性组保存合成值，是多个属性的组合。组成属性组的属性可以是简单属性，也可以是语义对象属性或属性组。语义对象属性是指语义对象的属性是另一个语义对象，它是一个语义对象和另一个语义对象之间建立关系的属性。语义对象属性是成对出现的，如果一个对象包含另一个对象，则另一个对象也必定包含这个对象，这种对象属性称做成对属性。

（2）语义对象属性的基数

语义对象属性的基数是指该属性的取值范围。在语义对象模型中，通过属性基数来描述使对象有效的必须存在的属性实例的数目。语义对象的每个属性都有最小基数和最大基数，使用以点分隔的两个数字表示。最小基数指使对象有效的必须存在的属性实例的最小数目，这个数通常是0或1。如果是0，则该属性不一定需要有值；如果是1，则该属性必须有值。最小基数也可能大于1。最大基数指对象所拥有属性实例的最大数目，通常是1或*N*。

常见属性基数的表示如下。

- 1.1 表示对象属性实例的数目恰好为 1。
- 1.*N* 表示可以取任意数量的值，但至少必须有一个值。
- 0.1 表示一个可选的单值。
- 0.*N* 表示任意数量的可选值。

（3）对象标识符

对象标识符可用来标识语义对象的一个或多个属性的组合。可以在属性的左边写下文字 ID 来指示标识符，ID 加下画线表示一个唯一的标识符。

（4）语义对象的类型

语义对象可分为简单对象、组合对象、复合对象、混合对象、关联对象和继承对象等。

简单对象是仅包含单值的简单属性的语义类。组合对象包含至少一个多值的非对象属性。复合对象包含至少一个对象属性。混合对象包含其他类型属性的组合。关联对象表示两个不同对象之间的关系，并存储有关此关系的额外信息。继承对象指两个语义对象除有不同属性外，一个对象可以共享另一个对象的大多数特征。

2. 实体关系模型

实体关系图（Entity-Relationship Diagram，ERD）是另一种形式的对象模型，在很多方面类似语义对象模型。但它们的关注点不同，语义对象模型关注对象类结构，而实体关系图更强调关系。实体关系图由实体（Entity）、属性

（Attribute）和联系（Relation）构成。具体图形标识描述如下。

① 实体：用矩形表示，矩形框内写明实体名。

② 属性：用椭圆形表示，并用无向边将其与相应的实体连接起来。

③ 联系：指实体内部或实体之间的联系。实体内部的联系通常指组成实体的属性之间的联系。用菱形表示，菱形框内写明联系名，并用无向边分别与有关实体连接起来，同时在无向边旁标上联系的类型（1∶1、1∶n 或 m∶n），即一对一、一对多、多对多 3 种关系。

E-R 模型的建模一般包括如下的步骤。

① 确定实体，并确定每一个实体的属性。

② 确定实体之间存在的联系，包括联系名、联系的类型、联系的最小基数及联系的属性。

③ 建立最终的 E-R 图。

④ 对所建立的 E-R 数据模型进行评估，即需要参照需求来证实其精确性和完整性。

3. 关系模型

关系模型就是指二维表格模型，因而一个关系型数据库就是由二维表及其之间的联系组成的一个数据组织。在关系模型中，关系是指具有行和列的表，表中的列对应不同的属性，属性可以以任何顺序出现，而关系保持不变。域是关系模型的一个重要特征，关系模型中的每个属性都与一个域相关，域界定了一个或多个属性的取值范围。关系的元素是表中的元组或记录，元组是指关系中的一行记录。

（1）关系键

键是表中具有某种属性的一个或多个列构成的集合。复合键或组合键是指包含多于一个列的键。

超键是表中一个或多个列的特定组合，该组合使得表中不存在具有完全相同值的两行。超键定义了表中必须是唯一的一组字段，因此也称唯一键。候选键是最小的超键，如果从候选键中删除一个字段，则该键不再是超键。表中可以存在多个超键和候选键。

唯一键是用来标识表中行的超键，唯一键是用来约束数据的，不允许向数据库中添加具有相同键值唯一键的两行数据。唯一键和候选键的区别在于它们的使用方式，唯一键是一个实现问题，而候选键是一个理论概念。

主键是一种用来表示表中唯一标识或查找行的超键，一个表只能有一个主键。主键也是一个实现问题，而不是理论性概念。主键中的字段必须包含值，基于主键的查找记录要比基于其他键的查找记录快。

次键是用来查找记录但不能保证唯一性的键。

外键是表中的一列或多列集合匹配其他表中的候选键。

（2）约束

非空约束（Not Null）用于确保列不能为空。如果列上定义了非空约束，则插入或修改列时要提供数据。

唯一约束（Unique）用于唯一地标识数据。定义了唯一约束后，唯一约束的列值不能重复，但可以为空。

主键约束（Primary Key）用于唯一标识表的行。主键约束的列上不仅不能重复，也不能为空。

外键约束（Foreign Key）要求引用表中的一个或多个字段必须匹配被引用表中的主键列值。当定义外部键约束时，该选项必须指定。

检查约束（Check）用于强制列数据必须满足条件。

（3）索引

索引是一种数据结构，可以更快且更容易地基于一个或多个字段中的值查找记录。索引不等同于键。索引是从数据库中获取数据的最高效方式之一。95% 的数据库性能问题都可以采用索引技术得到解决。

索引的使用原则如下。

- 逻辑主键使用唯一的成组索引，对任何外键列采用非成组索引。
- 运行查询显示主表和所有关联表的某条记录时创建外键索引，可以提高查找速度。
- 对备注字段不要使用索引，不要索引大型字段（有很多字符的字段），这样做会让索引占用太多的存储空间。
- 不要索引常用的小型表。不要为小型数据表设置任何键。对于经常进行插入和删除操作的小型表，这些插入和删除操作的索引维护可能比扫描表空间消耗更多的时间。

（4）关系数据库完整性

关系数据库完整性实现机制主要有两类：实体完整性和参照完整性。

实体完整性指在一个基本表中主键列的取值不能为空。主键是用于唯一标识记录的最小标识，意味着主键的任何子集都不能提供记录的唯一标识。如果允许主键取空值，则并不是所有的列都用来区分记录，这与主键的定义矛盾。

参照完整性是指如果表中存在外键，则外键值必须与主表中的某些记录的候选键值相同，或者外键的值必须全部为空。

三、提取业务规则

软件是分层架构的。多层应用程序使用多个不同的层来处理不同的与数据相关的业务。多层应用程序最常见的应用形式采用 3 层。第一层是用户界面，显示数据并允许用户操作这些数据。这一层可以执行一些基本的数据验证。第二层是业务逻辑层，逻辑层属于中间层，该层实现了所有的业务规则。当界面层向数据库发送数据时，逻辑层验证数据是否满足业务规则。第三层是数据库，可存储数据，这些数据有些少量的规则限制。

与数据相关的业务规则根据处理方法的不同分散在不同层次上。识别和提取业务规则可以从 3 个方面来进行。

① 识别和提取应该在数据库的结构中实现的业务规则。

② 识别和提取应该在中间层实现的业务规则。

③ 识别和提取应该在界面中实现的业务规则。

当关系模型建立后，需要从以上 3 个方面对表字段的数据类型及其值域建立业务规则。

四、数据规范化设计

设计关系数据的方式可能存在各种各样的问题。设计的数据表中可能包含重复的数据，这不仅浪费空间，而且更新所有这些重复的值既耗时又费事。设计时，可能会错误地关联两个不相关的数据段，因此不能在保留一个数据段的情况下删除另一个数据段。设计时，也有可能为表示一段应该存在的数据将不应该有的数据考虑进来。所有的这些问题称为异常。规范化是重新安排数据库的过程，能使数据库防止这些异常问题出现。共有 7 种不同的规范化级别，每一级别包括它之前的那些级别。规范化通常作为对表结构的一系列测试来决定它是否满足或符合给定范式。一般项目中使用 3 个级别，按照从弱到强依次是第一范式（First Normal Form，1NF）、第二范式（Secord Normal Form，2NF）和第三范式（Third Normal Form，3NF）。

1. 第一范式（1NF）

1NF 是对属性的原子性约束，要求属性具有原子性，不可再分解。1NF 的限定条件如下。

① 每个列必须有一个唯一的名称。

② 行和列的次序无关紧要。

③ 每一列都必须有单个数据类型。

④ 不允许包含相同值的两行。

⑤ 每一列都必须包含一个单值。

⑥ 列不能包含重复的组。

2. 第二范式（2NF）

2NF 是对记录的唯一性约束，要求记录有唯一标识，即实体的唯一性。2NF 的限定条件如下。

① 它符合 1NF。

② 所有的非键值字段均依赖于所有的键值字段。

3. 第三范式（3NF）

3NF 是对字段冗余性的约束，即任何字段不能由其他字段派生出来，它要求字段没有冗余。3NF 的限定条件如下。

① 它符合 2NF。

② 它不包含传递相关性。

传递相关性是指一个非键值字段的值依赖于另一个非键值字段的值。3NF 的第二个条件可以这样理解，即所有的非主键列的值都只能从主键列得到。

五、数据库安全性设计

安全设计确保当数据库存储数据被破坏时及当数据库用户误操作时，数据库信息不至于丢失。

1. 防止用户直接操作数据库

在运行环境中，必须严格管理系统用户。数据信息管理员必须修改其默认密码，禁止用该用户建立数据库应用对象，以及删除或锁定数据库测试用户。

2. 用户账号加密处理

应用级的用户账号密码不能与数据库相同，以防止用户直接操作数据库。管理员只能用账号登录到应用软件，通过应用软件访问数据库，而没有其他途径操作数据库。

3. 角色与权限控制

必须按照应用需求设计不同的访问权限，包括应用系统管理用户、普通用户等，并按照业务需求建立不同的应用角色。用户访问另外的用户对象时，应该通过创建同义词对象进行访问。

确定每个角色对数据库表的操作权限。只有管理员才可以对所有的信息进行所有操作，而普通用户只可以对相关信息进行一些基本操作，而不具备所有的操作权限。

任务实施

本任务将以“学分管理系统”为例，讨论“项目实施模块”相关数据库表的设计。首先从语义模型开始分析，由语义模型推导出实体关系模型，然后将概念层的实体关系模型转换成逻辑层关系模型，最后进行业务规则提取和进行数据规范化操作。

一、建立语义对象模型

大学生综合素质拓展训练学分体系由素质领域、模块和项目 3 个主要部分构成。素质领域对象包含素质领域编号、素质领域名称和删除标识 3 个简单属性。素质领域编号、素质领域名称和删除标识只允许有一个值。素质领域编号和素质领域名称都是标识符，其中，编号是不可缺少的唯一标识符。素质领域对象还包含一个对象属性，即模块。模块可以是 0 个或任意多个。模块对象包含模块编号、模块名称、删除标识 3 个简单属性，还包含一个对象属性，即项目。项目可以是任意多个。项目对象包含项目编号、项目名称、最高素质分和删除标识 4 个简单属性。针对每个项目可以创建若干个项目计划。素质领域对象、模块对象和项目对象如图 3-14 ～图 3-16 所示。

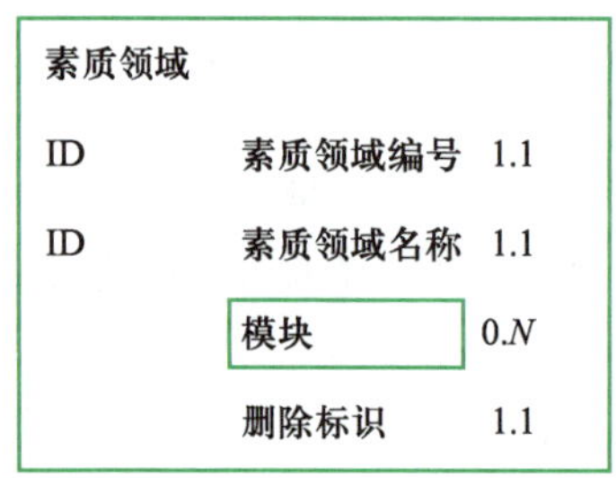

图 3-14 素质领域对象

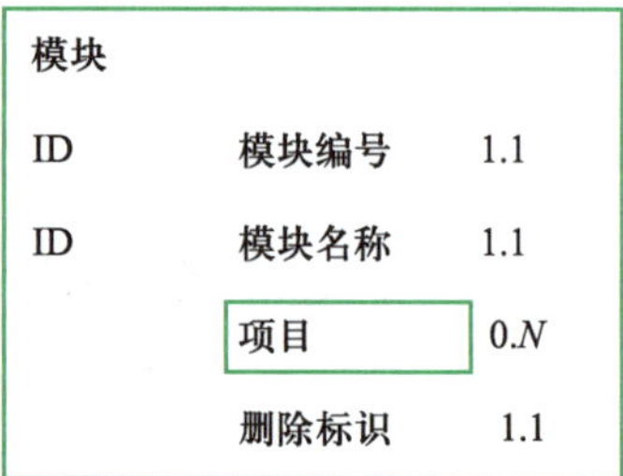

图 3-15 模块对象

微课 3-6 语义对象模型

项目计划对象有下列简单属性：计划编号、计划名称、计划内容、学期安排（项目在哪个学期实施）、考核要点、素质训练分、开始时间（项目实施开始时间）、结束时间（项目结束时间）、项目负责人、计划阶段（项目计划从创建开始到结项为止，期间需经过不同阶段）、制订时间、实施时间、结束标识、作废标识。其中，项目负责人可以是多个，其他简单属性只能是一个。项目计划还包含两个对象属性：计划制订者和计划实施者。计划制订者和计划实施者开始没有，是在计划实施过程中加入进来的。项目计划对象如图 3-17 所示。

图 3-16　项目对象

图 3-17　项目计划对象

项目实施进行到评分阶段后，将为参与项目的学生评定成绩。这一成绩是过程成绩，当项目结项后，应将过程成绩迁移到成绩库中，形成结果成绩。过程成绩对象和结果成绩对象如图 3-18 和图 3-19 所示。

过程成绩		
ID	学生编号	1.1
	项目计划	1.1
	学生姓名	1.1
	过程成绩	1.1

图 3-18　过程成绩对象

图 3-19　结果成绩对象

【试一试】在“项目实施模块”中构建包含“项目计划”和“学生成绩”数据的完整语义模型。

二、建立实体关系模型

素质领域、模块、项目、项目计划、过程成绩、结果成绩等对象是实体关系图（E-R 图）中的实体对象，在 E-R 图中可以用矩形框表示，对象的属性标识为椭圆形，通过直线段连接到矩形框上。如图 3-20 ～图 3-25 所示。

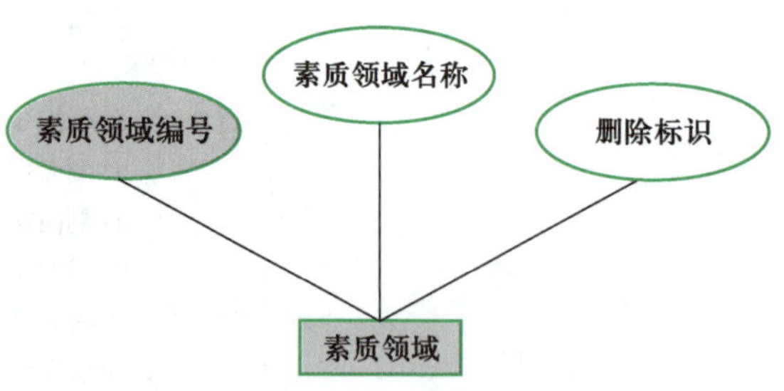

图 3-20 素质领域实体 E-R 图

微课 3-7 实体关系模型

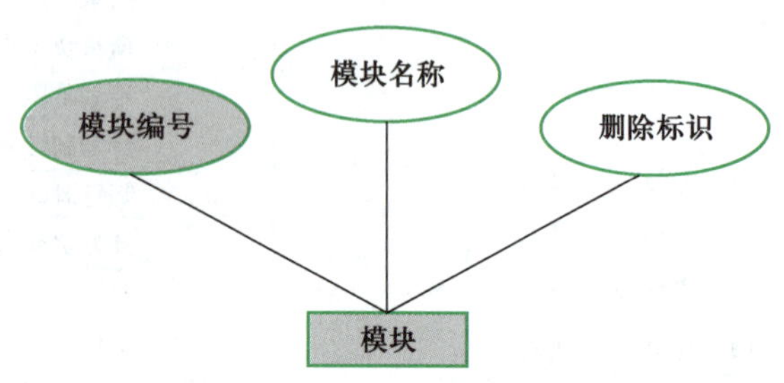

图 3-21 模块实体 E-R 图

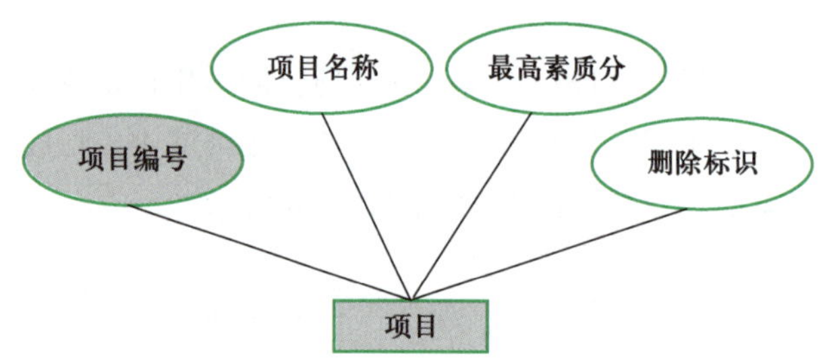

图 3-22 项目实体 E-R 图

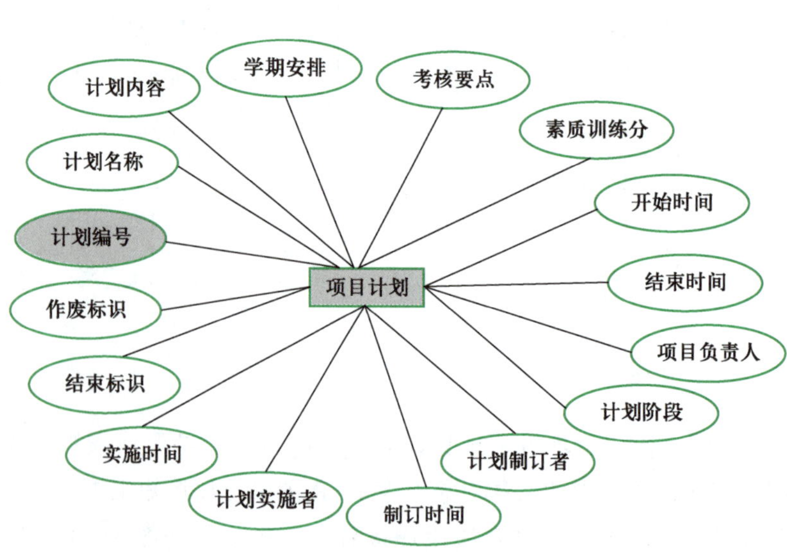

图 3-23 项目计划实体 E-R 图

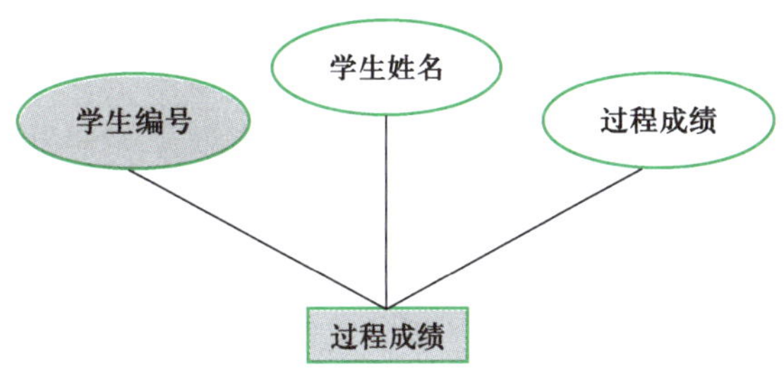

图 3-24　过程成绩实体 E-R 图

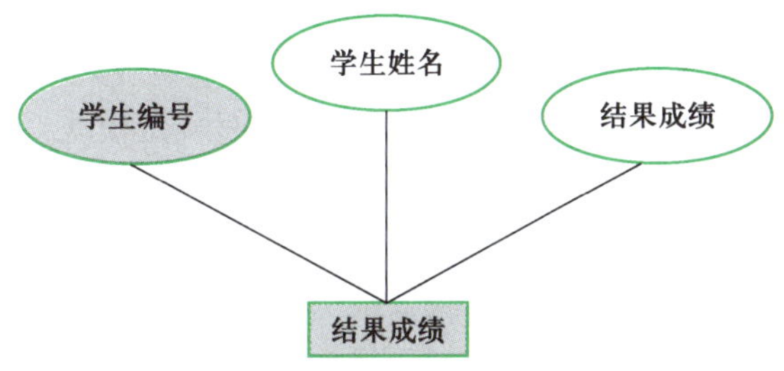

图 3-25　结果成绩实体 E-R 图

实体对象之间的关系可以通过在对象之间加一个菱形框，将各实体对象连接起来，并通过标注基数来表示。

一个素质领域可以包含多个模块，一个模块可以包含多个项目，一个项目可以包含若干项目计划。每个项目计划可以有多个学生参与，参与的学生将获得成绩。项目未结束时，学生获得计划过程中的成绩，过程成绩可修改。项目结束后，学生成绩被迁移到成绩库中，过程成绩将转变为静态的结果成绩，不可修改。描述各对象之间关系的 E-R 图如图 3-26 所示。

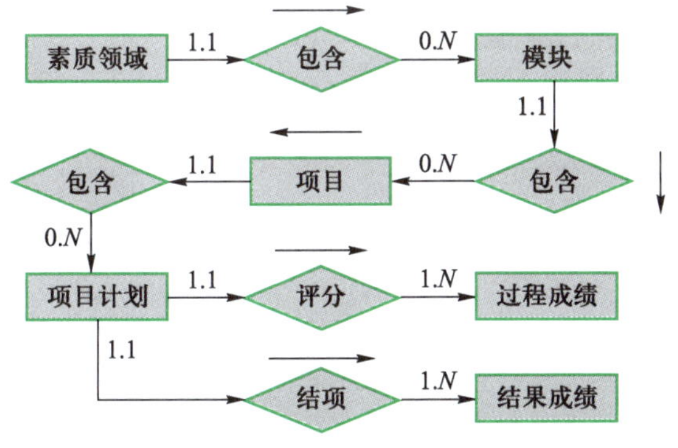

图 3-26　包含实体关系的 E-R 图

【试一试】在“项目实施模块”中构建包含“项目计划”和“学生成绩”数据的 E-R 模型。

三、建立关系模型

“项目实施模块”中的实体关系模型中的实体对象“素质领域”、“模块”、“项目”和“项目计划”可以转换为关系模型中的“素质领域表”、“模块表”、“项目表”和“项目计划表”。实体关系模型中不可缺少的且具有唯一值的属性，可转换为关系表的主键，具有关联关系的属性可以转换为关系模型中的主外键关系。“项目实施模块”的语义对象模型中的“过程成绩对象模型”可以转换为“过程成绩表”，“结果成绩对象模型”可以转换为“结果成绩表”。它们包含的两个对象属性“项目计划”和“学生成绩”可分别转换为表中的 4 个字段：计划编号、学生编号、学生姓名和成绩。与“项目实施模块”相关的关系表如图 3-27 所示。

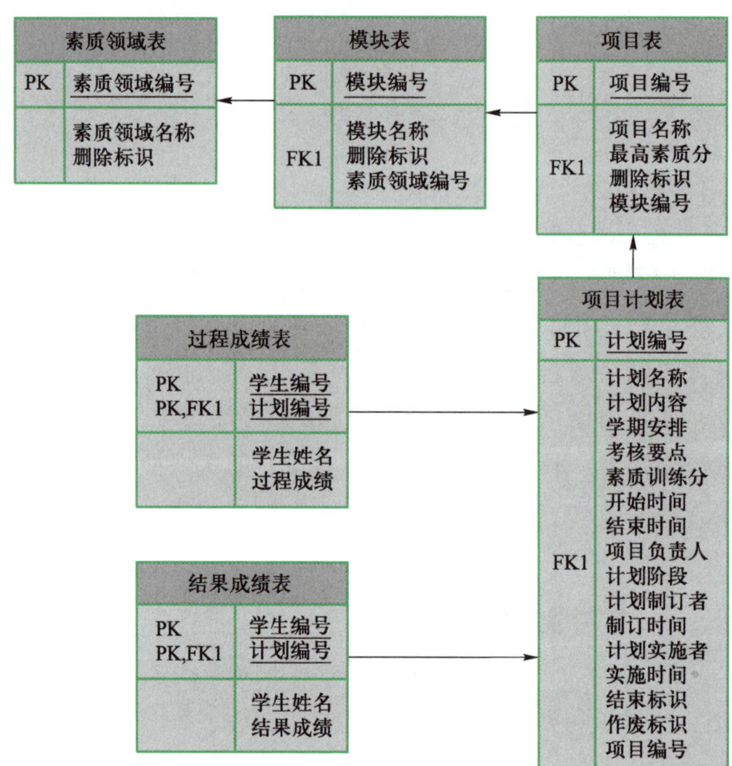

图 3-27 与“项目实施模块”相关的关系表

微课 3-8 关系模型

【试一试】在“项目实施模块”中构建包含“项目计划”和“学生成绩”数据的关系模型。

四、提取业务规则

下面对“项目实施模块”关系模型中的表识别和提取业务规则。

1. 素质领域表

素质领域表的字段为素质领域编号、素质领域名称和删除标识，这 3 个字段是必需的。素质领域编号是主键，可以由系统自增产生，使用数据类型为整型。素质领域数据是有限的，一般在百条记录左右，范围为 100 ～ 999。素质领域名称为字符串型，由界面输入。删除标识有两种状态，可以定义为布尔类型。

2. 模块表

模块表的字段为模块编号、模块名称、删除标识和素质领域编号，这些字段是必须的。模块编号可以定义为自增主键，整数类型，范围为 100 ～ 999。模块名称为可变长字符串类型。删除标识为布尔类型。素质领域编号可作为外键约束来引用模块所属的素质领域。

3. 项目表

项目表的字段为项目编号、项目名称、最高素质分、删除标识和模块编号。项目编号为自增主键，整数类型，范围为 100 ～ 999。项目名称为可变长字符串类型。最高素质分为大于 0 的整型数。“大学生综合素质训练学分管理体系”中要求最高素质分为 5 的整数倍，最高素质分用于折合学分，这一规则可以在逻辑层代码中实现。删除标识是布尔类型。模块编号是外键，字段值需引用模块表中的模块编号值。

4. 项目计划表

项目计划表的字段为计划编号、计划名称、计划内容、学期安排、考核要点、素质训练分、开始时间、结束时间、项目负责人、计划阶段、计划制订者、制订时间、计划实施者、实施时间、结束标识、作废标识和项目编号。项目计划编号为自增主键，整数类型。项目计划每学期有数十个，几年之后将会有一定的积累，故取值范围可以设置为 10 000 000 ～ 99 999 999。计划内容、学期安排、考核要点、素质训练分、项目负责人是必需的，在制订项目计划时由界面输入数据库。其中，计划中的素质训练分是 5 的整数倍，对素质分的约束可以在中间层的代码中实现。项目开始时间和项目结束时间是在项目实施过程中输入的，它们是日期时间型，可以在数据库级实现。计划的制订者和计划的实施者与登录系统操作项目的人有关，因此它们是在界面层实现的，由界面层输入到系统中。计划制订者和计划实施者可以是教师编号，可作为外键约束引用教师表的教师编号。项目计划可以分为 6 个阶段：项目初始阶段、项目提交阶段、项目启动阶段、登记学生阶段、项目评分阶段和项目结项阶段。计划阶段字段可以使用整型类型，范围为 1 ～ 6。结束标识和作废标识是布尔类型，在数据库级可以实现。计划表中的项目编号字段是外键引用项目表中的项目编号值。

5. 过程成绩表

过程成绩表用于项目实施过程登记学生成绩阶段，临时保存学生成绩。字段有计划编号、学生编号、学生姓名和过程成绩。计划编号使外键与项目计划表关联。计划编号和学生编号构成双主键。参与训练项目的学生成绩从项目计划的素质训练分中获取，因此，过程成绩字段只要标识是否获得该成绩即可。该字段数据类型为布尔类型，其约束在数据库级实现。

6. 结果成绩表

结果成绩表用于保存学生的最终成绩，表字段有计划编号、学生编号、学生姓名和结果成绩。计划编号引用项目计划表字段，计划编号和学生编号构成双主键。结果成绩是与过程成绩作用相同的布尔类型的字段，起标识作用。

【试一试】根据“项目实施模块”中包含“项目计划”和“学生成绩”数据的关系模型，识别和提取业务规则。

五、规范化数据

微课 3-9 数据库规范化设计

“项目实施模块”流程涉及的关系表表示如下，其中标下画线的字段为主键。

① 素质领域表（<u>素质领域编号</u>，素质领域名称，删除标识）。

② 模块表（<u>模块编号</u>，模块名称，删除标识，素质领域编号）。

③ 项目表（<u>项目编号</u>，项目名称，最高素质分，删除标识，模块编号）。

④ 项目计划表（<u>计划编号</u>，计划名称，计划内容，学期安排，考核要点，素质训练分，开始时间，结束时间，项目负责人，计划阶段，计划制订者，制订时间，计划实施者，实施时间，结束标识，作废标识，项目编号）。

⑤ 过程成绩表（<u>学生编号</u>，<u>计划编号</u>，学生姓名，过程成绩）。

⑥ 结果成绩表（<u>学生编号</u>，<u>计划编号</u>，学生姓名，结果成绩）。

微课 3-10 建立语义对象模型（任务实践）

1. 验证第一范式

素质领域表、模块表、项目表、过程成绩表和结果成绩表符合 1NF 的限定条件。下面考察项目计划表。在项目计划表中，计划制订者和计划实施者要求包含制订者和实施者的编号、姓名，因此计划制订者列和计划实施者列不是单值，不符合 1NF 的要求。计划实施者拆分成制订者编号和制订者姓名两列。计划实施者拆分成实施者编号和实施者姓名两列。符合 1NF 的关系表如图 3-28 所示。

微课 3-11 建立实体关系模型（任务实践）

2. 验证第二范式

根据 2NF 的条件，关系表符合 1NF，并且所有非键值字段依赖于所有的键值字段。下面考察过程成绩表。学生过程成绩表如表 3-8 所示。

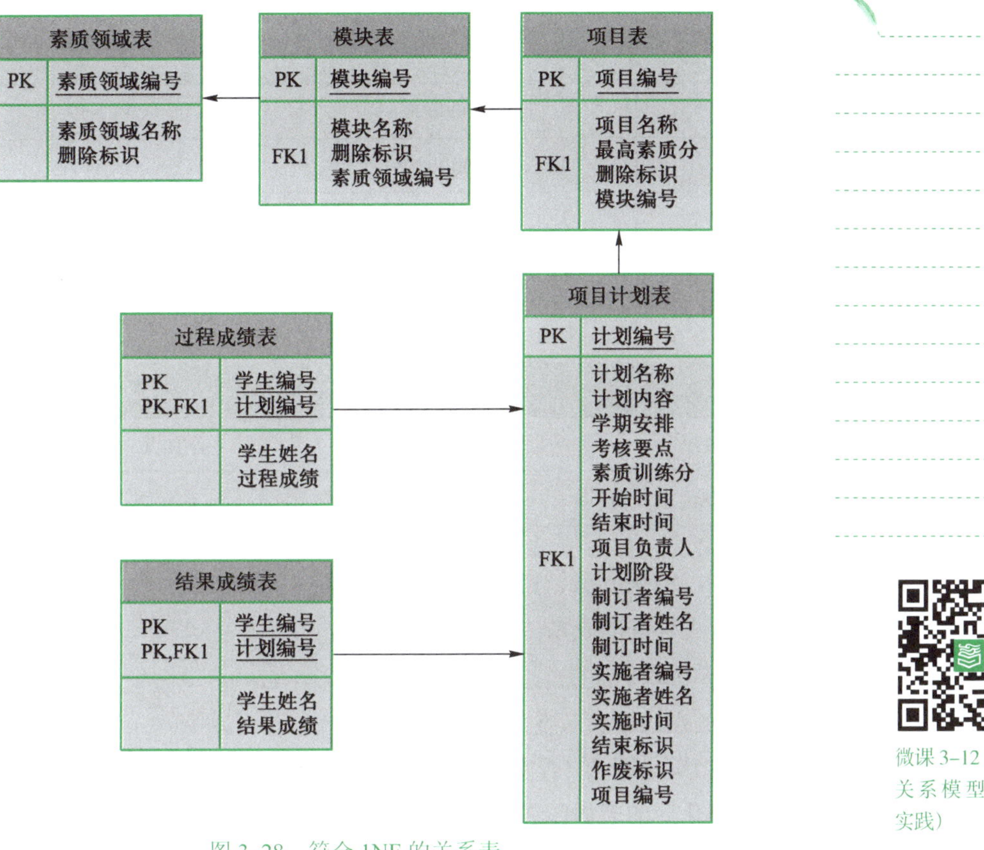

图 3-28 符合 1NF 的关系表

微课 3-12 建立关系模型(任务实践)

表 3-8 学生过程成绩

学生编号	计划编号	学生姓名	过程成绩
10000000	10000000	学生 1	有效
10000001	10000000	学生 2	有效
10000000	10000001	学生 1	有效
10000001	10000001	学生 2	无效

学生编号和计划编号构成双主键，根据表 3-8 中的数据可知，非关键字姓名依赖于学生编号，但不依赖于计划编号，不符合 2NF 的定义，应从过程成绩表中删除姓名，而过程成绩同时依赖于学生编号和计划编号，故不可删除，应保留在原表中。使用学生编号和被删除的姓名构造一个新表，即学生表，学生编号在学生表中是主键，在修改后的学生表中是外键。如表 3-9 所示为新学生过程成绩表。如表 3-10 所示为学生表。

表 3-9 新学生过程成绩表

学生编号	计划编号	过程成绩
10000000	10000000	有效
10000001	10000000	有效
10000000	10000001	有效
10000001	10000001	无效

表 3-10 学生表

学生编号	学生姓名
10000000	学生 1
10000001	学生 2

同样，结果成绩表也不符合 2NF 定义，可以删除字段“学生姓名”，与学生表构建主外键的联系。表结构如下。

① 学生表（学生编号，学生姓名）。

② 过程成绩表（学生编号，计划编号，过程成绩）。

③ 结果成绩表（学生编号，计划编号，结果成绩）。

规范化后的表如图 3-29 所示。

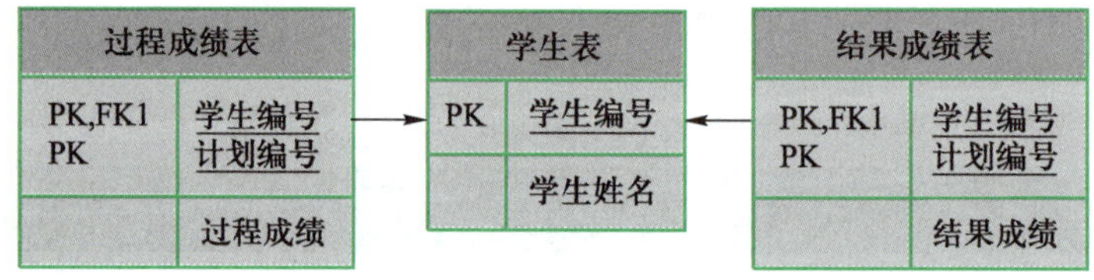

图 3-29 符合 2NF 的关系表

3. 验证第三范式

继续考察项目计划表，制订者编号和实施者编号依赖计划编号，而制订者姓名和实施者姓名分别依赖制订者编号和实施者编号，这是一种传递相关性，不符合 3NF 的定义。此时，应将操作员信息从计划表中独立出来，再构建操作员表和原表的关联关系。

创建一个新表，即操作员表，表结构如下。

① 操作员表（操作员编号，姓名）。

② 其中，操作员编号为主键，可将该表链接到项目计划表，制订者编号和实施者编号作为外键引用操作员编号的值。

修改操作后，项目计划表、操作员表之间的关系如图 3-30 所示。

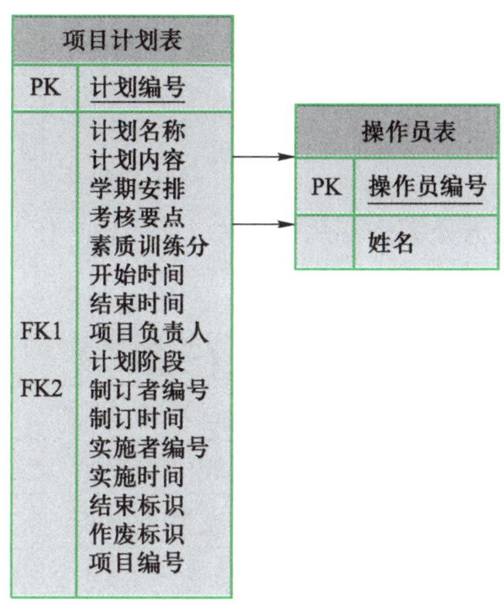

图 3-30　符合 3NF 的关系表

微课 3-13　规范化数据 1

微课 3-14　规范化数据 2

“项目实施模块”中相关表的规范化结果如图 3-31 所示。

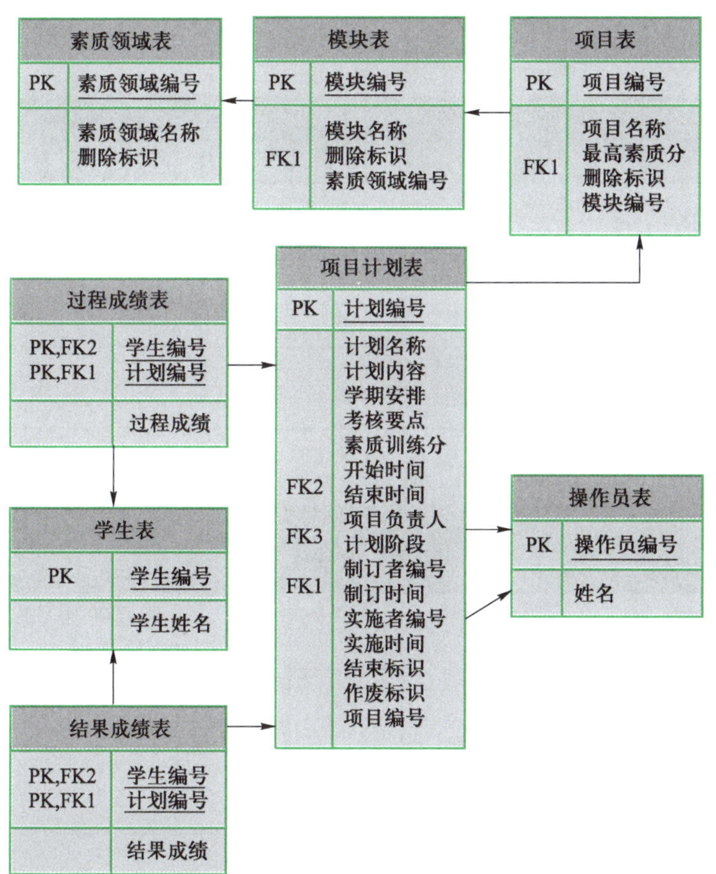

图 3-31　“项目实施模块”关系表规范化结果

【试一试】根据“项目实施模块”中包含“项目计划”和“学生成绩”数据的关系表，规范化数据操作。

六、表汇总

“项目实施模块”涉及的表汇总如表 3-11 ～表 3-18 所示。

表 3-11 汇 总 表

库 名	表 名	功能说明
学分管理数据库（QualityManage）	素质领域表	存储素质领域数据
	模块表	存储模块数据
	项目表	存储项目数据
	学生表	存储学生信息
	项目计划表	存储项目计划信息
	过程成绩表	存储学生过程成绩
	结果成绩表	存储学生结果成绩

表 3-12 素质领域表

表名	QualityArea				
列名	描述	数据类型（精度范围）	空 / 非空	唯一	约束条件
QualityAreaID	素质领域 ID	int	否	是	从 1 000 递增到 9 999（递增值为 1）
QualityAreaName	素质领域名称	nvarchar(50)	否	否	无
DeleteSign	删除标识	bit	否	否	无
其他说明	Primary Key：QualityAreaID 删除标识：默认值为 0				

表 3-13 模 块 表

表名	Module				
列名	描述	数据类型（精度范围）	空 / 非空	唯一	约束条件
ModuleID	模块 ID	int	否	是	从 1 000 递增到 9 999（递增值为 1）
QualityAreaID	素质领域 ID	int	否	否	从 1 000 递增到 9 999（递增值为 1）
ModuleName	模块名称		否	否	无
DeleteSign	删除标识		否	否	无
其他说明	Primary Key：ModuleID 外键：QualityAreaID 删除标识：默认值为 0				

表 3-14　项　目　表

表名	Project				
列名	描述	数据类型（精度范围）	空 / 非空	唯一	约 束 条 件
ModuleID	模块 ID	int	否	否	从 1 000 递增到 9 999（递增值为 1）
ProID	项目 ID	int	否	是	从 10 000 递增到 99 999(递增值为 1)
ProName	项目名称	nvarchar(50)	否	否	无
MaxQualityScore	最高素质分	int	否	否	无
DeleteSign	删除标识	bit	否	否	无
其他说明	Primary Key：ProID 外键：ModuleID 最高素质分：默认值为 5 删除标识：默认值为 0				

表 3-15　项目计划表

表名	ProjectPlan				
列名	描述	数据类型（精度范围）	空 / 非空	唯一	约 束 条 件
PlanID	计划 ID	bigint	否	是	从 10 000 000 递增到 99 999 999（递增值为 1）
ProID	项目 ID	bigint	否	否	从 10 000 递增到 99 999（递增值为 1）
Content	项目内容概述	nvarchar(200)	否	否	无
Term	学期安排	nvarchar(200)	否	否	无
Evaluate	考核要点	nvarchar(200)	否	否	无
TrainValue	素质训练分	int	否	否	无
ResponsePerson	项目负责人	nvarchar(50)	否	否	无
ProStartTime	项目开始时间	dateTime	否	否	无
ProEndTime	项目结束时间	dateTime	否	否	无
ProDraftPeoID	项目计划制订人 ID	bigint	否	否	从 10 000 000 到 99 999 999
DraftProDate	项目计划制订日期	dateTime	否	否	无
PlanImpID	计划实施人 ID	bigint	否	否	从 10 000 000 到 99 999 999
PlanImpDate	计划实施人最近操作日期	dateTime	否	否	无
PlanPhase	计划执行阶段	int	否	否	无

续表

表名	ProjectPlan				
列名	描述	数据类型（精度范围）	空/非空	唯一	约束条件
EndSign	计划结束标识	bit	否	否	无
InvalidSign	计划作废标识	bit	否	否	无
其他说明	Primary Key：PlanID 外键：ProID 素质训练分：默认值为 5 计划执行阶段：1（制订，默认值），2（实施）、3（结束） 计划结束标识：默认值 0，未结束 计划作废标识：默认值 0，未作废				

表 3-16 学 生 表

表名	Student				
列名	描述	数据类型（精度范围）	空/非空	唯一	约束条件
StudentID	学号	nvarchar(10)	否	是	主键约束
StudentName	学生姓名	nvarchar(50)	否	否	无
其他说明	Primary Key：StudentID				

表 3-17 过程成绩表

表名	StuProjectPlan				
列名	描述	数据类型（精度范围）	空/非空	唯一	约束条件
PlanID	计划 ID	bigint	否	否	从 10 000 000 递增到 99 999 999（递增值为 1）
StudentID	学号	nvarchar(10)	否	否	
IsValid	训练是否合格	bit	否	否	无
其他说明	Primary Key：无 外键：PlanID、StudentID 训练是否合格：默认值为 0，无效；默认值为 1，有效				

表 3-18 结果成绩表

表名	HistoryStuProjectPlan				
列名	描述	数据类型（精度范围）	空/非空	唯一	约束条件
PlanID	计划 ID	bigint	否	否	从 10 000 000 递增到 99 999 999（递增值为 1）
StudentID	学生 ID	nvarchar(10)	否	否	
IsValid	训练是否合格	bit	否	否	无
其他说明	Primary Key：无 外键：PlanID、StudentID 训练是否合格：默认值为 0，无效；默认值为 1，有效				

任务小结

本任务讨论了软件项目详细设计过程中的数据库设计部分的内容。通过“项目实施模块”介绍了数据库设计过程。从概念设计的角度介绍了“项目实施模块”语义模型的构建和实体关系模型的构建。从逻辑设计角度介绍了“项目实施模块”关系模型的构建，并对关系表进行了业务规则提取和规范化过程，最终设计出符合 3NF 的“项目实施模块”关系型数据库。

拓展训练

依据“大学生综合素质拓展训练学分体系”的规定，在校大学生必须参加素质拓展训练课程，并修完 4 个学分才可以毕业。4 个学分需从 4 个不同素质领域中获取，4 个素质领域分别为“人文素质修炼”“礼仪训练”“团队训练”和“专业技能拓展 / 项目孵化 / 创新论坛”，每个领域至少修满 10 个素质分才能获得一个学分。请依据需求设计学分管理数据库表。

【提示】分组讨论完成。

任务四　模块设计

任务简介

模块化设计是对一定范围内的不同功能或相同功能不同性能、不同规格的产品进行功能分析，并在此基础上划分并设计出一系列功能模块。通过模块的选择和组合构成不同的顾客定制的产品，以满足市场的不同需求。本任务将选择“学分管理系统”的“项目实施模块”作为模块设计的载体，讨论软件设计过程的模块设计方法，包括模块之间的关系、类结构、业务逻辑详细设计等。

任务分析

“项目实施模块”包括项目计划制订、项目计划提交、项目启动、登记学生、项目评分、项目结项 6 个子模块，其中，前两个模块由学工处负责实施，后 4 个模块由系部负责实施。项目实施所操作的项目计划经历 3 个状态，即初始的编辑状态、过程中的实施状态和结项后的结束状态。“项目实施模块”采用简单工厂模式组织模块结构，使用接口将逻辑层、处理层和数据访问层隔离，使得模块结构具有良好的内聚性和低耦合性，以便于扩展。在讨论业务逻辑的具体实现时，可以从功能描述、业务处理类的函数定义（包括函数名、输入 / 输出参数定义等）、处理流程等方面展开分析。

支撑知识

一、模块化

1. 模块的概念

为了解决问题，有时需要把软件系统分解为若干模块，每个模块完成一个特定的子功能。当把所有模块按照某种方式组装到一起时，称为一个整体，此时便可以获得满足问题需要的一个解，这就是模块化思想。所谓模块，就是具有独立名称的组件，或程序中的可执行语句等程序代码。模块具有以下几个基本要素。

① 接口：用于模块的输入与输出。

② 功能：是模块存在的必要条件，模块必然是为了实现某个功能而诞生的。

③ 状态：指可执行模块运行所需的一个数据结构，每个模块要负责在它的所有入口点（即任何执行代码流可以进入模块的地方）进行状态数据的切换。

④ 逻辑：指该模块的运行环境，即模块的调用与被调用关系。

【提示】功能、状态与接口反映模块的外部特征，逻辑反映它的内部特征。

2. 模块化的优点

① 模块化是软件工程中解决复杂问题的一种有效手段。将复杂的软件系统进行适当的分解，不仅可以使问题简化，而且还可以降低工作量，从而降低成本，提高开发效率。

② 模块化可使软件结构清晰，易于阅读和理解。

③ 使用模块化结构建造的软件便于修改、维护和调试。

④ 模块化可获得较高的软件可靠性。

⑤ 模块化便于工程化协作。

3. 信息隐蔽

所谓信息隐蔽，是指在设计和确定模块时，将一个模块内包含的自身实现细节与数据隐藏起来，对于其他不需要这些信息的模块来说是不能访问的，而且每个模块只完成一个相对独立的特定功能。模块之间仅仅交换那些为完成系统功能必须交换的信息，即模块应该独立。

4. 模块独立性的判定准则

为了降低系统的复杂性，提高可理解性、可维护性，必须把系统划分为多个模块。但模块不能任意划分，应尽量保持其独立性。模块的独立性指每个模块只完成系统要求的独立的功能，并且与其他模块的联系尽量少且接口简单。

（1）模块的耦合

耦合度是对软件结构中模块关联程度的一种度量。独立性高的模块，在模块之间必然存在较低的耦合度。反之，模块之间的联系越紧密，其耦合度就越强，模块的独立性就越差。模块之间的耦合度取决于模块间接口的复杂性、调用方式及通过界面（页面）传递的数据多少等。模块间的耦合程度直接影响系统的可理解性、可测试性和可维护性。

软件模块的耦合度分为 7 级，即非直接耦合（Nodirect Coupling）、数据耦合（Data Coupling）、控制耦合（Control Coupling）、特征耦合（Stamp Coupling）、外部耦合（Extemal Coupling）、公共耦合（Common Coupling）和内容耦合（Content Coupling）。

一般来说，软件设计时应尽量使用数据耦合，减少控制耦合，限制外部耦合和公共耦合，杜绝内容耦合。

【提示】非直接耦合的耦合度最低，而内容耦合的耦合度最高。

（2）模块的内聚

决定系统结构的另一个因素是模块内部的紧凑性，即模块的内聚。模块的内聚与模块之间的耦合实际上是一个问题的两个侧面。独立性高的模块必然存在较低的模块耦合度；从另一个侧面看，必然存在紧密的内部聚合度。组成模块的功能联系越紧凑，内聚度就越高。

内聚度按其高低程度可以分为 7 级，即偶然性内聚（Coincidental Cohesion）、逻辑性内聚（Logical Cohesion）、时间性内聚（Temporal Cohesion）、过程性内聚（Procdural Cohesion）、通信性内聚（Communicational Cohesion）、顺序性内聚（Sequential Cohesion）和功能性内聚（Functional Cohesion）。

在软件设计时，应该能够识别内聚度的高低，并通过修改和设计尽可能地提高模块的内聚度，从而获得较高的模块独立性。

【注意】模块设计目标：强内聚、弱耦合。

二、抽象与逐步求精

抽象是认识复杂现象过程中经常使用的一种思维方式，也是心理学的概念，它要求人们将注意力集中在某一层次上考虑问题，而忽略那些低层次的细节。所谓抽象，就是高度概括事物主要的或本质的特性，暂时忽略或不考虑其细节。

在软件开发过程中经常会应用到抽象的概念，每一次都是对较高一级抽象的解进行一次具体化的描述。在系统定义阶段，软件系统被描述为基于计算机的大系统的一个组成部分。在软件需求分析阶段，软件使用用例建模表达问题域。在软件设计阶段，细化用例模型，在不同级别上考虑和处理问题的过程；在架构设计阶段，考虑更多的是系统框架、模块之间的关联，描述的对象是直接构成系统的抽象组件；而详细设计阶段则实现系统的框架，将这些抽象组件细化为实际的组件，如具体某个类或者对象，其抽象级别再一次降低。编码完成后，便达到了抽象的最低级。

逐步求精是与抽象密切相关的一个概念。求精的每一步都是用更为详尽地描述替代上一层次的抽象描述，故在整个设计过程中产生的具有不同详细程度的各种描述组成了系统的层次结构。层次结构的上一层是下一层的抽象，下一层是上一层的求精。

三、工厂设计模式

简单工厂、工厂方法、抽象工厂都属于设计模式中的创建型模式，其主要功能都是把对象的实例化部分抽取了出来，优化了系统的架构，并且增强了系统的扩展性。

1. 简单工厂

简单工厂类（SimpleFactory）负责创建具体产品类（ConcreateProductA 和 ConcreateProductB）的实例。抽象产品类（Product）是具体产品类实现的接口。简单工厂模式如图 3-32 所示。

简单工厂模式的工厂类一般使用静态方法，通过接收参数的不同来返回不同的对象实例。该模式的扩展性不好。

微课 3-15 工厂设计模式

2. 工厂方法

工厂方法针对每一种产品提供一个工厂类。可通过不同的工厂实例来创建不同的产品实例。在同一等级结构中，支持增加任意产品。

工厂方法模式如图 3-33 所示。工厂方法模式定义一个创建对象的工厂接口（FactoryMethod），接口不再负责具体的产品生产，而是只制定一些规范，具体的生产工作由其子类（ConcreateFactoryA 和 ConcreateFactoryB）完成。每个具体的工厂类只能产生一个具体的产品类对象，如 ConcreateFactoryA 只能产生具体产品类对象 ConcreateProductA，而 ConcreateFactoryB 只能产生具体产品类对象 ConcreateProductB。具体产品类需实现抽象产品类（Product）定义的接口。

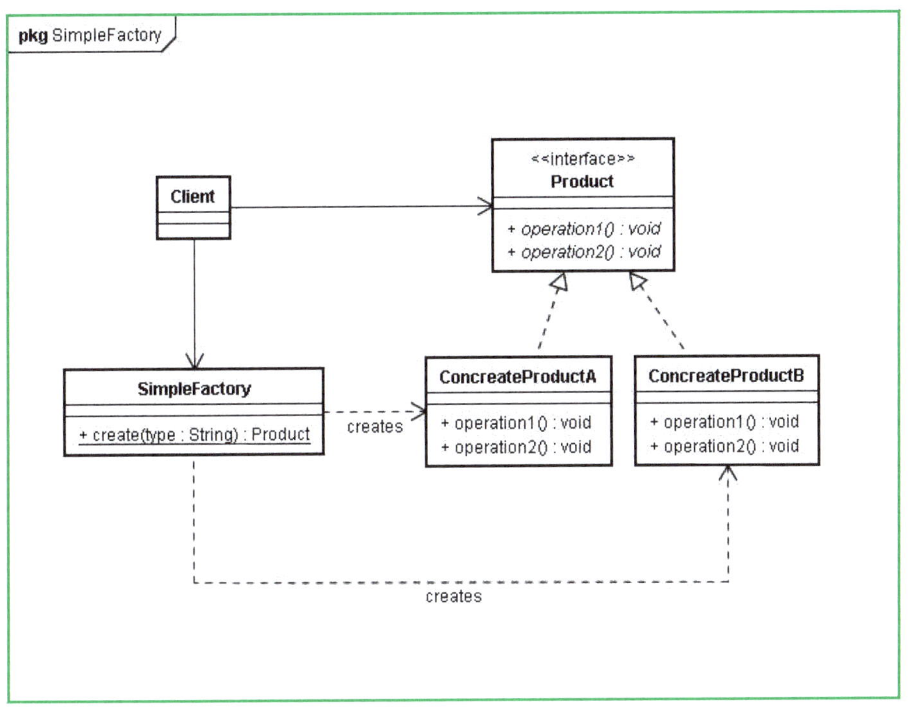

图 3-32　简单工厂模式

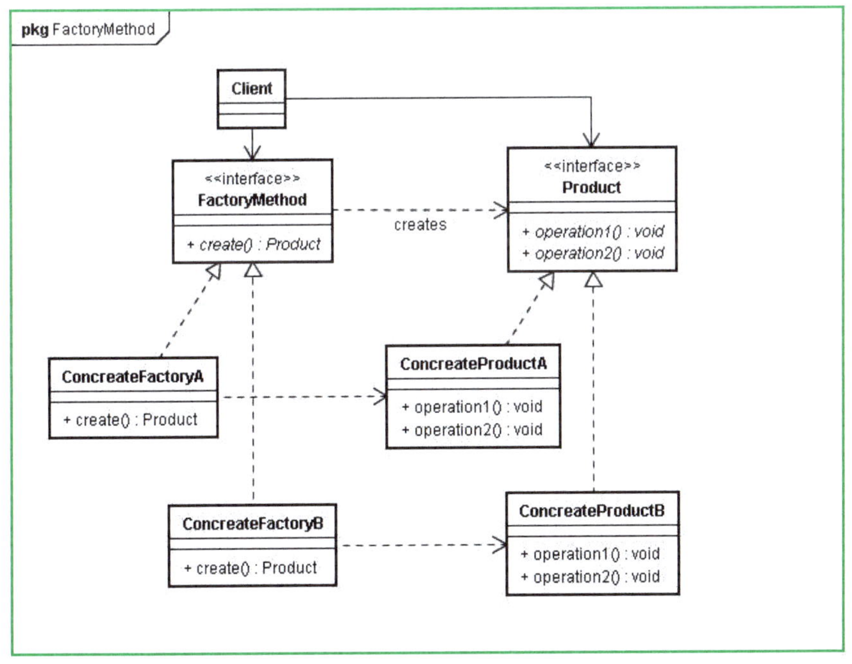

图 3-33　工厂方法模式

3. 抽象工厂

抽象工厂（Abstract Factory）是应对产品族概念的。比如，所有汽车公司可能要同时生产轿车、货车和客车，那么每一个工厂都要有创建轿车、货车和客车的方法，增加新的产品线很容易，但是无法增加新的产品。

抽象工厂模式如图 3-34 所示。抽象工厂模式具有多个抽象产品类，如 ProductA 和 ProductB。每个抽象产品类可以派生出多个具体产品类，如 ProductA 可以派生出具体的产品类 ProductA1 和 ProductA2，而 ProductB 可以派生出具体的产品类 ProductB1 和 ProductB2。一个抽象工厂类可以派生出多个具体的工厂类，如 AbstractFactory 可以派生出 Factory1 和 Factory2。每个具体工厂类可以创建多个具体产品类实例，如 Factory1 可以创建 ProductA1 和 ProductB1 的实例，而 Factory2 可以创建 ProductA2 和 ProductB2 的实例。

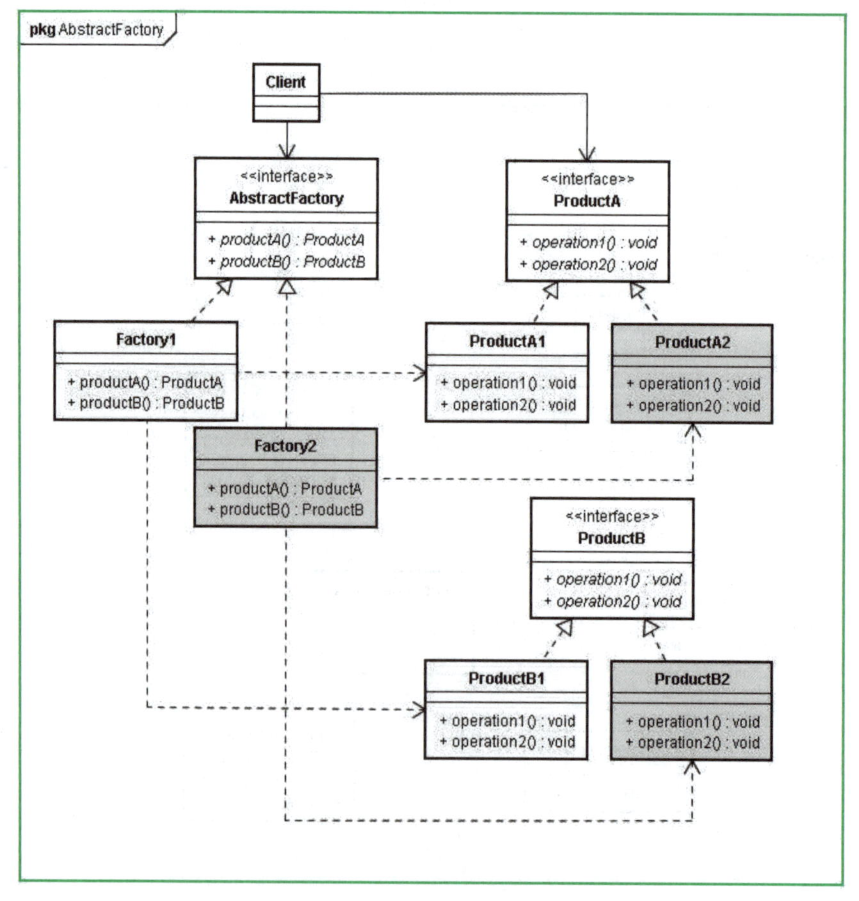

图 3-34 抽象工厂模式

在工厂设计模式中，重要的是工厂类，而不是产品类。产品类可以是多种形式、多层继承的，也可以是单个类。工厂设计模式的接口只会返回一种类型的实例。使用工厂设计模式，返回的实例一定是工厂创建的，而不是从其他对象中获取的。

任务实施

本任务将选择“项目实施模块”进行模块设计。从模块之间的业务流程关系、数据结构定义、功能结构、算法流程设计等方面对系统模块进行论述，其中，算法流程设计以流程图的形式展现。

“项目实施模块”包括 6 个功能：制订项目计划、提交项目计划、启动项目、登记学生、项目评分和项目结项。

一、模块关系

“项目实施模块”的业务流程从项目计划制订开始，到项目结项结束，依次经历 6 个流程，如图 3-35 所示。“制订项目计划”和“提交项目计划”业务由学工处完成，“启动项目”、“登记学生”、“项目评分”和“项目结项”由系部完成。

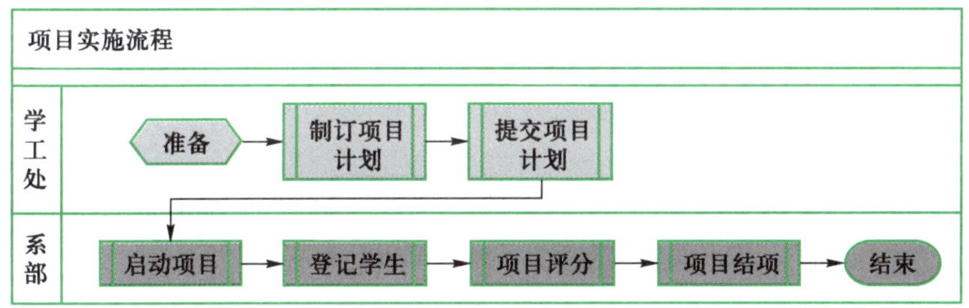

图 3-35　项目实施流程

项目计划经历 3 种状态：编辑状态、实施状态和结束状态，如图 3-36 所示。

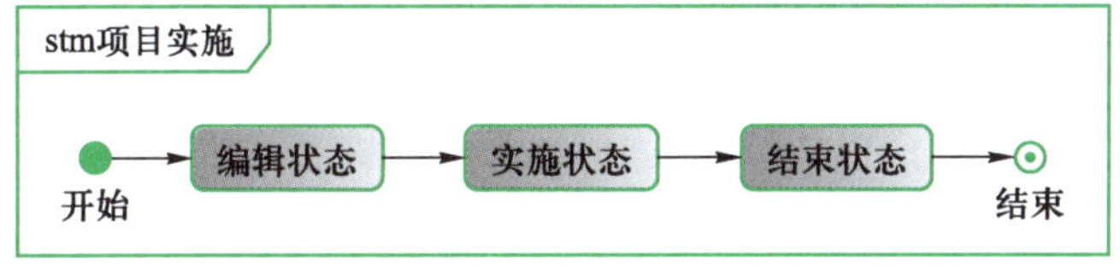

图 3-36　项目计划状态图

【试一试】对“项目实施模块”的提交项目计划、启动项目、登记学生、项目评分、项目结项功能进行解说。

二、类结构

1. 总体类图

“项目实施模块”使用简单工厂方法实现类之间的交互。在数据访问层中，采用 IProjectPlan 接口抽象出数据访问逻辑，并以 DALFactory 作为数据访问层对象的工厂模块。对于 IProjectPlan 而言，具体实现由 ProjectPlan 完成。ProjectPlanEntity 类则包含了项目计划数据实体对象。在数据访问层中，完全采用了“面向接口编程”思想。抽象出来的接口类，脱离了与具体数据库的依赖，从而使得整个数据访问层利于数据库的迁移。DALFactory 模块管理数据访问层 ProjectPlan 对象的创建，以便于业务逻辑层访问。ProjectPlan 实现 IProjectPlan 接口，其中包含的逻辑就是对数据库的 Select、Insert、Update 和 Delete 操作。因为数据库类型的不同，对数据库的操作也有所不同，代码也会因此有所区别。此外，抽象出来的接口层，除了解除了向下的依赖之外，对于其上的业务逻辑层，同样存在弱依赖关系。BLLProPlan 是业务逻辑层的核心模块，它包含了“项目实施模块”的核心业务。在业务逻辑层中，不能直接访问数据库，而必须通过数据访问层实现。总体类图如图 3-37 所示。

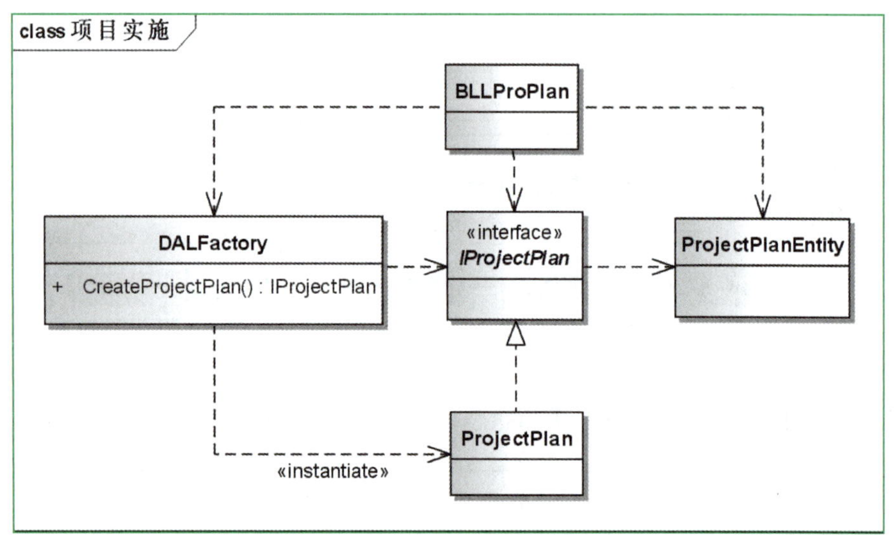

图 3-37 总体类图

2. 实体类

实体类是程序中定义的对象模型，用于映射数据库中的业务表。对数据库表字段的读写操作可以转化为对实体对象的相关属性操作。对表的查询可以转化为对实体对象集合的操作。

“项目实施模块”使用到项目计划实体类，其信息如表 3-19 所示。

表 3-19　项目计划实体类信息

NO	1	类名	ProjectPlanEntity	
类描述	项目计划实体类，描述项目计划相关信息，供“项目实施模块”使用			
参数	参数标识	参数类型	参数说明	访问权限
	planID	int	项目计划编号，构造函数中外部传参	
	projectID	string	项目编号，构造函数中外部传参	
	term	string	学期安排，构造函数中外部传参	
	content	string	计划内容，构造函数中外部传参	
	evaluation	string	考核要点，构造函数中外部传参	
	trainValue	int	素质训练分，构造函数中外部传参	
	planImpOrgID	int	项目实施系部编号，构造函数中外部传参	
	planRespPerson	string	项目实施者姓名，构造函数中外部传参	
成员变量	变量标识	变量类型	变量说明	访问权限
	m_planID	int	项目计划编号，内容成员变量	Private
	m_projectID	string	项目编号，内容成员变量	Private
	m_term	string	学期安排，内容成员变量	Private
	m_content	string	计划内容，内容成员变量	Private
	m_evaluation	string	考核要点，内容成员变量	Private
	m_trainValue	int	素质训练分，内容成员变量	Private
	m_planImpOrgID	int	项目实施系部编号，内容成员变量	Private
	m_planRespPerson	string	项目实施者姓名，内容成员变量	Private
属性	属性标识	属性类型	属性说明	访问权限
	PlanID	int	项目计划编号	Public
	ProjectID	string	项目编号	Public
	Term	string	学期安排	Public
	Content	string	计划内容	Public
	Evaluation	string	考核要点	Public
	TrainValue	int	素质训练分	Public
	PlanImpOrgID	int	项目实施系部编号	Public
	PlanRespPerson	string	项目实施者姓名	Public

3. 简单工厂类

简单工厂模式的工厂类一般使用静态方法，通过接收参数的不同来返回不同的对象实例。素质拓展学分管理系统中的简单工厂类是密封类，使用静态方法 CreateProjectPlan 创建“项目实施模块”访问数据库的类。简单工厂类的设计如表 3-20 所示。

表 3-20 简单工厂类设计

函 数 名 称	CreateProjectPlan
所属类	DALFactory
访问权限	Public static
输入参数	无
输出参数	无
返回值	IProjectPlan
功能	创建项目计划对象的简单工厂方法

4. 项目实施模块接口

项目实施模块接口信息如表 3-21 所示。

表 3-21 项目实施模块接口信息

接 口 声 明	public interface IProjectPlan	
接口方法	DrawProPlan	分配项目计划编号
	UpdateProPlan	更新项目计划内容
	GetProPlanByPlanID	依据项目计划编号查询项目计划
	SubmitProPlan	发布项目计划
	GetProPlanBasic	查询部门项目计划
	SetProjectStartDate	设置项目实施开始时间
	AddStudentToProject	登记学生
	RemoveStudentFromProject	移除学生
	SetScore	项目评分
	CloseProject	项目结项
功能	“项目实施模块”接口，隔离逻辑层和数据访问层	

【试一试】对“项目实施模块”的提交项目计划、启动项目、登记学生、项目评分、项目结项的类方法进行定义。

三、业务逻辑层详细设计

下面从功能简述、函数信息和流程图 3 个方面讨论“项目实施模块”逻辑层的各功能设计。

1. 制订项目计划

（1）功能简述

项目计划由系部申报，由学工处制订，并输入系统，如图 3-38 所示。

功能名称: 项目计划制订		
输入: 素质领域编号、模块编号、项目编号、项目内容、考核要点、素质训练分、开始时间、学期安排、负责系部、负责人、计划制订部门编号、计划制订者编号	处理: 将项目编号、项目内容、考核要点、素质训练分、开始时间、学期安排、负责系部、负责人、计划制订部门编号、计划制订者编号写入数据库项目计划表	输出: 无
数据表：ProjectPlan(项目计划表)		

图 3-38　制订项目计划

微课 3-16　制定项目计划(任务4实施)

（2）函数信息

分配项目计划编号函数信息如表 3-22 所示。

表 3-22　分配项目计划编号函数信息

函 数 名 称	DrawProPlan	
所属类	BLLProPlan	
访问权限	Public	
输入参数	int proID	计划所属的项目编号
	String planDraftOrgID	计划制订者部门编号
	Int32 planDraftPeoID	计划制订者编号
	String planImpOrgID	计划实施部门编号
输出参数	无	
返回值	int	
功能	新增项目计划，分配计划编号	

更新项目计划内容函数信息如表 3-23 所示。

表 3-23　更新项目计划内容函数信息

函 数 名 称	UpdateProPlan	
所属类	BLLProPlan	
访问权限	Public	
输入参数	ProjectPlanEntity ppEntity	项目计划实体对象
输出参数	无	
返回值	int	
功能	更新项目计划内容	

根据项目计划编号查询项目计划函数信息如表 3-24 所示。

表 3-24 根据项目计划编号查询项目计划函数信息

函数名称	GetProPlanByPlanID	
所属类	BLLProPlan	
访问权限	Public	
输入参数	Int32 proPlanID	项目计划编号
输出参数	无	
返回值	IList<ProjectPlanEntity>	
功能	查询项目计划，返回项目计划实体对象	

（3）算法流程

制订项目计划算法流程图如图 3-39 所示。

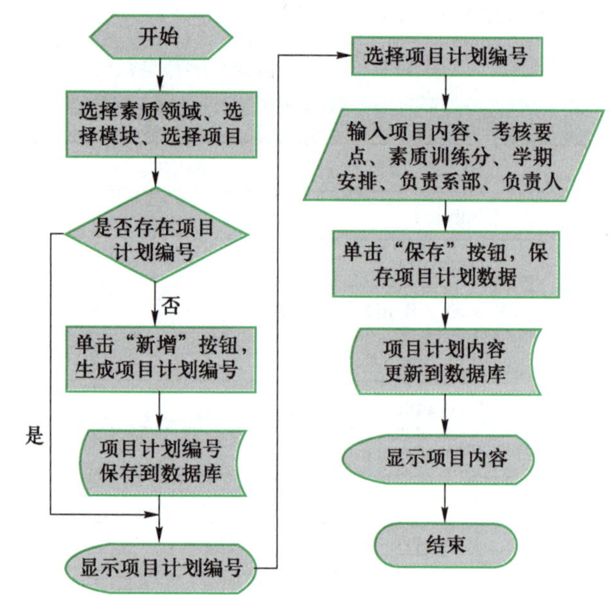

图 3-39 制订项目计划算法流程图

2. 提交项目计划

（1）功能描述

学工处将制订好的项目计划发布到各个系部，由系部负责实施，如图 3-40 所示。

微课 3-17 提交项目计划(任务 4 实施)

功能名称：提交项目计划		
输入：项目计划编号、计划阶段号	处理：依据计划编号修改计划阶段号，将计划分发到各系部	输出：无
数据表：ProjectPlan(项目计划表)		

图 3-40 提交项目计划

（2）函数信息

发布项目计划函数信息如表 3-25 所示。

表 3-25　发布项目计划函数信息

函数名称	SubmitProPlan	
所属类	BLLProPlan	
访问权限	Public	
输入参数	Int32 planID	项目计划编号
	int planPhase	计划阶段号
输出参数	无	
返回值	int	
功能	将项目计划发布到各系部	

（3）算法流程

提交项目计划算法流程图如图 3-41 所示。

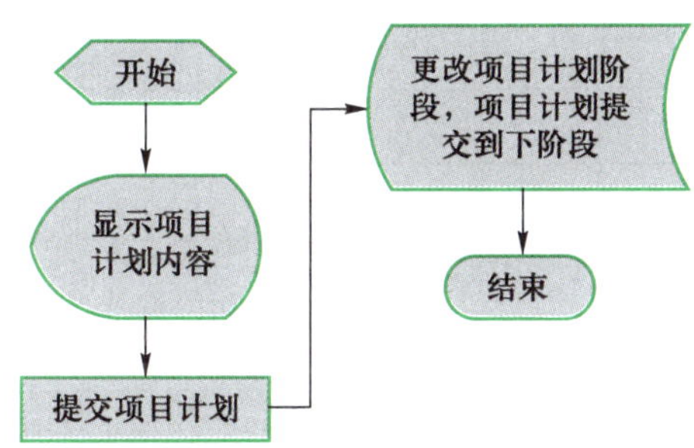

图 3-41　提交项目计划算法流程图

3. 启动项目

（1）功能描述

各系部负责启动项目，并设置项目实施开始时间，如图 3-42 所示。

功能名称：启动项目		
输入：项目计划编号、计划实施者编号、项目实施时间	处理：依据项目计划编号设置项目实施时间，并记录计划实施者编号	输出：无
数据表：ProjectPlan(项目计划表)		

图 3-42　启动项目

（2）函数信息

查询部门项目计划函数信息如表 3-26 所示。

表 3-26 查询部门项目计划函数信息

函 数 名 称	GetProPlanBasic	
所属类	BLLProPlan	
访问权限	Public	
输入参数	int proID	计划所属的项目编号
	int planPhase	计划阶段号
	string planImpOrgID	计划实施部门编号
输出参数	无	
返回值	IList<PPBasicInfoEntity>	
功能	实施部门查询本部门的项目计划	

设置项目实施时间函数信息如表 3-27 所示。

表 3-27 设置项目实施时间函数信息

函 数 名 称	SetProjectStartDate	
所属类	BLLProPlan	
访问权限	Public	
输入参数	Int32 planID	项目计划编号
	Int32 planImpPersonID	计划实施者编号
	DateTime proStartDate	项目实施时间
输出参数	无	
返回值	int	
功能	计划实施部门设置项目计划启动时间	

（3）算法流程

启动项目算法流程图如图 3-43 所示。

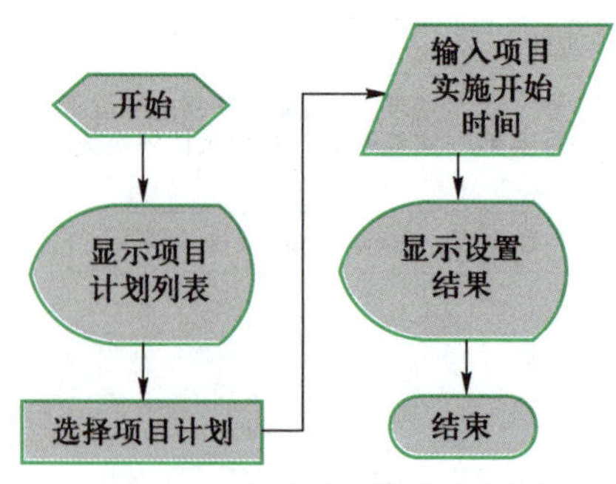

图 3-43 启动项目算法流程图

4. 登记学生

（1）功能描述

登记学生功能是由负责已启动的项目计划的系部来实现的，为已启动的项目计划登记参加此计划的学生，如图 3-44 所示。

<table>
<tr><td colspan="3">功能名称：登记学生</td></tr>
<tr><td>输入: 项目计划编号、学生编号</td><td>处理: 将项目计划编号、学生编号写入数据库学生过程成绩表中</td><td>输出: 无</td></tr>
<tr><td colspan="3">数据表：StuProjectPlan(学生过程成绩表)</td></tr>
</table>

图 3-44 登记学生

（2）函数信息

登记学生函数信息如表 3-28 所示。

表 3-28 登记学生函数信息

<table>
<tr><th>函 数 名 称</th><th colspan="2">AddStudentToProject</th></tr>
<tr><td>所属类</td><td colspan="2">BLLProPlan</td></tr>
<tr><td>访问权限</td><td colspan="2">Public</td></tr>
<tr><td rowspan="2">输入参数</td><td>Int32 planID</td><td>项目计划编号</td></tr>
<tr><td>string studentID</td><td>学生编号</td></tr>
<tr><td>输出参数</td><td colspan="2">无</td></tr>
<tr><td>返回值</td><td colspan="2">int</td></tr>
<tr><td>功能</td><td colspan="2">将参与学生登记到项目中</td></tr>
</table>

移除学生函数信息如表 3-29 所示。

表 3-29 移除学生函数信息

<table>
<tr><th>函 数 名 称</th><th colspan="2">RemoveStudentFromProject</th></tr>
<tr><td>所属类</td><td colspan="2">BLLProPlan</td></tr>
<tr><td>访问权限</td><td colspan="2">Public</td></tr>
<tr><td rowspan="2">输入参数</td><td>Int32 planID</td><td>项目计划编号</td></tr>
<tr><td>string studentID</td><td>学生编号</td></tr>
<tr><td>输出参数</td><td colspan="2">无</td></tr>
<tr><td>返回值</td><td colspan="2">int</td></tr>
<tr><td>功能</td><td colspan="2">从项目中移除学生</td></tr>
</table>

（3）算法流程

登记学生算法流程图如图 3-45 所示。

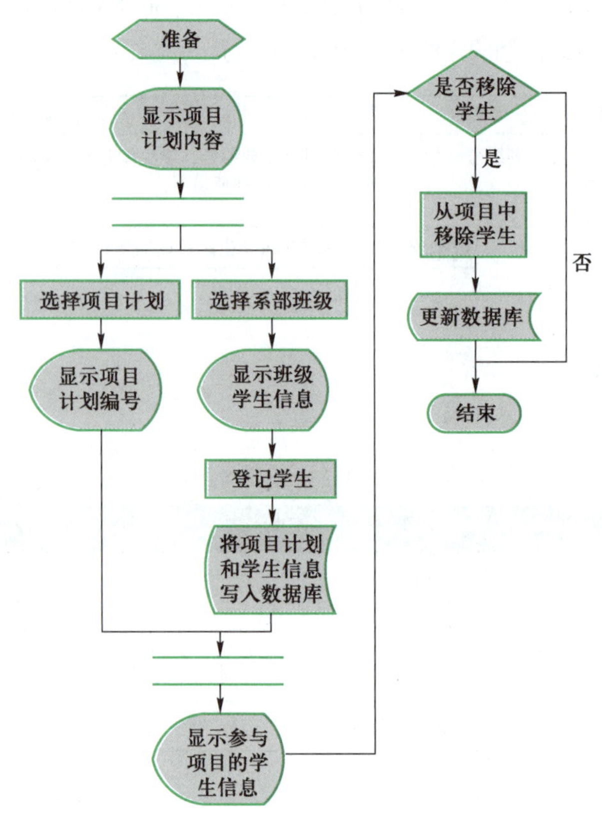

图 3-45 登记学生算法流程图

5. 项目评分

（1）功能描述

项目评分功能是由负责项目计划的系部实现的，负责项目计划的系部实施者对参加此项目计划的学生进行评分，并保存评分结果，如图 3-46 所示。

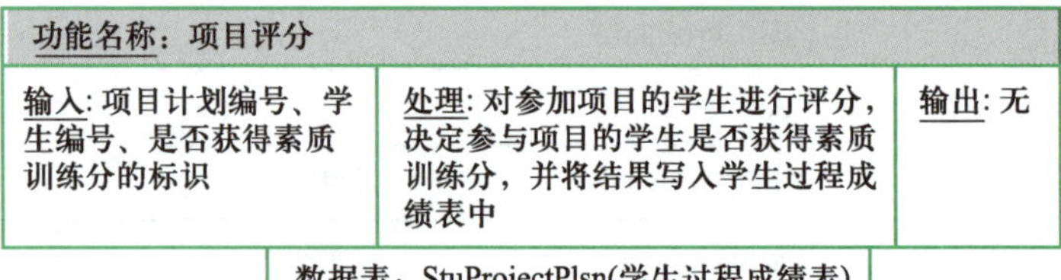

图 3-46 项目评分

（2）函数信息

项目评分函数信息如表 3-30 所示。

表 3-30　项目评分函数信息

函数名称	SetScore	
所属类	BLLProPlan	
访问权限	Public	
输入参数	Int32 planID	项目计划编号
	string studentID	学生编号
	bool isVaild	是否获得素质训练分
输出参数	无	
返回值	int	
功能	项目评分，设置参与项目的学生是否获得素质训练分	

（3）算法流程

项目评分算法流程图如图 3-47 所示。

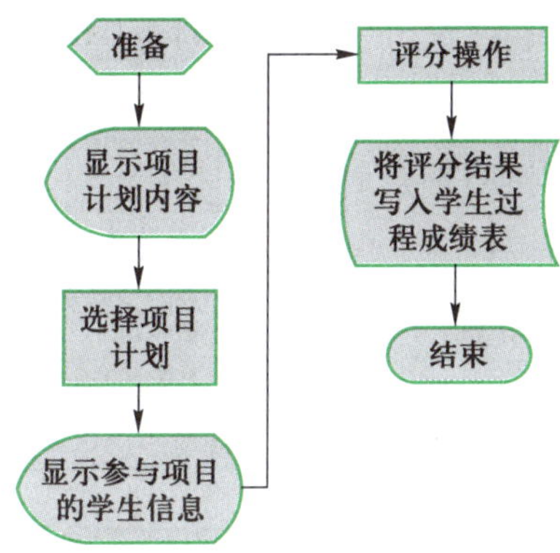

图 3-47　项目评分算法流程图

6. 项目结项

（1）功能描述

项目结项功能是由负责项目计划的系部实现的，项目实施者将已完成的项目计划关闭，并设置项目结束时间，如图 3-48 所示。

功能名称：项目结项		
输入：项目计划编号、计划阶段号	处理：结束项目计划，并依据项目计划编号设置结束时间、结束阶段号和结束标识位，将学生过程成绩迁移到结果成绩库中	输出：项目计划和参加项目的学生信息

数据表：
ProjectPlan(项目计划表)
StuProjectPlsn(学生过程成绩表)
HistoryStuProjectPlan(学生历史成绩表)

图 3-48　项目结项

（2）函数信息

项目结项函数信息如表 3-31 所示。

表 3-31 项目结项函数信息

函数名称	CloseProject	
所属类	BLLProPlan	
访问权限	Public	
输入参数	Int32 planID	项目计划编号
	int planPhase	计划阶段号
输出参数	无	
返回值	int	
功能	结束项目，将学生成绩迁移到成绩库	

（3）算法流程

项目结项算法流程图如图 3-49 所示。

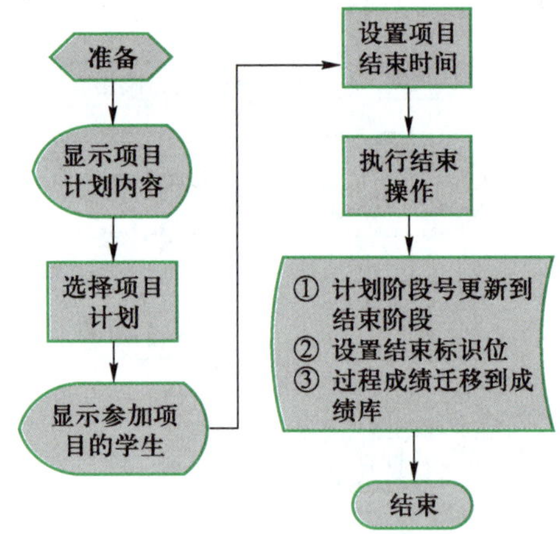

图 3-49 项目结项算法流程图

【试一试】对“项目实施模块”的提交项目计划、启动项目、登记学生、项目评分、项目结项的算法流程图进行设计。

任务小结

本任务主要讨论了“项目实施模块”具体功能的设计。模块设计包括模块功能设计、类结构设计、数据结构设计、模块业务逻辑处理设计、接口设计等。本任务分别从这些方面进行了阐述。

拓展训练

学生毕业条件规定的 4 个素质拓展学分需从 4 个不同素质领域中获取，即“人文素质修炼”“礼仪训练”“团队训练”和“专业技能拓展 / 项目孵化 /

创新论坛”领域，每个领域至少修满 10 个素质分才能获得一个学分，依据需求设计学分管理与配置模块。

【提示】分组讨论完成。

能力训练与素质拓展

第一部分　知识回顾与思考

1. 什么是软件设计？
2. 什么是软件架构设计？软件架构设计有哪些原则？
3. 什么是界面设计？界面设计包含哪些原则？
4. 什么是数据库设计？数据库逻辑设计和物理设计各包含哪些内容？
5. 什么是模块设计？模块设计包含哪些主要方面？

第二部分　职业能力训练

一、单项选择题（下列答案中有一项是正确的，将正确答案对应的字母填入括号内）

1. 在面向对象的开发方法中，（　　）将是面向对象技术领域内占主导地位的标准建模语言。

A. Booch 方法　B. Coad 方法　C. UML 语言　D. OMT 方法

2. 为了提高模块的独立性，模块内部最好是（　　）。

A. 逻辑内聚　B. 时间内聚　C. 功能内聚　D. 通信内聚

3. 在 SD 方法中，全面指导模块划分的最重要的原则是（　　）。

A. 程序模块化　B. 模块高内聚　C. 模块低耦合　D. 模块独立性

4. 软件详细设计的主要任务是确定每个模块的（　　）。

A. 算法和使用的数据结构　B. 外部接口

C. 功能　D. 编程

5. 在软件结构图中，模块框之间若有直线段连接，则表示它们之间存在（　　）。

A. 调用关系　B. 组成关系　C. 链接关系　D. 顺序执行关系

二、填空题（请在括号内填空）

1. 软件设计是一个把软件需求转换为软件表示的过程，最初，这种表示只是描述了软件的总的体系结构，称为（　　），然后对结构进一步细化，称为（　　）。

2. Kruchten 提出了 4+1 视图模型，从 5 个不同的视角来描述软件体系结构，即（　　）、（　　）、（　　）、（　　）和（　　）。

3. 用来文档化用户需求并建立的数据模型是指（　　）。

4. 高度概括事物主要的或本质的特性，暂时忽略或不考虑其细节的软件设计方法是（　　）。将系统功能按层次进行分解，每一层不断将功能细化，到最后一层都是功能单一、简单、易实现的模块，该设计方法是（　　）。

三、简答题

1. 简述软件架构设计视图模型。

2. 简述 1NF、2NF 和 3NF 的限定条件。

3. 简述界面设计中的输入过程设计原则。

4. 实体关系图（E-R 图）的图形标识符有哪些？各表示什么含义？简述 E-R 模型建模的一般步骤。

5. 什么是模块耦合和模块内聚？它们对系统结构有什么影响？

第三部分　实践能力训练

分组设计，针对拓展项目“学生公寓管理平台”进行软件设计，确定并设计软件系统的架构，设计功能模块的界面，设计系统的数据库，设计功能模块的处理逻辑，定义类。

第四部分　考核评价标准

<table>
<tr><th rowspan="2">单元名称</th><th colspan="3">结果考核（70%）</th><th colspan="6">过程考核（30%）</th><th rowspan="2">总分</th></tr>
<tr><th>考核主体</th><th>职业能力训练</th><th>实践能力训练</th><th>考核主体</th><th>课堂学习</th><th>小组学习</th><th>创新能力</th><th>课堂实践</th><th>实践报告</th></tr>
<tr><td rowspan="5">单元 3
软件设计</td><td rowspan="2">教师</td><td rowspan="2"></td><td rowspan="2"></td><td>教师（70%）</td><td></td><td></td><td></td><td></td><td></td><td rowspan="2"></td></tr>
<tr><td>学生（30%）</td><td></td><td></td><td></td><td></td><td></td></tr>
<tr><td colspan="3">教师评价</td><td colspan="7">自我评价</td></tr>
<tr><td colspan="3"></td><td colspan="7"></td></tr>
</table>

考核评价时间：　　　　　　　　　　　　教师签字：

单元 4

编码

学习目标

【知识目标】

- 注重培养良好的编程风格。
- 掌握代码优化的方法。
- 理解代码调试过程、调试原则和主要调试方法。

【能力目标】

- 能正确应用编码规范编写代码。
- 能应用代码优化技术优化编码。
- 能掌握代码调试相关技术。

【素养目标】

- 通过遵守软件开发的标准和规范，培养良好编辑习惯。
- 通过代码优化，理解精益求精、追求卓越的工匠精神。
- 通过代码调试，明白知错能改、善莫大焉的中华优秀传统文化。

单元介绍

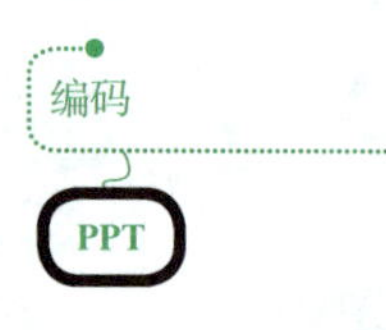

完成了详细设计，生成并检查了相应的文档以后，就可以对软件进行编码。编码的过程是将设计描述翻译成某种预定的程序设计语言的过程。作为软件工程的一个步骤，编码是设计的必然结果，因此，程序的质量主要取决于软件设计的质量。程序设计语言的特性和编码途径也会对程序的可靠性、可读性、可测试性和可维护性产生深远的影响。如图 4-1 所示为编码示意图。

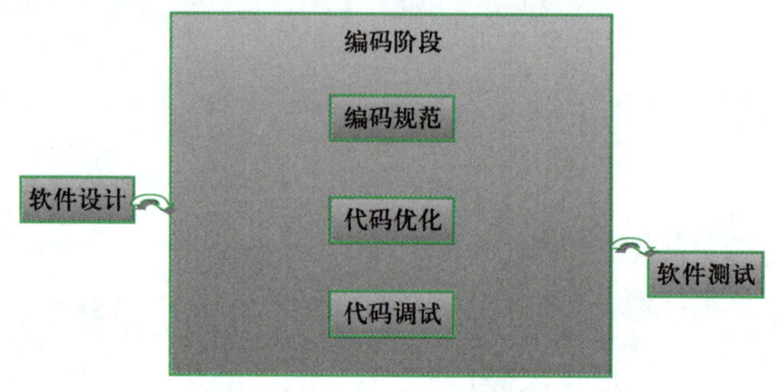

图 4-1　编码示意图

编码的目的是实现人和计算机的通信，指挥计算机按人的意志正确工作。良好的编程风格是提高程序可靠性非常重要的手段，也是大型项目多人合作开发的技术基础。通过规范定义来避免不好的编程风格，可增强程序的易读性，便于自己和其他项目成员理解，便于程序后期的维护和功能修改。因此，编码之前一定要注意编码规范。

为提供代码质量，提高目标程序的运行速度，减少目标代码运行所需要的控件，需要对代码进行优化。优化是对代码进行各种等价变换，使变换后的代码数比变换前的代码数少，但运行的结果等效。

编写代码会不可避免地遇到各种各样的错误，如何进行代码调试是编码的一项重要工作。代码调试需要分析错误类型，掌握代码调试相关工具、调试步骤。

本单元以“学分管理系统”的“用户管理模块”的代码实现为例，说明编码工作。

任务一　编码规范。学习编码风格，掌握编码规范。分析“学分管理系统”中的模块实现代码，应用编码规范。

任务二　代码优化。学习代码优化的相关知识，确定函数内代码优化、类的代码优化、C# 相关的代码优化、数据库访问性能优化等。在“学分管理系统”的“用户管理模块”的数据库访问代码中实施代码优化。

任务三　代码调试。学习代码调试相关技术，分析“学分管理系统”中的代码调试技术，并通过实例分析代码调试过程。

【重难点】编码规范、代码优化和代码调试。

任务一　编码规范

任务简介

编码规范是开发小组形成的编码约定。编码规范可以提高程序的可靠性、可读性、可修改性、可维护性和一致性，保证程序代码的质量，继承软件开发成果，充分利用资源。提高程序的可继承性，可以使开发人员之间的工作成果共享。本任务首先介绍编码规范内容，然后在“学分管理系统”的编码过程中应用编码规范。

任务分析

思政小课堂

编码规范与编程语言相关，每一种编程语言都有自己独特的编码规范。本任务以“学分管理系统”为例，该项目选择的是 C# 语言，所以本任务重点讲解 C# 的编码规范。

支撑知识

编码规范主要包括变量命名规则、函数命名规则、类命名规则、常见语句书写规则、注释风格和代码组织等。

一、变量命名规则

微课 4-1　变量名、函数名、类名的命名规则

① 变量名的第一个字符必须使用 @、字母或下画线。

② 变量后面的字符只能是字母、下画线和数字。

③ C# 中的变量名是区分大小写的。

④ 变量名不要乱写，通常需要使用与其相关的、有意义的名称。例如定义一个有关价格的变量，可以以 price 来命名这个变量。

⑤ 不能使用 C# 中系统已经设定好了的关键字。

二、函数命名规则

① 函数名用首字母大写的英文单词组合表示（如用动词＋名词的方法），其中至少有一个动词。

② 应该避免的命名方式如下。

- 和继承来的函数名一样。即使函数的参数不一样，也尽量不要这么做，除非想要重载它。
- 只由一个动词组成，如 Save、Update，改成 SaveValue、UpdateDataSet 则比较好。

③ 函数参数的命名规则如下。

- 函数参数应该具有自我描述性，应该能够做到见其名而知其意。
- 用匈牙利命名法命名。

三、类命名规则

① 使用 Pascal 大小写。

② 用名词或名词短语命名类。

③ 使用全称，避免缩写，除非缩写已是一种公认的约定，如 URL、HTML。

④ 不要使用类型前缀，如在类名称上对类使用 C 前缀。例如，使用类名称 FileStream，而不使用 CFileStream。

⑤ 不要使用下画线字符。

⑥ 有时候需要提供以字母 I 开始的类名称，虽然该类不是接口。只要 I 是作为类名称组成部分的整个单词的第一个字母，便是适当的。例如，类名称 IdentityStore 是适当的。

四、常见语句书写规则

常见语句书写规则如表 4-1 所示。

表 4-1 常见语句书写规则

语　句	提倡的风格

if	if(condition)
	{
	    statements;
	}else
	{
	    statements;
	}

续表

<table>
<tr><th>语　　句</th><th>提倡的风格</th></tr>
<tr><td>for</td><td>for(initialization; condition; update)
{
    statements;
}</td></tr>
<tr><td>foreach</td><td>foreach(something in collection)
{
    statements;
}</td></tr>
<tr><td>switch</td><td>switch(表达式)
{
    case 常量表达式 1:
        statements;
        break;
    case 常量表达式 2:
        statements;
        break;
        ...
    case 常量表达式 n:
        statements;
        break;
    default:
        statements;
        break;
}</td></tr>
<tr><td>while</td><td>while(...)
{
    statements;
}</td></tr>
<tr><td>do-while</td><td>do
{
    statements;
}while(condition);</td></tr>
<tr><td>try-catch</td><td>try
{
    statements;
}catch(Exception e)
{
    handle exception;
}</td></tr>
<tr><td>同一代码块内的不同逻辑块之间应空一行</td><td>{
    do statement1;
    ...
    do statement2;
}</td></tr>
<tr><td>函数与函数之间至少空一行，但不超过 3 行</td><td>public void set(){
    statements;
    }
    ...
public int get(){
    statements;
    }</td></tr>
</table>

五、注释风格

① 注释应该正确、简洁、有重点。

② 应该写优雅的、可读性良好的代码，而不是为玄妙、晦涩的代码写注释。

③ 原则上应尽量减少程序体内代码的注释，应该保持代码本身的直接可读性。

④ 对于函数的注释，可以只对 public 或者重要的 private 函数进行注解。

六、代码组织

代码组织是对整个项目的代码进行整理，使之更加有序。实现类似功能的文件应该放在同一个文件夹中或者同一个项目中。例如，可把整个项目分为以下几个层次。

（1）SystemFramework 层

提供一些其他公用的服务，比如系统日志、应用程序配置、异常处理、调试类等，读取 Web.config 和 *.exe.config 一般都在这一层。

（2）Common 层

把逻辑上的 tables 抽象成一些类，这些类一般从 DataSet 继承，生成一些 strong typed Dataset，类中不涉及任何数据库操作。

（3）DataAccess 层

这一层的类负责与数据库的连接，以 Common 层对象为媒介读取、更新、添加、删除数据库对象。为 Bussiness 层提供数据服务。

（4）Bussiness Logic 层

如果需要，可以分为（5）和（6）中的两层，也可以合为一层。

（5）Business Rule 层

包含各种商务逻辑和规则。

（6）Business Facade 层

提供给 UI 层所有的系统接口，这一层抽象出了 UI 层所需要用到的功能。这一层的类可以通过继承 MarshalByRefObject 类支持 Remoting，并配置到专门的应用程序服务器上。

（7）UI 层

只调用 Bussiness 层和 SystemFramework 层的接口，实现用户界面，包括以下内容。

- WinUI。

- WebUI。
- WebService（不是用户界面）。

【课堂讨论】C# 项目代码如何组织？

任务实施

本任务以“学分管理系统”的“用户登录模块”中登录验证代码为例，说明编码规范如何使用。用户登录模块是系统访问的第一个模块，该模块的主要功能是验证用户，并且保存用户登录信息。

本任务的实施分为两个步骤：登录模块源代码分析和代码组织分析。

一、登录模块源代码分析

该代码是用户在登录界面输入用户名和密码后，单击“登录”按钮后执行的代码。该代码完成输入用户名与密码的验证，并且将用户的信息保存到会话对象中。

微课 4-2　登录模块源代码分析

```
// Default.aspx.cs
using System;
using System.Data;
using System.Configuration;
using System.Collections;
using System.Web;
using System.Web.Security;
using System.Web.UI;
using System.Web.UI.WebControls;
using System.Web.UI.WebControls.WebParts;
using System.Web.UI.HtmlControls;
using System.Collections.Generic;
using QTPMS.BLL;
using QTPMS.Model;
public partial class _Default : System.Web.UI.Page
{
    // 创建用户对象
    private static readonly BLLUser bllUser = new BLLUser();

    protected void Page_Load(object sender, EventArgs e)
    {
        if (!IsPostBack)
        {
```

```
            string errorMsg = Request.QueryString["ErrorMsg"];
            lblMsg.Text = errorMsg;
        }
    }
    //“登录”按钮事件处理
    protected void btnLogon_Click(object sender, EventArgs e)
    {
        string userID = tbUserName.Text;// 用户 ID
        string userPassword = tbPassword.Text;// 用户密码
        string userIdentity = dllUserRole.SelectedValue;// 用户身份

        // 根据用户 ID、用户密码、用户身份获取用户信息
        IList<UserLogonEntity> userLogonInfo = bllUser.GetUserLogoInfo(userID,
userPassword, userIdentity);

        // 判断用户数是否大于 0
        if (userLogonInfo.Count>0)
        {
            // 如果用户存在，则保存用户信息到会话中
            Session["userRoleID"] = userLogonInfo[0].OrganizeID;
            Session["userRoleName"] = userLogonInfo[0].OrganizeName;
            Session["userID"] = userLogonInfo[0].UserID;
            Session["userName"] = userLogonInfo[0].UserName;
            Session["userLevel"] = userLogonInfo[0].UserLevel;
            Session["UserIdentity"] = userIdentity;

            // 返回主页面
            Response.Redirect("~/MainPage.aspx");
        }
        else
        {
            // 如果用户不存在，则显示出错信息
            lblMsg.Text = " 登录信息有误请重新登录 !";
        }
    }
}
```

下面对源代码进行分析。

① 变量命名规则。上述代码中的变量 userID、userPassword、userIdentity 符合变量的命名规则。变量名的第一个字符使用的是字母，变量名后面的字符是字母，变量名使用了有意义的名称，没有使用 C# 中设定的关键字。

② 函数命名规则。上述代码中的函数 GetUserLogoInfo（userID,userPassword,userIdentify）符合函数命名规则。函数名首字母大写，使用动词＋名词组合，函数参数采用匈牙利命名法命名，函数参数具有自我描述性。

③ 类命名规则。上述代码中的类 BLLUser 与类变量 bllUser 符合类命名规则。类 BLLUser 首字母大写，使用名称或名称短语类命名类，没有使用下画线。

④ 常见语句书写规则。上述代码的语句编写符合常用语句书写规制。代码中判断用户是否存在的语句符合 if 语句规则。

二、代码组织分析

“学分管理系统”的源代码实现类似的功能的文件放置在同一文件中。整个项目分为以下几个层次。

微课 4-3 代码组织分析

（1）BLL 层

该层包括各种业务逻辑和规制。

（2）IDAL 层

该层提供给 UI 层所有的系统接口，这一层抽象出了 UI 层所需要用到的功能。

（3）Model 层

该层包括各种实体类。

（4）DBUtility 层

数据库访问工具类。

（5）SQLServerDAL 层

一组封装了实体数据库操作类。

（6）UI 层

该层包括如下业务模块界面。

- PU：用户管理模块。
- PS：统计查询模块。
- PP：项目计划与实施。
- PC：项目配置。
- PM：项目基础数据维护。

“学分管理系统”的源代码组织结构如图 4-2 所示。

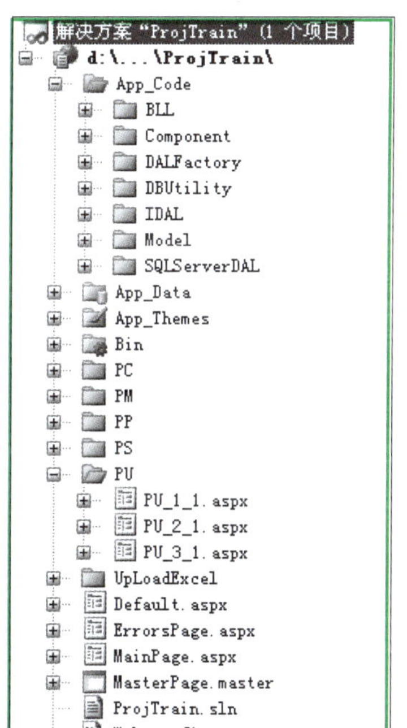

图 4-2 “学分管理系统”的源代码组织结构

【试一试】查看“学分管理系统”中“用户登录模块”的代码，观察“学分管理系统”的项目代码是如何组织的。

任务小结

本任务以“学分管理系统”为例，重点讲解了 C# 的编码规范。本任务以登录模块源代码分析、代码组织分析两个步骤实施。本任务完成后应达到下列要求。

- 熟练掌握变量命名规则、函数命令规则、类命名规则。
- 能正确使用常见语句的书写规则，注意注释风格。
- 能正确使用代码组织程序。
- 能正确使用程序名称规范。

拓展训练

1. 分析“学分管理系统”源代码中的变量名称、函数名称、类名称。
2. 分析“学分管理系统”源代码中的常见语句、注释编写风格。
3. 分析“学分管理系统”源代码中的代码组织与程序名称规范。

【提示】分组讨论完成。

任务二 代码优化

任务简介

代码优化是指对程序代码进行等价（指不改变程序的运行结果）变换。程序代码可以是中间代码（如四元式代码），也可以是目标代码。等价的含义是使得变换后的代码运行结果与变换前的代码运行结果相同；而优化的含义是使最终生成的目标代码简短（运行时间更短、占用空间更小）。原则上，优化可以在编译的各个阶段进行，但最主要的一类是对中间代码进行优化，这类优化不依赖于具体的计算机。

代码优化能减少冗余代码的数量，用更少的代码来实现同样的功能；代码优化能提高代码的内聚程度，减少耦合程度；代码优化能提高代码的重用度，对今后其他项目的进度有非常重要的意义。

本任务首先介绍代码优化的相关知识，包括函数内代码优化、类的代码优化、类之间的代码优化，从而了解 C# 相关的代码优化、数据库访问性能优化的相关技术。

任务分析

本任务首先分析中间代码优化常用技术、局部优化、函数内的代码优化、类的代码优化、C# 代码优化、数据库访问性能优化。C# 代码优化主要包括撤销、事务、值类型、字符串和内联等。数据库访问性能优化主要包括数据库的连接和关闭、使用存储过程、优化查询语句、使用 Prepare、用索引号访问代替名称索引号访问属性、利用索引加快查找行的效率。

本任务以“学分管理系统”的“用户管理模块”中的数据库访问代码为例，说明如何实施代码优化。

思政小课堂

支撑知识

一、代码优化常用技术

1. 删除多余运算（删除公共子表达式）

微课 4-4　代码优化常用技术 1

优化的目的在于提高目标代码的执行速度。如图 4-3 所示，中间代码（3）和（6）中都有 4*I 的运算，而（3）～（6）中没有对 I 赋值，显然，两次计算的值是相等的。所以，（6）的运算是多余的，可以把（6）变换成 T4:=T1。这种优化称为删除多余运算或称为删除公共子表达式。

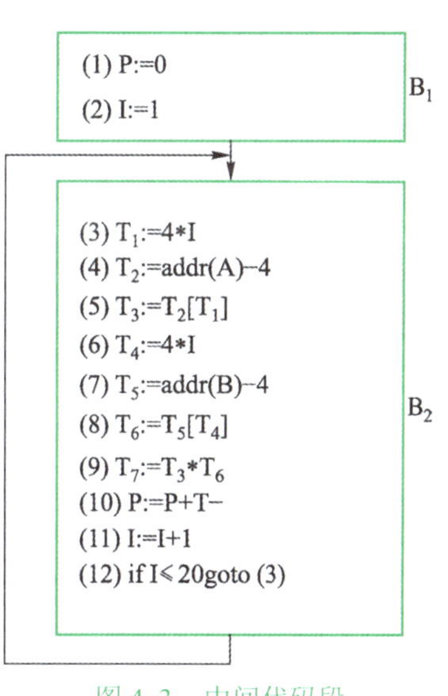

图 4-3　中间代码段

2. 代码外提

微课 4-5　代码优化常用技术 2

减少循环中代码总数的一个重要办法是代码外提，这种变换称循环不变运算。即将其结果独立于循环执行次数的表达式提到循环的前面，使之只在循环外计算一次。上例中，可以把（4）和（7）提到循环外。经过删除多余运算和代码外提后，代码如图 4-4 所示。

3. 强度削弱

强度削弱的思想是把强度大的运算换算成强度小的运算。例如，把乘法运算换成加法运算等。在如图 4-4 所示的循环中，每循环一次，I 的值增 1，T1 的值与 I 保持线性关系，每次总是增加 4。因此，可以把循环中计算 T1 值的乘法运算变换成在循环前进行一次乘法运算，并在循环中变换成加法运算。变换后如图 4-5 所示。

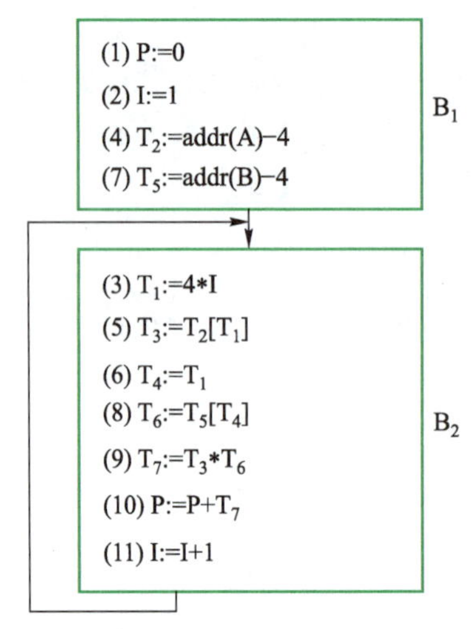

图 4-4 删除公共子表达式和代码外提

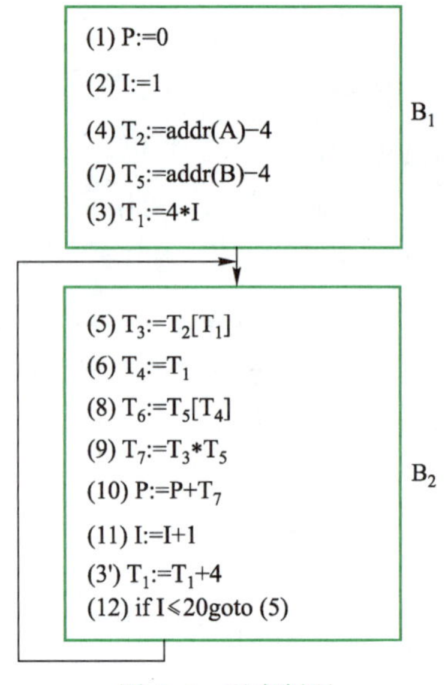

图 4-5 强度削弱

4. 变换循环控制条件

在如图 4-4 所示的代码中，I 和 T1 始终保持 T1=4*I 的线性关系，此时可以把（12）的循环控制条件 I ≤ 20 变换成 T1 ≤ 80，这样，整个程序的运行结果不变，这种变换称为变换循环控制条件。经过这一变换后，循环中的 I 值在循环后不会被引用，四元式（11）可以从循环中删除。

5. 合并已知量与复写传播

在图 4-5 中，四元式（3）计算 4*I 时，I 必为 1。所以，（3）中的 4*I 的两个运算对象都是编码时的已知量，可在编译时计算出它的值，即（3）可变为 T1=4，这种变换称为合并已知量。在图 4-5 中，（6）中把 T1 的值复写到 T4 中，四元式（8）要引用 T4 的值，而（6）～（8）之间未改变 T4 和 T1 的值，则将（8）改为 T6：=T5[T1] 之后，运算结果保持不变，这种变换称为复写传播。图 4-5 经过变换循环控制条件、合并已知量和复写传播等变换后，如图 4-6 所示。

6. 删除无用赋值

在图 4-6 中，在（6）中对 T4 赋值，但 T4 未被引用；另外，在（2）和（11）中对 I 赋值，但只有（11）引用了 I。所以，只要程序中的其他地方不引用 T4 和 I，（6）、（2）和（11）对程序的运行结果便无任何作用，这种现象称为无用赋值。无用赋值可以从程序中删除，删除无用赋值后如图 4-7 所示（设（6）、（2）和（11）为无用赋值）。

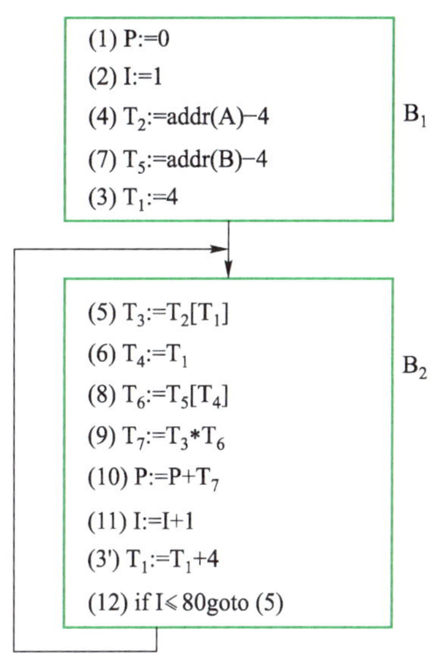

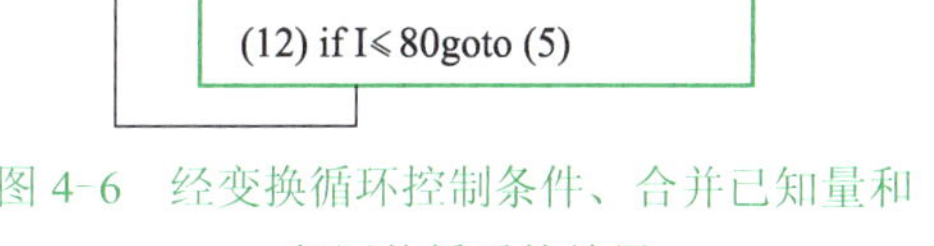

图 4-6　经变换循环控制条件、合并已知量和复写传播后的结果

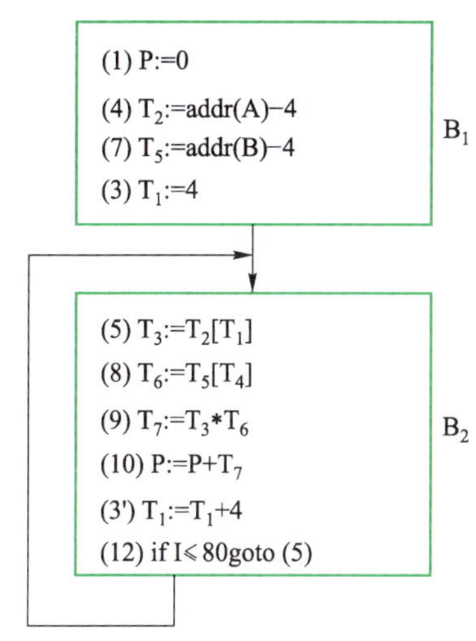

图 4-7　删除无用赋值

比较图 4-3 和图 4-7 可看出，经过优化后的代码的执行效率提高了很多。当然，实现这些优化的代价也是很大的。

【课堂讨论】6 种代码优化技术的区别和联系是什么？

二、局部优化

局部优化是指基本块内的优化。所谓基本块，是指程序中的顺序执行语句序列，其中只有一个入口语句和一个出口语句。执行时，只能从其入口语句进入，从其出口语句退出。对于一个给定的程序，可以把它划分为一系列的基本块，在各基本块的范围内分别进行优化。

（1）基本块的划分

在介绍基本块的构造之前，先定义基本块的入口语句。所谓入口语句，严格地说就是程序的第一语句，也可以是条件转移语句或无条件转移语句的转移目标语句，还可以是紧跟在条件转移语句后面的语句。

有了入口语句的概念之后，就可以给出划分中间代码（四元式程序）为基本块的算法，其步骤如下。

① 求出四元式程序中各个基本块的入口语句。

② 对每一个入口语句构造其所属的基本块。它是由该入口语句到下一个入口语句（不包括下一个入口语句），或到一个转移语句（包括该转移语句），或到一个停语句（包括该停语句）之间的语句序列组成的。

③ 凡未被纳入某一基本块的语句都是程序中控制流程无法到达的语句，因而也是不会被执行到的语句，可以把它们删除。

（2）基本块的变换

很多变换可作用于基本块而不改变其他计算的表达式集合，这样的变换对改进代码的质量是很有用的。有两类重要的局部等价变换可用于基本块，它们是保结构变换和代数变换。

基本块的主要保结构变换如下。

- 删除公共子表达式。
- 删除无用代码。
- 重新命名临时变量。
- 交换语句次序。

三、函数内的代码优化

函数内的代码优化的原则如下。

① 去掉从来没有用到过的参数。

② 始终进行参数检验。对于传入了非法值的函数调用，可以返回一个对调用无意义的值（如 null、-1），或者干脆抛出一个异常。

③ 函数的参数不宜过多。如果实在太多，则可以考虑将这些参数封装在一个类中，然后将这个类的某个实例作为参数传入函数。

④ 如果函数从来不会修改某个参数的值，则应该尽量将参数声明为 const。

⑤ 如果函数中用到的类成员变量或者其他全局变量可以用传入参数的方式代替，则用参数代替，这样可以减少该函数和外界的关系，提高内聚。

⑥ 一个单一的函数的代码量不宜过多。如果实在很多，则可以把它切分成小的函数，例如长的 switch 语句。

⑦ 单个函数中尽量避免相同的代码，可以用条件语句或者将其抽取出来作为函数的方法消除这些冗余。

⑧ 尽量保持函数只有一个出口，即只有一处 return 语句，如原始代码。

四、类的代码优化

1. 类内的代码优化

① 只有类对外的接口才声明为 public。

② 在类的成员函数中如果存在着相同的代码，则将其抽取，使其成为 private 的成员函数，以减少代码的冗余，以保持在一个类中没有相同的两份代码的副本。

③ 尽量减少成员函数之间的依赖，特别是对成员变量值的依赖。

2. 类之间的代码优化

① 类是一个实体，具有自己的数据和对这些数据的操作。

② 把界面操作和数据处理分离在两个类中是比较好的做法。

③ 对于不同类之间有相同代码的情况，有以下几种处理方法。

- 将相同的代码抽象出来作为父类，其他类从中继承，由此来共享代码。
- 将相同的代码抽象出来作为一个新类，在其他类中声明一个该类的变量，由此来共享代码。

这两种方法各有利弊，第一种方法比较适合于当共享代码在调用之前必须进行特殊的初始化，而这些初始化可能很难用函数调用来完成的情况，这时，在父类的初始化代码中可以加入一个虚拟函数，所有的子类都重载该函数，并进行特定的初始化；第二种方法可以封装得很彻底，只暴露出对外的接口，与其他类的耦合程度比较小。

④ 任何重复的代码都可以抽取出来，不仅包括对数据进行处理的代码，还包括界面代码。

⑤ 如果很多类都有做类似事情的函数，例如名称相同、内部具体操作不同的函数，这时可以将这些函数提取出来，使其作为一个接口。其他类都从中继承，然后根据自己的要求来实现。

五、C# 代码优化

1. 撤销

类 Object 是 .NET Framework 中所有类、结构、枚举和委托的最终基类。类 Object 是在 System 中定义的，它并没有声明析构函数，而是定义了一个保护类型的成员方法 Finalize。如果当 .NET 运行时垃圾收集器认为一个对象可以安全地从内存中移出，垃圾收集器就会调用该对象的撤销方法 Finalize 把对象移出内存，释放占用的系统资源。在 .NET 环境下编程，不能依靠析构函数来执行对象的撤销。

对象的撤销方法 Finalize 会对程序的性能产生下列不良影响。

① 自己拥有撤销方法的对象在释放资源时将耗费更长的时间。

② 垃圾收集器并不按照一定的顺序来撤销对象，也并不保证每一个对象的撤销方法都能被正确地调用。

③ 如果本应该撤销的对象引用了另一个暂时还不能撤销的对象，这个对象也不能撤销。

④ 如果同时有大量的对象在等待撤销，这将会极为耗费系统资源，并降低系统性能。

每个需要清除的对象都必须撤销。为了优化性能，当必须使用 Finalize 方法时，可以重载一个 Close 方法；当需要清除某个对象时，就可以调用 Close 方法，从而强迫垃圾收集器调用撤销方法，把该对象设置为 null。调用 GC.SupressFinalize() 方法（GC 是 System 中提供的一个类），可以为代码中的元数据设置一个标记，从而在运行时 GC 不要撤销这个类。这样，就可以在对象没有用处时立即将其释放。

2. 事务

当可操控的代码必须要和未操控的代码进行交互时，事务（Transition）就发生了。这通常出现在当需要平台调用服务（Platform Invocation Services，PInvoke）来访问未操控的动态链接库的静态指针入口时，或者是访问 COM 提供的其他方法时。

每一次事务都会带来少量的开销，据估计，每调用一次事务大约要执行 10 ～ 40 条指令。因此，最好的编程习惯是在代码中尽量少调用事务。在必需的情况下，那就谨慎地使用事务。在使用 API 函数时，应尽可能地每次执行多个动作，而不是重复调用。

3. 值类型

公共语言环境支持两种类型：值类型和引用类型。值类型表示在内存中占据实际的数据位数，引用类型只表示数据在内存中的位置。人们知道，在运行时，对象类型、接口类型、指针类型都被作为引用类型来对待，而其他主要类型都被定义为值类型。

究竟使用哪种类型要视具体情况而定。在一些情况下，值类型在性能上更有优势。如果对象被分配在 GC 堆中，这时，值类型就被分配在栈中，从而具有更快的运行速度。这是因为，它们没有与类相关联的开销，所以不需要调用类的构造函数。另外，值类型的成员通常会被自动初始化为默认值，一般是 0 或 null。用户可以通过从 System.ValueType 中派生来定义自己的值类型。

4. 字符串

字符串在运行时是不可变的。修改字符串中的数据，实际上不是在修改原来的字符串，而是创建了字符串的一个新的实例。为了避免这种情况的发生，可以使用 the System.Text.Stringbuilder 类来创建一个 StringBuilder 对象，这样就可以避免创建新的对象实例，而只是修改原来的对象。

在下面的例子中，字符串 MyString1 和 MyString2 相连接，实际上建立了第三个字符串对象，并把连接后的值 Please enter your name 赋予了字符串对象。这样就降低了代码的性能，因为创建了新的对象，分配了新的空间，而已经分配的空间实际上是浪费了。

```
string MyString1="Please";
string MyString2="enter your name";
MyString1=string Concat(MyString,MyString);
```

如果采用 StringBuilder 类，就可以解决上面例子中的性能问题。StringBuilder 类不会创建新的对象。改进后的代码如下：

```
StringBuilder MyStringBuilder=new StringBuilder("Please");
String MyNewString="enter your name";
MyStringBuilder.Append(MyNewString);
```

5. 内联

内联表示在编译时对每一个方法的调用处都加上实际的方法代码，而不是只包含对该方法的引用。这样做的结果是，虽然增加了输出文件的长度，但是由于减少了对方法调用的开销，从而加快了程序的运行速度。

声明内联的方法是在方法的定义中加上 inline 关键字。在 .NET 环境中使用内联方法可以减少对虚方法的使用，降低系统的开销。同样，也推荐尽量使用密封类和密封方法。

六、数据库访问性能优化

1. 数据库的连接和关闭

访问数据库资源需要创建连接、打开连接和关闭连接几个操作。这些过程需要多次与数据库交换信息以通过身份验证，比较耗费服务器资源。ASP.NET 提供了连接池（Connection Pool），以改善打开和关闭数据库对性能的影响。系统将用户的数据库连接放在连接池中，需要时取出，关闭时收回连接，等待下一次的连接请求。连接池的大小是有限的，如果当连接池达到最大限度后仍要求创建连接，则必然大大影响性能。因此，在建立数据库连接后，只有当真正需要操作时才打开连接，使用完毕后马上关闭，从而尽量减少数据库连接打开的时间，避免出现超出连接限制的情况。

2. 使用存储过程

存储过程是存储在服务器上的一组预编译的 SQL 语句，类似于 DOS 系统中的批处理文件。存储过程具有对数据库立即访问的功能，信息处理极为迅速。使用存储过程可以避免对命令的多次编译，当执行一次后，其执行规划就驻留在高速缓存中，以后需要时只需直接调用缓存中的二进制代码即可。另外，存储过程在服务器端运行，独立于 ASP.NET 程序，便于修改。最重要的是，它可以减少数据库操作语句在网络中的传输。

3. 优化查询语句

在 ASP.NET 中，ADO 连接消耗的资源相当大，SQL 语句运行的时间越长，占用系统资源的时间也越长。因此，尽量使用优化过的 SQL 语句，以减少执行时间。比如，不在查询语句中包含子查询语句，充分利用索引等。

4. 使用 Prepare

当需要重复执行同一个 SQL 语句时，可考虑使用 Prepare 方法提升效率。需要注意的是，如果只是执行一次或两次，则完全没有必要。例如下面的语句：

```
cmd.CommandText = "insert into Table1 ( Col1, Col2 ) values ( @val1, @val2 )";
cmd.Parameters.Add( "@val1", SqlDbType.Int, 4, "Col1" );
cms.Parameters.Add( "@val2", SqlDbType.NChar, 50, "Col2");

cmd.Parameters[0].Value = 1;
cmd.Parameters[1].Value = "XXX";
cmd.Prepare();
cmd.ExecuteNonQuery();

cmd.Parameters[0].Value = 2;
cmd.Parameters[1].Value = "YYY";
cmd.ExecuteNonQuery();

cmd.Parameters[0].Value = 3;
cmd.Parameters[1].Value = "ZZZ";
cmd.ExecuteNonQuery();
```

5. 用索引号访问代替名称索引号访问属性

从 Row 中访问某列属性时，使用索引号的方式比使用名称方式有效果。如果会被频繁调用，例如在循环中，那么可考虑此类优化。示例如下：

```
cmd.CommandText = "select Col1, Col2 from Table1" ;
SqlDataReader dr = cmd.ExecuteReader();

int col1 = dr.GetOrdinal("Col1");
int col2 = dr.GetOrdinal("Col2");

while (dr.Read())
```

```
    {
        Console.WriteLine( dr[col1] + "_" + dr[col2]);
    }
```

6. 利用索引加快查找行的效率

如果需要反复查找行，则建议增加索引，利用索引查找有以下两种方式。

（1）设置 DataTable 的 PrimaryKey

这种方式适用于按 PrimaryKey 查找行的情况。注意，此时应调用 DataTable.Rows.Find 方法，一般惯用的 Select 方法不能利用索引。

（2）使用 DataView

这种方式适用于按 Non-PrimaryKey 查找行的情况。此时，可为 DataTable 创建一个 DataView，并通过 SortOrder 参数指示建立索引。此后使用 Find 或 FindRows 查找行。

任务实施

本任务以“学分管理系统”的“用户管理模块”的数据库访问接口实现代码为例，说明如何实施代码优化。

一、用户数据库访问层接口实现代码

用户数据库访问层接口实现代码实现了用户的增加、密码修改、查询、删除等功能。

```
//User.cs
using System;
using System.Data;
using System.Data.SqlClient;
using System.Collections.Generic;
using TXSM.DBUtility;
using QTPMS.Model;
using QTPMS.IDAL;

namespace QTPMS.SQLServerDAL
{
    //User 数据库访问层接口实现
    public class User : IUser
    {
        // 使用连接池访问数据库
        private static string DBContionString = SqlHelper.ConnectionStringLocalTransaction;
```

微课 4-6 用户数据库访问接口实现代码优化

```
        // 以下为存储过程名称
        private const string UP_GET_LOGONINFO = "UP_UGetLogonInfo";
        private const string UP_UPDATE_USERPASSWORD = "UP_UUpdateUserPassword";
        private const string UP_INSERT_TEACHER ="UP_UAddTeacher";
        private const string UP_UPDATE_TEACHER = "UP_UUpdateTeachInfo";
        private const string UP_GET_TEACHERID = "UP_UGetTeacherID";
        private const string UP_UPDATE_TEACHERDELSIGN = "UP_UUpdateDelSign";

        // 以下为存储过程参数
        private const string PARM_LOGON_USERID = "@UserID";
        private const string PARM_LOGON_USERPASSWORD = "@UserPassword";
        private const string PARM_LOGON_USERIDENTITYID = "@UserIdentity";
        private const string PARM_TEACHER_ID = "@TeacherID";
        private const string PARM_ORGANATION_ID = "@OrganizeID";
        private const string PARM_TEACHERNUMBER = "@TeacherNumber";
        private const string PARA_TEACHER_NAME = "@TeacherName";
        private const string PARM_TEACHERSEX = "@TeacherSex";
        private const string PARA_TEACHERCONTACT = "@TeacherContact";
        private const string PARA_TEACHDELSIGN ="@DelelteSign";

        public User() { }
        public IList<UserLogonEntity> GetUserLogonInfo(string userID, string
userPassword, string userIdentity)
        {
            List<UserLogonEntity> userLogonInfoList = new List<UserLogonEntity>();

            SqlParameter[] parms = new SqlParameter[]{
                new SqlParameter(PARM_LOGON_USERID,SqlDbType.NVarChar,20),
                new SqlParameter(PARM_LOGON_USERPASSWORD,SqlDbType.
NVarChar,20),
                new SqlParameter(PARM_LOGON_USERIDENTITYID,SqlDbType.
NVarChar,1)
            };

            parms[0].Value = userID;
            parms[1].Value = userPassword;
            parms[2].Value = userIdentity;

            using (SqlDataReader sdr = SqlHelper.ExecuteReader(DBContionString,
CommandType.StoredProcedure, UP_GET_LOGONINFO, parms)){
                while (sdr.Read())
```

```
                {
                    UserLogonEntity userLogonInfo = new
                        UserLogonEntity(sdr["OrganizeID"].ToString(),
                                        sdr["OrganizeName"].ToString(),
                                        sdr["UserID"].ToString(),
                                        sdr["UserName"].ToString(),
                                        sdr["UserLevel"].ToString());
                    userLogonInfoList.Add(userLogonInfo);
                }
            }
            return userLogonInfoList;
        }

        // 更新用户密码
        public int UpdateUserPassword(string userID, string userPassword, string userIdentity)
        {
            int m_uqa = 0;
            try
            {
                SqlParameter[] parms = new SqlParameter[]{
                new SqlParameter(PARM_LOGON_USERID,SqlDbType.NVarChar,20),
                new SqlParameter(PARM_LOGON_USERPASSWORD,SqlDbType.
NVarChar,20),
                new SqlParameter(PARM_LOGON_USERIDENTITYID,SqlDbType.
NVarChar,1)
                };
                parms[0].Value = userID;
                parms[1].Value = userPassword;
                parms[2].Value = userIdentity;

                m_uqa = SqlHelper.ExecuteNonQuery(DBContionString,
                    CommandType.StoredProcedure, UP_UPDATE_USERPASSWORD, parms);


            }
            catch
            {
                m_uqa = 0;
            }
            return m_uqa;
        }
}
```

二、代码优化分析

1. 代码中使用连接池

```
// 使用数据库连接池访问数据库
private static string DBContionString = SqlHelper.ConnectionStringLocalTransaction;
```

使用连接池能改善打开和关闭数据库对性能的影响，提高数据库访问的效率。

2. 使用存储过程

```
private const string UP_GET_LOGONINFO ="UP_UGetLogonInfo";
private const string UP_UPDATE_USERPASSWORD ="UP_UUpdateUserPassword";
```

存储过程在服务器端运行，独立于 ASP.NET 程序，便于修改。最重要的是，它可以减少数据库操作语句在网络中的传输。

3. 函数内代码优化

上述代码中对函数内的代码进行了优化，去掉了没有用过的参数，使其没有冗余，保持函数内的代码只有一个出口，即 return 语句。

4. 类中代码优化

上述代码中对类内的代码进行了优化。将对外的接口声明为 public，没有成员函数之间的依赖，类的成员函数中不存在相同的代码。

【试一试】打开“学分管理系统”，查看代码采用了哪些代码优化技术？

任务小结

本任务首先分析了中间代码优化常见技术，然后在“学分管理系统”的“用户管理模块”的数据库访问接口实现代码中实现了代码优化。

拓展训练

1. 实现“学分管理系统”源代码中函数内部代码优化。
2. 实现“学分管理系统”源代码中类内部与类之间的代码优化。
3. 实现“学分管理系统”源代码中 C# 相关代码优化。
4. 实现“学分管理系统”源代码中数据库访问性能优化。

【提示】分组讨论完成。

任务三　代码调试

任务简介

代码调试是编码过程中必须掌握的一种基本能力。代码调试是编码的一项重要工作。当软件运行失效或出现问题时，往往只是潜在的错误的外部表现，而外部的表现与内在的原因之间常常没有明显的联系。要找出真正的原因，排除潜在的错误，不是一件易事。因此，代码调试是通过现象找出原因的一个分析的过程。调试的难点是错误的定位。本任务首先介绍代码调试相关技术，分析大学生综合训练项目中的代码调试技术，并实例分析代码调试过程。

思政小课堂

任务分析

代码调试相关技术主要包括调试过程、调试原则的主要调试方法等。本任务重点分析“学分管理系统”的“用户管理模块”代码调试技术与方法。

微课 4–7　代码调试

支撑知识

一、代码调试过程

代码调试的执行步骤如下。

① 从错误的外部表现入手，确定程序中出错的位置。

② 研究有关部分的程序，找出错误的内在原因。

③ 修改设计和代码，以排除这个错误。

④ 重复进行暴露这个错误的原始测试或某些有关测试，以确认该错误是否被排除，是否引进了新的错误。

⑤ 如果所进行的修正无效，则撤销这次活动，重复上述过程，直到找到一个有效的解决方法为止。

二、调试原则

1. 确定错误的性质和位置的原则

① 用头脑去分析、思考与错误征兆有关的信息。

② 避开死胡同。

③ 只把调试工具当做辅助手段来使用。

④ 避免用试探法，最多把它当做最后手段。

2. 修改错误的原则

① 在出现错误的地方很可能还有其他错误。

② 修改错误的一个常见失误是只修改这个错误的征兆或这个错误的表现，而没有修改错误本身。

③ 修改一个错误的同时可能会引入新的错误。

④ 修改错误的过程将迫使人们暂时回到程序设计阶段。

⑤ 修改源代码程序，不要改变目标代码。

三、主要调试方法

1. 强行排错

① 通过内存全部打印来排错。

② 在程序特定部位打印语句。

③ 自动调试工具。

2. 回溯法排错

① 发现错误，分析错误征兆。

② 确定“病症”位置。

③ 沿程序的控制流程回溯追踪源程序代码。

④ 找到错误根源或确定错误产生的范围。

3. 归纳法排错

① 收集有关数据。

② 组织数据。

③ 提出假设。

4. 演绎法排错

① 列举出所有可能的假设。

② 利用已有的数据排除不正确的假设。

③ 改进余下的假设。

④ 证明余下的假设。

四、错误分类

1. 编译时的错误

① 始终在“输出”窗口中查看程序编译的输出，“任务列表”窗口中经常会遗留以前编译后留下来的消息。

② 认真查看编译输出的错误消息，掌握正确的错误地点和信息。

③ 当碰到莫名其妙的编译时的错误应进行如下操作。

- 重新编译整个项目或者解决方案。
- 关闭 Visual Studio.NET，然后打开。
- 重新启动计算机。
- 保证编译出来的程序不在运行中或者所有输出文件的属性都是可写的。

2. 运行时的错误

① 首先要读取异常信息，猜测大概的发生地和发生原因。

② 仔细阅读发生异常处的源代码。

③ 在相应处设置断点，然后单步运行。

④ 如果还是找不出错误，可以请同事帮忙。

⑤ 配置问题和数据库中数据的错误也会导致运行时的错误。

五、C# 常见问题

C# 常见问题如下。

① C# 中控件的消息处理是立即的。也就是说，如果对某个控件的某个消息写了消息处理函数，然后假如当程序中某处的代码 A 引发了该消息，则程序流程会立即跳转到该消息的消息函数中去。如果这时消息函数中发生异常，则即使代码 A 处于异常块中，该异常也无法捕获。所以，如果出现当为控件的某个属性赋值后发生异常的情况，则需找一下是否已经对该控件的该属性写了消息函数（别忘了在父类也许会有），如果有，则应在这个消息处理函数中加上断点。

② 注意集成环境中窗体设计器的负面作用。对于处在 InitializeComponent 中的代码，如果需要进行修改，尽量先将其搬到函数外面来，否则，不能保证修改过的代码不被集成环境改回来或者删掉。

③ C# 中的很多异常都是由于强制转换产生的，所以一定要将强制转换放在异常处理块中。

任务实施

本任务重点分析“学分管理系统”的“用户管理模块”代码的调试技术与方法。

微课 4-8　用户管理模块代码调试技术与方法

一、选择“用户管理模块”中的用户登录业务处理代码

```
//BLLUser.cs
using System;
```

```
using System.Data;
using System.Collections.Generic;
using QTPMS.Model;
using QTPMS.IDAL;
using QTPMS.DALFactory;


namespace QTPMS.BLL
{
    public class BLLUser
    {
        private static readonly IUser dal = QTPMS.DALFactory.DALFactory.CreateUser();

        public BLLUser()
        {   }

        // 获取用户登录信息
        public IList<UserLogonEntity> GetUserLogoInfo(string userID, string
userPassword, string userIdentity)
        {
            IList<UserLogonEntity> IuserLogonInfo = null;
            IuserLogonInfo = dal.GetUserLogonInfo(userID, userPassword,
        userIdentity);
            return IuserLogonInfo;
        }
}
```

二、设置断点

断点是在程序中设置的一个位置，程序执行到这些位置时会中断（或暂停）。断点的作用是，在调试程序时，当程序执行到断点的语句时会暂停程序的运行，以供程序员检查这一位置上程序元素的运行情况，这样有助于定位产生错误输出或出错的代码段。

设置和取消断点的方法如下。

方法 1：右击某代码行，在弹出的快捷菜单中选择“断点”→“插入断点”命令设置断点，或者选择“断点”→“删除断点”命令取消断点。

方法 2：将光标移至需要设置断点的语句处，然后按 F9 键。

断点设置如图 4-8 所示。

```
public BLLUser()
{
    //
    // TODO: 在此处添加构造函数逻辑
    //
}

/// <summary>
/// 获取用户登录信息
/// </summary>
/// <param name="userID">用户登录ID</param>
/// <param name="userName">用户名</param>
/// <param name="userIdentity">用户身份ID</param>
/// <returns></returns>
public IList<UserLogonEntity> GetUserLogoInfo(string userID, string userPassword, string userIdentity)
{
    IList<UserLogonEntity> IuserLogonInfo = null;
    IuserLogonInfo = dal.GetUserLogonInfo(userID, userPassword, userIdentity);
    return IuserLogonInfo;
}
```

图 4-8　断点设置

三、启动调试

在调试器中按 F5 键可运行应用程序，应用程序会在该行停止，此时可以检查任何给定变量的值，或观察执行跳出循环的时间和方式。按 F10 键可逐行单步执行代码。

四、显示调试信息

在 C# 程序中断的状况下，可以将鼠标指针放在希望观察的执行过的语句变量上面，此时调试器会自动显示执行到断点时该变量的值，如图 4-9 所示。

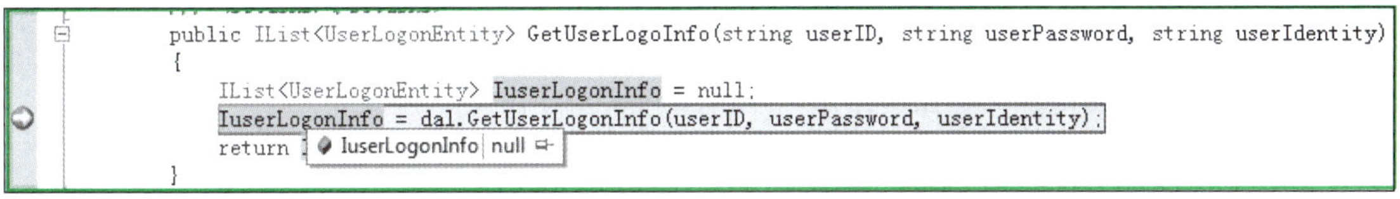

```
public IList<UserLogonEntity> GetUserLogoInfo(string userID, string userPassword, string userIdentity)
{
    IList<UserLogonEntity> IuserLogonInfo = null;
    IuserLogonInfo = dal.GetUserLogonInfo(userID, userPassword, userIdentity);
    return I  IuserLogonInfo | null
}
```

图 4-9　显示断点变量的值

用户也可以在某个对象上单击鼠标右键，从弹出的快捷菜单中选择“快速监视”命令，即可观察到对象中各个元素的值，如图 4-10 所示。

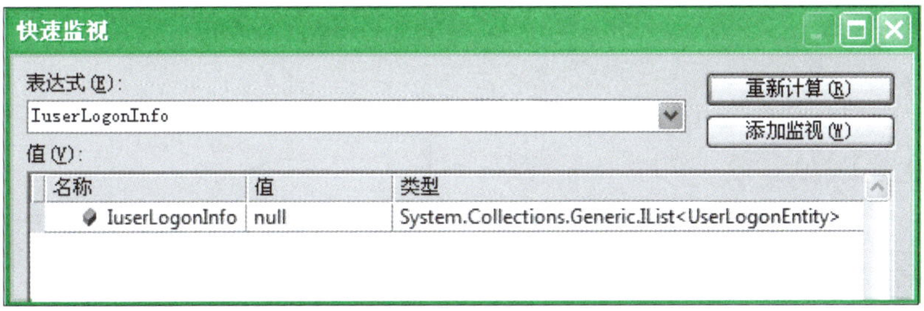

快速监视

表达式(E): IuserLogonInfo　　重新计算(R)　添加监视(W)

值(V):

名称	值	类型
IuserLogonInfo	null	System.Collections.Generic.IList<UserLogonEntity>

图 4-10　通过快速监视查看变量的值

【试一试】选择“学分管理系统”的“用户管理模块”中的一段代码，对其设置断点、启动调试、显示调试信息。

任务小结

本任务首先分析了代码编写中的常见错误分类，其次分析了 C# 中的常见问题，最后分析了“学分管理系统”的“用户管理模块”代码调试过程。

拓展训练

1. 分析与整理 C# 中编译时出现的错误与处理方式。
2. 分析与整理 C# 中运行出现的错误与处理方式。
3. 分析“学分管理系统”中的代码，选取其中的某一段代码，并通过设置断点调试代码。

【提示】分组讨论完成。

能力训练与素质拓展

第一部分 知识回顾与思考

1. 编码的目的是什么？
2. 什么是编码规范？
3. 什么是代码组织？
4. 什么是代码优化？代码优化的意义是什么？
5. 代码优化有哪些常用技术？
6. 什么是局部优化？
7. 什么是代码调试？
8. 代码调试的过程是什么？有哪些常用的调试方法？

第二部分 职业能力训练

一、单项选择题（下列答案中有一项是正确的，将正确答案对应的字母填入括号内）

1.（　　）的过程是将设计描述翻译成某种预定的程序设计语言的过程。

A．需求分析　　B．软件设计　　C．软件测试　　D．编码

2. 下列（　　）不属于编码规范。

A．代码组织 B．代码优化

C．变量命名规则 D．函数命名规则

3.（ ）能减少冗余代码的数量，提高代码的内聚程度，减少耦合程度。

A．面向对象方法 B．结构化方法

C．可视化方法 D．ICASE 方法

4.（ ）是指基本块内的优化。所谓基本块，是指程序中的顺序执行语句序列，其中只有一个入口语句和一个出口语句。

A．局部优化 B．代码优化

C．代码外提 D．删除多余运算

5．下列（ ）不属于代码调试方法。

A．强行排错 B．回溯法排错

C．演绎法排错 D．比例法排错

二、填空题（请在括号内填空）

1．作为软件工程的一个步骤，（ ）是设计的必然结果，因此，程序的质量主要取决于软件设计的质量。

2．为提高代码质量，提高目标程序的运行速度，减少目标代码运行所需要的控件，需要对代码进行（ ）。

3.（ ）是对整个项目的代码进行整理，使之更加有序。实现类似功能的文件应该放在同一个文件夹中或者同一个项目中。

4.（ ）的思想是把强度大的运算换算成强度小的运算。

5.（ ）是在程序中设置的一个位置，程序执行到这些位置时会中断（或暂停）。

三、简答题

1．什么是编码过程？编码的目标是什么？

2．编码规范主要包括几个部分？

3．代码优化有哪些常用技术？

4．代码调试有哪些方法？

5．错误的分类有哪些？

第三部分 实践能力训练

1．分组讨论，针对拓展项目“学生公寓管理平台”的编码讨论编码中用到的编码规范、代码优化方法。

2．案例搜索。

请通过网络、杂志等途径，搜索尽量多的代码调试相关案例，和同学进行交流学习，最后对代码的错误原因与调试方法进行讨论和分析，并归纳。

第四部分　考核评价标准

<table>
<tr><th rowspan="2">单元名称</th><th colspan="3">结果考核（70%）</th><th colspan="6">过程考核（30%）</th><th rowspan="2">总分</th></tr>
<tr><th>考核主体</th><th>职业能力训练</th><th>实践能力训练</th><th>考核主体</th><th>课堂学习</th><th>小组学习</th><th>创新能力</th><th>课堂实践</th><th>实践报告</th></tr>
<tr><td rowspan="4">单元 4
编码</td><td rowspan="2">教师</td><td rowspan="2"></td><td rowspan="2"></td><td>教师（70%）</td><td></td><td></td><td></td><td></td><td></td><td rowspan="2"></td></tr>
<tr><td>学生（30%）</td><td></td><td></td><td></td><td></td><td></td></tr>
<tr><td colspan="3">教师评价</td><td colspan="7">自我评价</td></tr>
<tr><td colspan="3"></td><td colspan="7"></td></tr>
</table>

考核评价时间：　　　　　　　　　　　　　　教师签字：

单元 5 软件测试

学习目标

【知识目标】

- 了解软件测试的目的和原则。
- 了解软件错误的分类。
- 了解测试分类。
- 了解软件测试的过程和策略。
- 了解软件测试用例设计的方法，掌握逻辑覆盖、基本路径测试、因果图等测试用例设计方法。
- 了解程序静态测试的方法。
- 了解程序调试的概念。
- 了解性能测试工具的使用。
- 掌握软件测试中的可靠性分析方法。

学习目标

【能力目标】

- 掌握软件测试的计划编写。
- 掌握测试环境的搭建。
- 懂得测试如何分类。
- 掌握软件测试的过程和策略。
- 能够熟练掌握软件测试用例编写。
- 能够熟练使用逻辑覆盖、基本路径测试、因果图等测试用例设计方法。
- 能够对程序进行简单的静态测试。
- 掌握编程中程序的调试。
- 能够较为熟练地使用性能测试工具。

【素养目标】

- 通过墨盒测试，培养运筹帷幄、整体分析的大局观。
- 通过白盒测试，培养做事严谨，勇于实践的创新精神。

单元介绍

“学分管理系统”的开发已经经历了需求阶段、设计阶段、编码阶段，现在总算能够看到一些明显的成果了。但是这样的成果是经不起推敲的，并且可能隐藏了许多错误，还不能够交给客户去使用，必须经过较为严格的软件测试。软件测试就是在软件投入运行前，对软件进行的需求分析、设计规格说明和编码的最终审核，是保证软件质量的关键步骤。

软件测试

PPT

在本单元中，以“学分管理系统”中的“用户登录模块”和“学生学分查询模块”为测试主线安排任务，共分 3 个任务，具体如下。

任务一 黑盒测试。通过测试需求分析来确定测试对象及测试工作的范围和作用。软件测试需求是开发测试用例的依据，测试需求分解得越详细、精准，表明对所测软件的了解越深，对所要进行的任务内容就越清晰，对测试用例的设计质量的帮助就越大。任务一主要介绍一些常见的测试用例模板，介绍黑盒测试方法，包括等价类划分、边界值分析、因果图、错误推测法。

任务二 白盒测试。简单介绍静态测试，了解代码检查法、静态结构分析法、静态质量度量法等。白盒测试法的覆盖标准有逻辑覆盖、循环覆盖和基本路径测试。其中，逻辑覆盖包括语句覆盖、判定覆盖、条件覆盖、判定 / 条件覆盖、条件组合覆盖和路径覆盖。重点理解逻辑覆盖。

任务三 系统性能测试。介绍性能测试的基本知识，并使用性能测试工具进行测试。

【重难点】黑盒测试、白盒测试和系统性能测试。

任务一 黑盒测试

任务简介

黑盒测试（Black-box Testing）又称为功能测试或数据驱动测试，是把测试对象看做一个黑盒子。利用黑盒测试法进行动态测试时，需要测试软件产品的功能，不需要测试软件产品的内部结构和处理过程。

本任务首先介绍测试需求设计，让测试人员理解如何把用户需求转化为测试需求，并设计出测试用例；其次简单介绍各种测试的测试用例模板；最后讲解黑盒测试的几种方法。

任务分析

测试工作的开展思路是从需求出发的。无论什么样的软件产品，其设计开发的目的必然是为了满足一定的需求，这种需求或者是用户提出的，或者是某个关联系统提出的。软件产品最终是为了交付给用户使用的，因此，可以满足需求是软件产品质量的基本保证，其他如扩展性、维护性等其实也算是更为广义的需求。所以，开展软件测试工作必须从需求出发。首先要全面了解需求，包括其背景、关联性、用户特点等；其次要深入挖掘隐含的需求和关联，包括某个需求隐含了对于系统现有功能的修改等。只有在全面、深入了解需求的基础上，才能设计出全面、有效的测试用例来进行测试，从而达到基本的质量保证。

通过分析需求来确定测试需求，然后根据测试需求来设计测试用例。

思政小课堂

不同的公司，测试用例的模板不尽相同。测试的种类非常多，并且不断地有新的种类出现，因此，测试用例的模板也非常多，常用的包括性能测试、功能测试、接口测试、安全测试、安装与反安装测试等。

测试方法的分类比较多，本任务以“学分管理系统”中的“用户登录模块”为例，介绍黑盒测试的主要方法。

支撑知识

软件测试阶段一般要经历以下步骤：测试需求分析、测试过程设计、测试实现、测试实施、测试评价和测试维护。

软件测试在软件开发的各个阶段需要完成的如下工作。

（1）需求阶段

其过程为需求收集、整理→形成需求说明书→同行评审与可行性分析→需求确认。

值得注意的是，上面的过程也许要经过几轮迭代，有条件的公司、软件测试人员应尽早、及时地进入项目。

（2）设计阶段

- 系统设计：设计→输出系统设计方案→同行评审（同时，测试需要完成系统测试用例的输出，评审过程）。

- 详细设计：设计→输出详细设计方案→同行评审（同时，测试需要完成集成测试用例的输出，评审过程）。
- 如果需要，还要进行数据库的设计，同样要进行评审。

（3）编码阶段

其过程为编码→同行评审→单元测试。

（4）测试阶段

其过程为集成测试→系统测试→验收测试。

对于测试阶段之前的每一个阶段，其中的每个步骤基本上都需要经过同行评审，以减少错误率，增加容错力度，把错误消灭在早期，以节省费用。

一、测试需求设计

测试需求是整个测试过程的基础，用于确定测试对象及测试工作的范围和作用。测试需求可用来确定整个测试工作（如安排时间表、测试设计等），并作为测试覆盖的基础。被确定的测试需求项必须是可核实的，它们必须有一个可观察、可评测的结果。无法核实的需求不是测试需求。

1. 理解测试需求

确切地讲，所谓的测试需求就是在项目中要测试什么。在测试活动中，首先需要明确测试需求（What），才能决定怎么测（How）、测试时间（When）、需要多少人（Who）、测试的环境是什么（Where），测试中需要的技能、工具和相应的背景知识，以及测试中可能遇到的风险等。以上所有的内容结合起来就构成了测试计划的基本要素。而测试需求是测试计划的基础与重点。

就像软件的需求一样，测试需求根据不同的公司环境、不同的专业水平、不同的要求，详细程度也是不同的。但是对于一个全新的项目或者产品，测试需求应详细明确，以避免测试遗漏与误解。

2. 理解测试需求分析

如果要成功地做一个测试项目，首先必须了解测试规模、复杂程度与可能存在的风险，这些都需要通过详细的测试需求来了解。如果测试需求不明确，则会造成获取的信息不正确，无法对所测软件有一个清晰、全面的认识，测试计划就毫无根据。人不能只活在自己世界里，只凭感觉，不进行详细了解就下定论，这样的项目是失败的。

测试需求越详细、精准，表明对所测软件的了解越深，对所要进行的任务内容就越清晰，就更有把握保证测试的质量与进度。

如果把测试活动比做软件生命周期，则测试需求就相当于软件的需求规格，测试策略就相当于软件的架构设计，测试用例就相当于软件的详细设计，测试执行就相当于软件的编码过程，只是在测试过程中，把“软件”两个字全部替换成了“测试”。只有这样，才能明白整个测试活动的依据来源于测试需求。

二、测试用例模板

测试用例的设计和执行是测试工作的核心，也是工作量最大的任务之一。设计良好的测试用例模板能提高测试用例的设计质量，便于跟踪测试用例的执行结果，能自动生成测试用例覆盖率报告。这几年，测试技术和理论有了长足的发展，就功能测试用例设计要素而言，样式上均大同小异，一般都包含主题、前置条件、执行步骤和期望结果等。

测试用例可以用数据库、Word、Excel 等进行管理，现在也有成熟的商业软件工具和开源工具。对于一般的中小软件企业，使用文档来管理测试用例是较为方便的、经济的途径。Word 文档可以满足设计需要，但不利于跟踪和自动统计执行结果报告。

测试种类非常多，下面列举几种可以选取的用例设计模板。

1. 功能测试用例

功能测试用例模板如表 5-1 所示。

表 5-1 功能测试用例模板

用例编号					
原形描述					
用例目的					
前提条件					
子用例编号	输入	操作步骤	期望结果	实测结果	状态

注：状态为“通过”“失败”“阻塞”。

2. 性能测试用例

性能测试用例模板如表 5-2 所示。

其他测试用例模板还有很多，请参阅附件 B 测试用例模板。

表 5-2　性能测试用例模板

用例编号				
性能描述				
用例目的				
前提条件				
子用例编号	输入数据	期望的性能（平均值）	实际性能（平均值）	状态

三、黑盒测试方法

黑盒测试也称功能测试或数据驱动测试，它是在已知产品所应具有的功能下，通过测试来检测每个功能是否都能正常使用。在测试时，把程序看做一个不能打开的黑盆子，在完全不考虑程序内部结构和内部特性的情况下，测试者在程序接口进行测试，它只检查程序功能是否按照需求规格说明书的规定正常使用，程序是否能适当地接收输入数据并产生正确的输出信息，以及是否能保持外部信息（如数据库或文件）的完整性。黑盒测试法着眼于程序的外部结构，不考虑内部逻辑结构，针对软件界面和软件功能进行测试。黑盒测试法是穷举输入测试法，只有把所有可能的输入都作为测试情况使用，才能以这种方法查出程序中所有的错误。实际上，测试情况有无穷多个，人们不仅要测试所有合法的输入，而且还要对那些不合法但是可能的输入进行测试。

黑盒测试的测试用例设计方法有如下几种。

- 等价类划分方法。
- 边界值分析方法。
- 错误推测方法。
- 因果图方法。
- 判定表驱动分析方法。
- 正交实验设计方法。
- 功能图分析方法。

现在简单介绍前 4 种。

1. 等价类划分法

等价类划分法是一种典型的黑盒测试方法。使用这一方法时，完全不用考虑程序的内部结构，只依据程序的规格说明来设计测试用例即可。由于不可能用所有可以输入的数据来测试程序，因此只能从全部可供输入的数据中选择一个子集进行测试。如何选择适当的子集，使其尽可能多地发现错误呢？解决的办法之一就是等价类划分。该方法主要有以下步骤。

（1）首先把数目极多的输入数据（有效的和无效的）划分为若干等价类

所谓等价类，是指某个输入域的子集合。在该子集合中，各个输入数据对于揭露程序中的错误都是等效的，并合理地假定：测试某等价类的代表值就等价于对这一类其他值的测试。因此，可以把全部输入数据合理划分为若干等价类，在每一个等价类中取一个数据作为测试的输入条件，就可用少量代表性测试数据取得较好的测试效果。

微课 5-1 等价类划分法

等价类的划分有以下两种不同的情况。

- 有效等价类：对于程序规格说明来说，有效等价类是合理的，是有意义的输入数据构成的集合。利用它，可以检验程序是否实现了规格说明预先规定的功能和性能。
- 无效等价类：对于程序规格说明来说，无效等价类是不合理的，是无意义的输入数据构成的集合。利用它，可以检查程序的功能和性能的实现是否有不符合规格说明要求的地方。

在设计测试用例时，要同时考虑有效等价类和无效等价类的设计。软件不能只接收合理的数据，还要能经受意外的考验，接收无效的或不合理的数据，这样获得的软件才能具有较高的可靠性。划分等价类的原则如下。

- 按区间划分：如果可能的输入数据属于一个取值范围或值的个数限制范围，则可以确立一个有效等价类和两个无效等价类。
- 按数值划分：如果规定了输入数据的一组值，并且程序要对每个输入值分别进行处理，则可为每一个输入值确立一个有效等价类。此外，针对这组值确立一个无效等价类，它是所有不允许的输入值的集合。
- 按数值集合划分：如果可能的输入数据属于一个值的集合，或者须满足“必须如何”的条件，则可确立一个有效等价类和一个无效等价类。
- 按限制条件或规则划分：如果规定了输入数据必须遵守的规则或限制条件，则可以确立一个有效等价类（符合规则）和若干个无效等价类（从不同角度违反规则）。

（2）确立测试用例

在确立了等价类之后，应建立等价类表，从中列出所有划分出的等价类，再从划分出的等价类中按以下原则选择测试用例。

- 设计尽可能少的测试用例，覆盖所有的有效等价类。

- 针对每一个无效等价类，设计一个测试用例来覆盖它。

2. 边界值分析法

人们通过长期的测试工作经验可知，大量的错误是发生在输入或输出范围的边界上的，而不是在输入范围的内部。因此，针对各种边界情况设计测试用例，可以查出更多的错误。

微课 5-2 边界值分析法

比如，在进行三角形计算时，要输入三角形的 3 个边长：A、B 和 C。应注意到，这 3 个数值应当满足 A > 0、B > 0、C > 0、A + B > C、A + C > B、B + C > A，只有这样才能构成三角形。如果把 6 个不等式中的任何一个大于号“>”错写成大于等于号“≥”，就不能构成三角形。问题恰出现在容易被疏忽的边界附近。这里所说的边界是指，相对于输入等价类和输出等价类而言，稍高于其边界值及稍低于其边界值的一些特定情况。

使用边界值分析法设计测试用例时，首先应确定边界情况。通常，输入等价类与输出等价类的边界就是应着重测试的边界情况。应当选取正好等于、刚刚大于、刚刚小于边界的值作为测试数据，而不是选取等价类中的典型值或任意值作为测试数据。

边界值分析法是最有效的黑盒测试法，但当边界情况很复杂时，要找出适当的测试用例还需针对问题的输入域边界、输出域边界，耐心、细致地逐个考虑。

3. 错误推测法

人们也可以靠经验和直觉推测程序中可能存在的各种错误，从而有针对性地编写检查这些错误的例子，这就是错误推测法。

错误推测法的基本想法是，列举出程序中所有可能的错误和容易发生错误的特殊情况，根据它们选择测试用例。例如，在介绍单元测试时曾列出很多模块中常见的错误，这些是单元测试经验的总结。此外，对于在程序中容易出错的情况，也有一些经验。例如，输入数据为 0 或输出数据为 0 是容易发生错误的情形，因此，可选择输入数据为 0 或使输出数据为 0 的例子作为测试用例。又例如，输入表格为空或输入表格只有一行也是容易发生错误的情况。人们可选择表示这种情况的例子作为测试用例。再例如，可以针对一个排序程序，输入空的值（没有数据）、输入一个数据、让所有的输入数据都相等、让所有的输入数据有序排列、让所有的输入数据逆序排列等，从而进行错误推测。

4. 因果图法

微课 5-3 因果图法

前面介绍的等价类划分法和边界值分析法，都着重考虑输入条件，未考虑输入条件之间的联系。如果在测试时必须考虑输入条件的各种组合，则可能的组合数将是天文数字。因此，必须使用其他的测试方法，在设计测试用例的时候，对于多种条件的组合，相应产生多个输出动作，这就需要利用因果图。

因果图法最终生成的是判定表。它适合于检查程序输入条件的各种组合情况。利用因果图生成测试用例的基本步骤如下。

① 在分析软件规格说明描述中，哪些是原因（即输入条件或输入条件的等价类），哪些是结果（即输出条件），并为每个原因和结果赋予一个标识符。

② 分析软件规格说明描述中的语义，找出原因与结果之间、原因与原因之间对应的是什么关系。根据这些关系，绘制出因果图。

③ 由于语法或环境限制，有些原因与原因之间、原因与结果之间的组合情况不可能出现。为表明这些特殊情况，在因果图上用一些记号标明约束或限制条件。

④ 把因果图转换成判定表。

⑤ 把判定表的每一列作为依据，设计测试用例。

因果图法是一种非常有效的黑盒测试法，它能够生成没有重复性的且发现错误能力强的测试用例，而且对输入、输出同时进行了分析。

【课堂讨论】使用边界值分析法应注意什么？

任务实施

在任务实施之前，先介绍几个基本概念。

① 用户需求（User Requirements，UR）：描述了用户使用产品必须要完成的任务，在软件开发活动中属于最基本的需求。

② 系统需求（System Requirements，SR）：描述了软件设计人员、编程人员必须要完成的任务。系统分析员通过分析用户需求，把用户的需求转变成开发设计人员看得懂的系统需求。

③ 测试需求（Test Requirements，TR）：描述了软件测试人员必须要完成的任务。软件测试人员通过分析系统需求产生测试需求，作为测试活动的指导。

现在根据“学分管理系统”中的“用户登录模块”，着重讲解如何通过“用户需求”转变为“系统需求”和“测试需求”，然后根据“测试需求”设计出测试用例的过程，具体步骤如下。

一、理解用户需求

用户需求由最终用户提出，通常比较笼统，例如，用户可能会这样描述其需求：

UR1“不同的用户登录可以做不同的事情”。

二、转化为系统需求

系统分析人员的工作就是分析用户需求，把用户的需求转换成开发设计人员能够理解的系统需求。系统需求从技术层面上对用户需求进行分析，并把用户的需求分解成若干个功能点，例如：

SR1 学工管理人员登录

进入学工管理平台，可以制订项目计划、提交项目计划、维护基础数据、配置项目、统计查询、进行用户管理。

SR2 院系辅导员登录

不同的系部可以用不同的账号进入，可以进行项目实施、查询统计、用户管理。

SR3 学生登录

查询成绩。

……

三、转化为测试需求

当测试小组参与后，资深软件测试人员要根据系统需求编写相应的测试需求。一定要保证测试需求对系统需求进行 100% 覆盖，即系统需求的所有功能点在测试需求中必须有所反映。例如：

TR1-1 登录成功
TR1-2 登录失败

TR2-1 登录成功
TR2-2 登录失败

TR3-1 登录成功
TR3-2 登录失败

……

上述的 TR1-1、TR1-2 对应于系统需求的 SR1（功能点）；上述的 TR2-1、TR2-2 对应于系统需求的 SR2（功能点）；上述的 TR3-1、TR3-2 对应于系统需求的 SR3（功能点）。

四、设计测试用例

软件测试人员要编写测试用例，依据是测试需求。测试用例要保证对测试需求的 100% 覆盖，即测试需求的所有检查点在测试用例中必须有所体现。例如：

TCF1-1-1

输入用户名 J00001，对应的密码是 55667788，选择用户身份为“教师登录”，单击“登录系统”按钮。

预期结果：用户正确登录学工处管理界面。

TCF1-1-2

输入用户名 J00001，对应的密码是 55667788，选择用户身份为“学生登录”，单击“登录系统”按钮。

预期结果：提示“用户名不存在”的信息，返回登录界面。

TCF1-1-3

输入用户名 J00001，对应的密码是 12345678，选择用户身份为“教师登录”，单击“登录系统”按钮。

预期结果：提示“密码错误”的信息，返回登录界面。

TCF3-1-1

输入用户名 0908233101，对应的密码是 88888888，选择用户身份为“学生登录”，单击“登录系统”按钮。

预期结果：进入学生查询界面。

TCF3-1-2

输入用户名 0908233101，对应的密码是 12345678，选择用户身份为“学生登录”，单击“登录系统”按钮。

预期结果：提示“密码错误”的信息，返回登录界面。

【试一试】根据系统需求补充一些测试需求。

五、测试用例模板及测试用例

测试用例表格可以根据公司的要求和项目自身的特点进行设计，可以使用如表 5-3 ～表 5-5 所示的通用用例表格。

表 5-3　教师登录测试用例 TCF1-1-1

用例编号	TCF1-1-1				
原形描述					
用例目的	测试软件能正确进入学工处管理界面				
前提条件	输入网址，能正确显示登录界面				
子用例编号	输入	操作步骤	期望结果	实测结果	状态
1	J00001 55667788	选择用户身份为“教师登录”，单击“登录系统”按钮	进入学工处管理界面	进入学工处管理界面	通过

注：状态为“通过”“失败”和“阻塞”。

表 5-4　教师登录测试用例 TCF1-1-2

用例编号	TCF1-1-2				
原形描述					
用例目的	测试软件能正确返回登录界面				
前提条件	输入网址，能正确显示登录界面				
子用例编号	输入	操作步骤	期望结果	实测结果	状态
1	J00001 55667788	选择用户身份为“学生登录”，单击“登录系统”按钮	返回登录界面	返回登录界面	通过

注：状态为“通过”“失败”和“阻塞”。

表 5-5　学生登录测试用例 TCF3-1-2

用例编号	TCF3-1-2				
原形描述					
用例目的	测试软件能正确返回登录界面				
前提条件	输入网址，能正确显示登录界面				
子用例编号	输入	操作步骤	期望结果	实测结果	状态
1	0908233101 12345678	选择用户身份为“学生登录”，单击“登录系统”按钮	返回登录界面	返回登录界面	通过

注：状态为“通过”“失败”和“阻塞”。

【试一试】根据补充好的测试需求增加一些测试用例。

任务小结

本任务以“学分管理系统”的“用户登录模块”为例，重点讲解了测试需求设计、测试用例模板和黑盒测试技术。本任务完成后应达到下列要求。

- 熟练掌握把用户需求转变为系统需求。
- 熟练掌握把系统需求转变为测试需求。
- 熟练掌握通过测试需求设计出测试用例。
- 掌握各种测试的测试用例模板。
- 掌握黑盒测试的几种方法。

微课 5-4 设计测试用例

拓展训练

1. 针对“学分管理系统”中的某一模块使用边界值分析法设计测试用例。
2. 针对“学分管理系统”中的某一模块绘制因果图、判定表。
3. 针对“学分管理系统”中的某一模块设计功能测试的测试用例。

【提示】分组讨论完成。

任务二　白盒测试

任务简介

白盒测试也称结构测试或逻辑驱动测试，它按照程序内部的结构测试程序，通过测试来检测产品内部动作是否按照设计规格说明书的规定正常进行，检验程序中的每条通路是否都能按预定要求正确工作。

本任务首先介绍静态测试技术，让测试人员知道其实不用运行软件也是可以进行测试的，其次重点介绍白盒测试中的逻辑覆盖测试。

任务分析

白盒测试方法是把测试对象看做一个打开的盒子，测试人员依据程序内部逻辑结构的相关信息设计或选择测试用例，对程序中的所有逻辑路径进行测试，通过在不同点检查程序的状态，确定实际的状态是否与预期的状态一致。

常用的软件测试方法有两大类：静态测试方法和动态测试方法。其中，软件的静态测试不要求在计算机上实际执行所测程序，主要使用一些人工的模拟技术对软件进行分析和测试；而软件的动态测试是通过输入一组预先按照一定的测试准则构造的实例数据来动态运行程序，从而达到发现程序错误的过程。

思政小课堂

支撑知识

白盒测试的测试方法有代码检查法、静态结构分析法、静态质量度量法、逻辑覆盖法、基本路径测试法、域测试、符号测试、Z 路径覆盖和程序变异。

白盒测试法的覆盖标准有逻辑覆盖、循环覆盖和基本路径测试。其中，逻辑覆盖包括语句覆盖、判定覆盖、条件覆盖、判定 / 条件覆盖、条件组合覆盖和路径覆盖。

6 种覆盖标准：语句覆盖、判定覆盖、条件覆盖、判定 / 条件覆盖、条件组合覆盖和路径覆盖发现错误的能力呈由弱至强的变化。

一、静态测试

静态测试是指测试项目中非计算机执行的部分，比如文档、代码等。静态测试的方法是检查和审核。动态测试是指通常意义上的测试——使用和运行软件。

静态白盒测试方法在查找错误方面非常有效，以至于每个编程项目都应使用其中的一种或多种。这些方法在程序开始编码之后、基于计算机的动态测试开始之前使用。

需要说明的是，一般静态白盒测试主要针对“编码”进行。但事实上，静态白盒测试不仅可以应用在编码阶段，也可以在项目开发过程的更早阶段开始设计和应用类似的方法（例如每个设计阶段的末尾），还可以针对项目文档而非代码进行静态白盒测试。

几种主要的静态白盒测试方法包括代码检查（Code Inspection）、代码走查（Code Walkthrough）和桌面检查（Desk Checking）。

（1）代码检查

所谓代码检查，是以组为单位阅读代码，它是一系列规程和错误检查方法

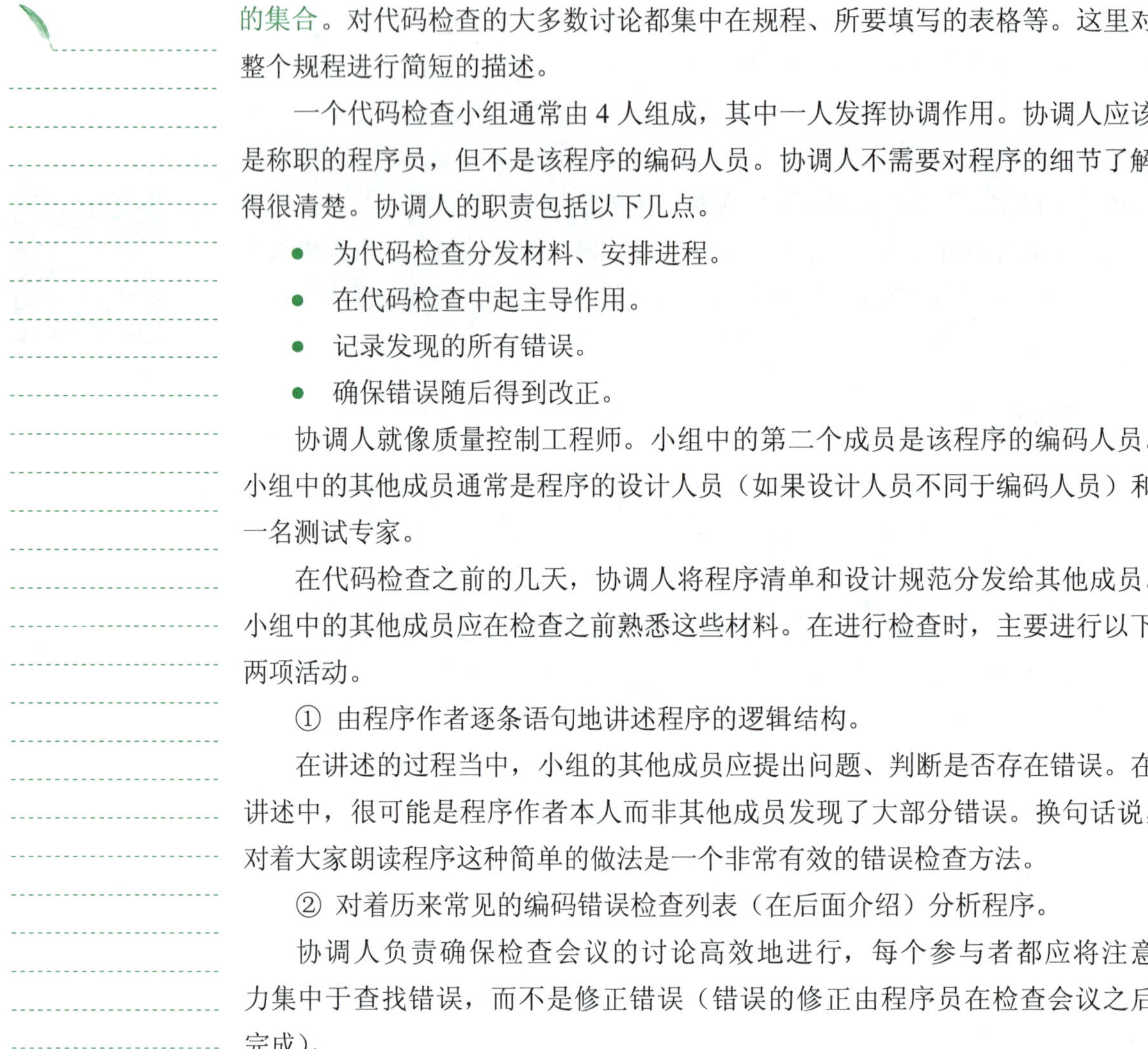

的集合。对代码检查的大多数讨论都集中在规程、所要填写的表格等。这里对整个规程进行简短的描述。

一个代码检查小组通常由 4 人组成，其中一人发挥协调作用。协调人应该是称职的程序员，但不是该程序的编码人员。协调人不需要对程序的细节了解得很清楚。协调人的职责包括以下几点。

- 为代码检查分发材料、安排进程。
- 在代码检查中起主导作用。
- 记录发现的所有错误。
- 确保错误随后得到改正。

协调人就像质量控制工程师。小组中的第二个成员是该程序的编码人员。小组中的其他成员通常是程序的设计人员（如果设计人员不同于编码人员）和一名测试专家。

在代码检查之前的几天，协调人将程序清单和设计规范分发给其他成员。小组中的其他成员应在检查之前熟悉这些材料。在进行检查时，主要进行以下两项活动。

① 由程序作者逐条语句地讲述程序的逻辑结构。

在讲述的过程当中，小组的其他成员应提出问题、判断是否存在错误。在讲述中，很可能是程序作者本人而非其他成员发现了大部分错误。换句话说，对着大家朗读程序这种简单的做法是一个非常有效的错误检查方法。

② 对着历来常见的编码错误检查列表（在后面介绍）分析程序。

协调人负责确保检查会议的讨论高效地进行，每个参与者都应将注意力集中于查找错误，而不是修正错误（错误的修正由程序员在检查会议之后完成）。

会议结束之后，程序员会得到一份已发现错误的清单。如果发现的错误太多或者某个错误涉及要对程序进行根本的改动，协调人可能会在错误修正后安排对程序进行再次检查。这份错误清单也要进行分析、归纳，用以提取错误检查列表，以便提高以后代码检查的效率。

除了发现错误这个主要作用之外，代码检查还有几个有益的附带作用。其一，程序员通常会得到编程风格、算法选择及编程技术等方面的反馈信息，其他参与者也可以通过接触其他程序员的错误和编程风格而受益匪浅。其二，代码检查还是早期发现程序中最易出错部分的方法之一，有助于在基于计算机的动态测试过程中将更多的注意力集中在这些地方（有一条测试原则是这样的：程序某部分存在更多错误的可能性与该部分已发现错误的数量成正比）。

(2) 代码走查

代码走查与代码检查很相似，都是以小组为单位进行代码阅读，是一系列规程和错误检查方法的集合。代码走查的过程与代码检查大体相同，但是规程稍微有所不同，采用的错误检查方法也不一样。

就像代码检查一样，代码走查也是采用持续 1 ~ 2 小时的不间断会议的形式。代码走查小组由 3 ~ 5 人组成，其中一人扮演协调人的角色，一个人担任秘书（负责记录所有查出的错误）的角色，还有一个人担任测试人员。关于这 3 ~ 5 人的组成结构，有各种各样的建议，当然，程序作者应该是其中之一。建议包括其他参与者。

- 一位极富经验的程序员。
- 一位程序设计语言专家。
- 一位程序员新手（可以给出新颖、不带偏见的观点）。
- 最终将维护程序的人员。
- 一位来自其他不同项目组的人员。
- 一位来自该软件编程小组的程序员。

开始的过程与代码检查相同。参与者在走查会议的前几天得到材料，之后专心钻研程序。然而走查会议的规程不同。不同于仅阅读程序或使用错误检查列表的代码检查，代码走查的参与者使用计算机来执行代码。被指定为测试人员的那个人会带着一些书面的测试用例（程序或模块具有代表性的输入集及预期的输出集）来参加会议。在会议期间，每个测试用例都在人们脑中进行推演。也就是说，把测试数据沿程序的逻辑结构走一遍，然后将程序的状态记录在纸或白板上以供监视。

当然，这些测试用例必须结构简单、数量较少，因为人脑执行程序的速度比计算机执行程序的速度慢若干数量级。因此，这些测试用例本身并不起到关键作用。它们的作用是提供了启动代码走查和质疑程序员逻辑思路及其他设想的手段。在大多数的代码走查中，很多问题是在向程序员提问的过程中发现的，而不是由测试用例本身直接发现的。

与代码检查相同，代码走查参与者所持的态度非常关键，提出的建议应针对程序本身，而不应针对程序员。换句话说，软件中存在的错误不应被视为程序作者自身的弱点，这些错误应被看做软件开发的艰难性所固有的。

与代码检查一样，代码走查应该有一个针对错误修正的后续跟踪过程。代码检查的有益附带作用也同样对代码走查有效。

(3) 桌面检查

桌面检查方法是一种古老的人工查找错误的方法。桌面检查可视为由单人进行的代码检查或代码走查，即由一个人阅读程序，对照错误检查列表检查程序，对程序推演测试用例数据。

对于大多数人而言，桌面检查的效率是比较低的。其中的一个原因是，它是一个完全没有约束的过程。由于人们一般不能有效地测试自己编写的程序（软件测试的重要原则之一），因此，桌面检查最好由其他人而非该程序作者来完成（例如，两个程序员可以相互交换各自的程序来进行检查）。即使这样，桌面检查的效果仍然逊色于代码检查和代码走查。代码检查和代码走查存在互相促进的效应，小组会议培养了良性竞争的气氛，人们喜欢通过发现问题来展示自己的能力。而在桌面检查中，由于没有其他人，也就缺乏这个显而易见的良好效应。简而言之，桌面检查胜过没有检查，但其效果逊色于代码检查和代码走查。

总之，若要在项目编码过程中应用静态白盒测试，必须注意以下几点。

- 必须使开发人员对检查过程采取积极和建设性的态度。这一点至关重要。如果开发人员对检查活动产生情绪，那么检查就会毫无效果。
- 把静态白盒测试的活动合理地融合到进度计划中。
- 明确检查活动的工作流程，制定标准的工作文档，并且保留文档记录。

二、逻辑覆盖测试

逻辑覆盖是以程序内部的逻辑结构为基础的设计测试用例的技术，属白盒测试。这一方法要求测试人员对程序的逻辑结构有清楚的了解，甚至要能掌握源程序的所有细节。由于覆盖测试的目标不同，逻辑覆盖又可分为语句覆盖、判定覆盖、条件覆盖、判定 / 条件覆盖、条件组合覆盖及路径覆盖。

- 语句覆盖：程序中的每个语句至少都能被执行一次。
- 判定覆盖：程序中的每一个分支至少都通过一次（每个判定都取过真 / 假值），也叫分支覆盖。
- 条件覆盖：使得判定中的每个条件获得各种可能的结果（真 / 假值）；
- 判定 / 条件覆盖：分支中的每个条件取到各种可能的值（真 / 假值），每个分支（判定）取到各种可能的结果（真 / 假值）。
- 条件组合覆盖：使得每个判定中条件取值的各种可能组合至少出现一次。
- 路径覆盖：覆盖程序中所有可能的路径。

任务实施

为了下文的举例描述方便，这里首先给出如图 5-1 所示的白盒测试流程图，图中的 A ～ E 代表程序执行路径。

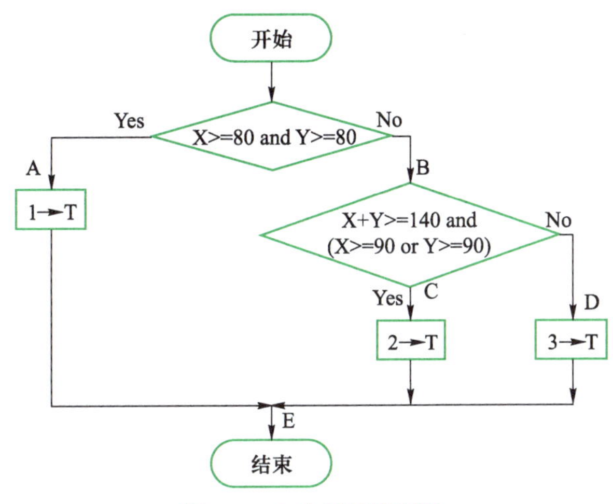

图 5-1　白盒测试流程图

微课 5-5　语句覆盖

一、语句覆盖

1. 主要特点

语句覆盖是最起码的结构覆盖要求，语句覆盖要求设计足够多的测试用例，使得程序中每条语句至少被执行一次。

2. 用例设计

如果此时将 A 路径上的语句 1 → T 去掉，那么用例如表 5-6 所示。

表 5-6　语句覆盖测试用例

编　号	X	Y	路　径
1	50	50	OBDE
2	90	70	OBCE

3. 优点

可以很直观地从源代码得到测试用例，无须细分每条判定表达式。

4. 缺点

这种测试方法仅仅针对程序逻辑中显式存在的语句，对于隐藏的条件和可能到达的隐式逻辑分支是无法测试的。在本例中去掉了语句 1 → T 后，那么就少了一条测试路径。在 if 结构中，若源代码没有给出 else 后面的执行分支，那么语句覆盖测试就不会考虑这种情况，但是不能排除这种以外的分支不会被执行，往往这种错误会经常出现。再如，在 Do-While 结构中，语句覆盖执行其中的某一个条件分支，那么显然，语句覆盖对于多分支的逻辑运算是无法全面反映的，它只运行一次，而不考虑其他情况。

二、判定覆盖

1. 主要特点

判定覆盖又称为分支覆盖，它要求设计足够多的测试用例，使得程序中的每个判定至少有一次为真值，有一次为假值，即程序中的每个分支至少执行一次。每个判断的取真、取假至少执行一次。

2. 用例设计

判定覆盖测试用例如表 5-7 所示。

表 5-7 判定覆盖测试用例

编　号	X	Y	路　径
1	90	90	OAE
2	50	50	OBDE
3	90	70	OBCE

3. 优点

判定覆盖比语句覆盖要多几乎一倍的测试路径，当然也就具有比语句覆盖更强的测试能力。同样，判定覆盖也具有和语句覆盖一样的简单性，无须细分每个判定就可以得到测试用例。

4. 缺点

大部分判定语句是由多个逻辑条件组合而成（如，判定语句中包含 AND、OR、CASE）的，若仅仅判断整个最终结果，而忽略每个条件的取值情况，则必然会遗漏部分测试路径。

三、条件覆盖

1. 主要特点

条件覆盖要求设计足够多的测试用例，使得判定中的每个条件获得各种可能的结果，即每个条件至少有一次为真值，有一次为假值。

2. 用例设计

条件覆盖测试用例如表 5-8 所示。

表 5-8　条件覆盖测试用例

编　号	X	Y	路　径
1	90	70	OBC
2	40		OBD

3. 优点

条件覆盖与判定覆盖相比，增加了对符合判定情况的测试，增加了测试路径。

4. 缺点

要达到条件覆盖，需要足够多的测试用例，但条件覆盖并不能保证判定覆盖。条件覆盖只能保证每个条件至少有一次为真，而不考虑所有的判定结果。

微课 5-6　判定覆盖

四、判定 / 条件覆盖

1. 主要特点

判定 / 条件覆盖要求设计足够多的测试用例，使得判定中每个条件的所有可能结果至少出现一次，每个判定本身所有可能的结果也至少出现一次。

2. 用例设计

判定 / 条件覆盖测试用例如表 5-9 所示。

表 5-9　判定 / 条件覆盖测试用例

编　号	X	Y	路　径
1	90	90	OAE
2	50	50	OBDE
3	90	70	OBCE
4	70	90	OBCE

3. 优点

判定 / 条件覆盖满足判定覆盖准则和条件覆盖准则，弥补了二者的不足。

4. 缺点

判定 / 条件覆盖准则的缺点是未考虑条件的组合情况。

五、条件组合覆盖

1. 主要特点

条件组合覆盖要求设计足够多的测试用例，使得每个判定中条件结果的所有可能组合至少出现一次。

2. 用例设计

条件组合覆盖测试用例如表 5-10 所示。

表 5-10 条件组合覆盖测试用例

编号	X	Y	路径
1	90	90	OAE
2	90	70	OBCE
3	90	30	OBDE
4	70	90	OBCE
5	30	90	OBDE
6	70	70	OBDE
7	50	50	OBDE

3. 优点

条件组合覆盖准则满足判定覆盖、条件覆盖和判定 / 条件覆盖准则。更改的判定 / 条件覆盖要求设计足够多的测试用例，使得判定中每个条件的所有可能结果至少出现一次，每个判定本身的所有可能结果也至少出现一次，并且每个条件都显示能单独影响判定结果。

4. 缺点

线性地增加了测试用例的数量。

六、路径覆盖

1. 主要特点

路径覆盖要求设计足够的测试用例，覆盖程序中所有可能的路径。

2. 用例设计

路径覆盖测试用例如表 5-11 所示。

表 5-11　路径覆盖测试用例

编　号	X	Y	路　径
1	90	90	OAE
2	50	50	OBDE
3	90	70	OBCE
4	70	90	OBCE

3. 优点

这种测试方法可以对程序进行彻底的测试，比前面 5 种的覆盖面都广。

4. 缺点

由于路径覆盖需要对所有可能的路径进行测试（包括循环、条件组合、分支选择等），那么需要设计大量、复杂的测试用例，使得工作量呈指数级增长。

【课堂讨论】详细讨论各种覆盖方法的优缺点。

任务小结

现在，对于大部分的软件应用系统，代码的逻辑控制结构在实际的编写过程中都趋于简单化。“学分管理系统”的代码并不复杂，本任务如果使用其中的代码来进行白盒测试的逻辑覆盖测试，并不能将逻辑覆盖的精髓讲透，因此使用其他经典例子来进行讲解效果会好一些。本任务完成后应达到下列要求。

- 理解语句覆盖。
- 理解判定覆盖。
- 理解条件覆盖。
- 理解判定 / 条件覆盖。
- 理解条件组合覆盖。
- 理解路径覆盖。
- 掌握静态测试的几种方法。

拓展训练

阅读下列“学分管理系统”中的程序，绘制出流程图，并分别完成语句覆盖、判定覆盖、条件覆盖、判定 / 条件覆盖、条件组合覆盖及路径覆盖的测试用例的设计。

```
protected void btnSubmit_Click(object sender, EventArgs e)
  {   StateReset();
      string organizationID = ddlDepartment.SelectedValue;
      string teacherNumber = tbTeaNum.Text;
      string teacherName = tbTeaName.Text;
      bool sex = Convert.ToBoolean(ddlSex.SelectedValue);
      string contact = tbMemo.Text;
      if (string.IsNullOrEmpty(tbTeacherID.Text))
      {
          // 新增教师
          TeacherEntity teachEntity = new TeacherEntity(organizationID,
                                      teacherNumber,teacherName,sex,contact);
          Int32 teachID = bllUser.AddNewTeacher(teachEntity);
          if (teachID>0)
          {   tbTeacherID.Text = teachID.ToString();
              gdvTeacher.DataBind();
          }
          else
          {   RequiredField(" 新增教师失败！可能教师登录号已被分配，请检查！");}
      }
      else
      { Int32 teacherID = Convert.ToInt32(tbTeacherID.Text);
        if (bllUser.getTeacherID(teacherID,tbTeaNum.Text)>0)
        {
            RequiredField(" 教师登录号已经被分配，请重新输入其他登录号 ");
        }
        else
        {
            TeacherEntity teachEntity = new TeacherEntity(teacherID,organizationID,
                                        teacherNumber,teacherName,sex,contact);
            if (bllUser.UpdateTeachInfo(teachEntity)>0)
            {
                gdvTeacher.DataBind();
            }
        }
      }
  }
```

【提示】分组讨论完成。

任务三　系统性能测试

任务简介

系统的性能是个很大的概念，覆盖面非常广泛。对一个软件系统而言，系统性能包括执行效率、资源占用、稳定性、安全性、兼容性、可扩展性和可靠性等。对软件系统进行性能测试，对软件的质量保证起着重要的作用，它包括的测试内容丰富多样。性能测试主要是通过自动化的测试工具模拟多种正常、峰值及异常负载条件来对系统的各项性能指标进行的一种测试。

任务分析

系统性能测试的目的是验证软件系统是否能够达到用户提出的性能指标，同时发现软件系统中存在的性能瓶颈，优化软件，最后起到优化系统的目的。

系统性能测试包括以下几个方面。

① 评估系统的能力：测试中得到的负荷和响应时间数据可以被用于验证所计划的模型的能力，并帮助作出决策。

② 识别体系中的弱点：受控的负荷可以被增加到一个极端的水平并突破它，从而修复体系的瓶颈或薄弱的地方。

③ 系统调优：重复运行测试，验证调整系统的活动是否得到了预期的结果，从而改进性能。

④ 检测软件中的问题：长时间的测试执行可导致程序由于内存泄露而引起的失败，从而揭示程序中隐含的问题或冲突。

⑤ 验证稳定性（Resilience）及可靠性（Reliability）：在一个生产负荷下测试一定的时间是评估系统稳定性和可靠性是否满足要求的唯一方法。

系统性能测试分为 6 个步骤，分别如下。

① 分析并细化性能测试目标。

② 录制和编辑脚本。

③ 优化和运行测试脚本。

④ 场景设计与运行。

⑤ 分析与监控负载测试。

⑥ 编写测试报告。

支撑知识

一、LoadRunner 组件

LoadRunner 包含下列组件。

① 虚拟用户生成器用于捕获最终用户业务流程和创建自动性能测试脚本（也称为虚拟用户脚本）。

② Controller 用于组织、驱动、管理和监控负载测试。

③ 负载生成器用于通过运行虚拟用户生成负载。

④ Analysis 有助于用户查看、分析和比较性能结果。

⑤ Launcher 为访问所有 LoadRunner 组件的统一界面。

二、性能测试流程

性能测试通常由以下 5 个阶段组成。

① 计划性能测试：定义性能测试要求，例如并发用户的数量、典型业务流程和所需响应时间。

② 创建 Vuser 脚本：将最终用户活动捕获到自动脚本中。

③ 定义场景：使用 LoadRunner Controller 设置负载测试环境。

④ 运行场景：通过 LoadRunner Controller 驱动、管理和监控负载测试。

⑤ 分析结果：使用 LoadRunner Analysis 创建图和报告，并评估性能。

三、录制脚本

录制脚本主要有以下几个步骤。

① 选择适当的协议，Web 服务器一般选择 HTTP 协议。

② 录制方式一般选择 HTML-based Script，但有下列情况时选择 URL-based Script：不是基于浏览器的应用程序；应用程序中包含 JavaScript 脚本且产生了请求；基于浏览器的应用程序使用了 HTTPS 协议。

③ 默认设置记录的浏览器为 IE，不要使用其他浏览器。

④ 在录制过程中不要后退页面。

⑤ 如果想测定某个操作的响应时间，则可以在脚本中插入事务，使用事务把该操作包装起来。分析执行结果时，可以查看到该事务的响应时间。

⑥ 插入集合点，可以使多个用户并发进行同一操作，提高操作的并发程

度，以对服务器增加负载，测试并发能力。

⑦ 在 Run-Time Setting 设置中设置网络带宽，以模拟不同带宽的网络；设置 Block、Action 的迭代次数。

⑧ 对脚本进行参数化，设置参数变更方式。

⑨ 关联脚本。

四、设置场景

设置场景主要包含选择脚本、设定执行用户数、选择测试负载机、设置脚本执行的方式、设置集合点、设置 Run-Time Setting。具体如下。

① 如果要模拟的用户数比较多，则应该设置多台测试负载机。一般，主流的 PC 至少能模拟 100 个用户对服务器的访问。

② 设置脚本的执行方式。设置用户的启动方式，设置用户的终止方式。

③ 设置集合点。设置开关集合点，设置用户通过集合点的方式。

④ 当浏览的 Web 页面较大时，在测试时可能出现 timeout 错误，此时可以在 Run-Time Setting-Internet Protocol-Preferences-Options 中适当调高 Http-request connect timeout 和 Http-request receive timeout 的值。

⑤ 设置 IP 欺骗。如果服务器对用户的 IP 有限制（安全原因），可启用 IP 欺骗。设置 IP 欺骗应该注意以下两点。

- 测试负载机应该使用静态 IP。
- 在选择测试负载机之前开启 IP 欺骗开关。

⑥ 设置服务器监控计数器。包含内存、CPU、线程、进程、网络和磁盘。注意，对于非本机的 Windows 服务器进行监控时，必须使用命令建立 $IPC 连接，命令为 net use \\ 服务器 IP\ipc& /user:administrator *。

五、分析结果

查看的分析结果包括事务的响应时间、服务器的平均吞吐量、执行用户人数等，具体如下。

① 查看线程图、用户变化图、响应时间图、吞吐量图。

② 查看服务器监控的计数器图。

③ 分析各个性能指标是否符合需求。比如，可用内存曲线是否正常，是否存在内存泄漏；CPU 利用率曲线是否平缓，是否低于 90%；线程数是否正常，而不是一直在增长；网络带宽是否满足流量需求；磁盘是否满足用户操作要求等。

④ 分析各个曲线图是否存在异常情况。比如，响应时间是否满足需求；

系统是否支持要求的并发；随着负载的增加，吞吐量是否同样增加，吞吐量是否存在瓶颈等。

⑤ 有时候，分析单个要素并不能反映存在的问题，需要多个要素联系起来进行分析。比如，可以把用户数的变化图和吞吐量图联系起来进行分析。LoadRunner 的分析工具支持把两个表合并起来进行分析，把用户数变化图和吞吐量变化图合并，就可以观察吞吐量是否随着用户数的变化而相应变化。如果随着用户数的增加，吞吐量持平或者下降，则说明此时系统吞吐量达到了最大值，系统达到了瓶颈。

任务实施

对于“学分管理系统”，具体的性能测试过程如下。

一、分析并细化性能测试目标

1. 需求

“对于学分管理系统，会有将近 10 000 名师生，利用 IE 浏览器使用本系统”。光从这句话来说，怎么设计性能测试都可能对，但同时，怎么做也都可能是错的。

因此应该细化性能需求，具体要考虑时间、同时在线人数等。

通过分析，确认每个系部其实只有一到两个管理员，总共有 10 个系部，他们同时上线对系统应该不会造成什么压力。能够造成系统压力的是学生，全校有将近一万名学生，他们主要做的是在期末的两个星期中查询自己的素质分数。

下面给出细化方法。

两个假定如下。

① 全部查询集中在两个星期完成，共 10 个上课日，每个上课日 8 节课，分 4 次上，每次 90 分钟。

微课 5–7 脚本录制

② 采用二八原则，每次课的查询量的 80% 集中在 20% 的时间内完成，即每次课的 80% 的查询量在 18 分钟内完成。

2. 估算测试目标

一万次查询的 80% 分布在 10 天 ×4 次课 ×90 分钟 ×20% 内完成，也就是 8 000 次查询在 720 分钟内完成，也就是应用服务器的处理请求的能力应达到 12 次 / 分钟。

二、录制和编辑脚本

运行 LoadRunner，进入脚本录制，在“地址”栏中输入“学分管理系统”

的网址，使用 IE 浏览器打开“学分管理系统”的登录界面，如图 5-2 所示。

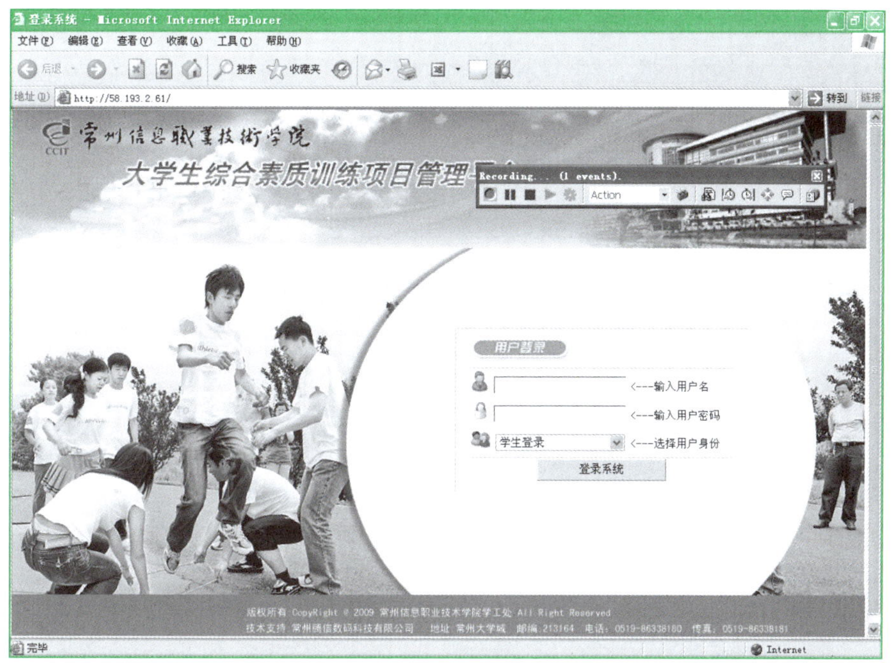

图 5-2 “学分管理系统”登录界面

在登录界面输入学生用户名、密码，如图 5-3 所示。

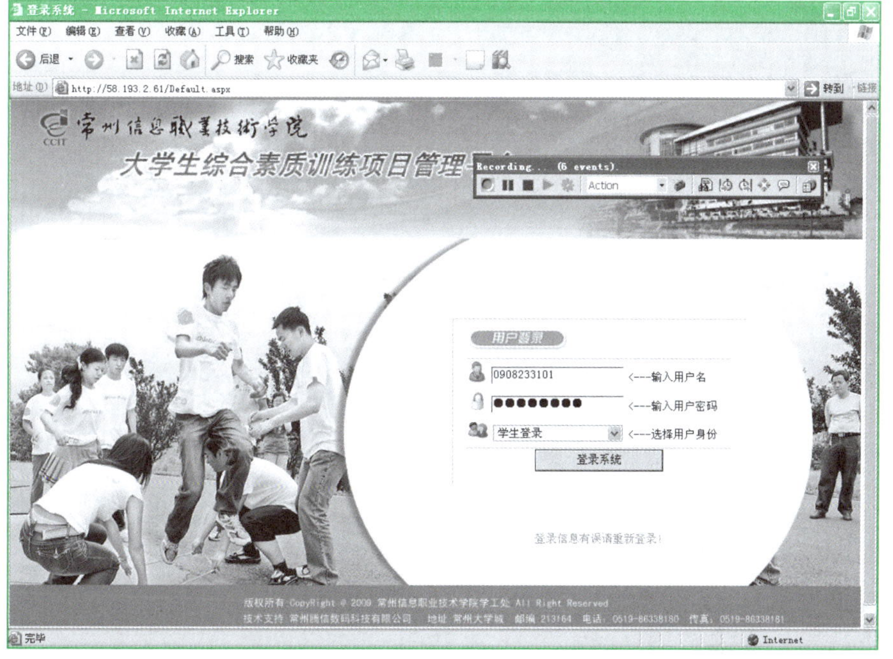

图 5-3 在“学分管理系统”登录界面上输入用户名、密码

进入“学分管理系统”的学生界面，如图 5-4 所示。

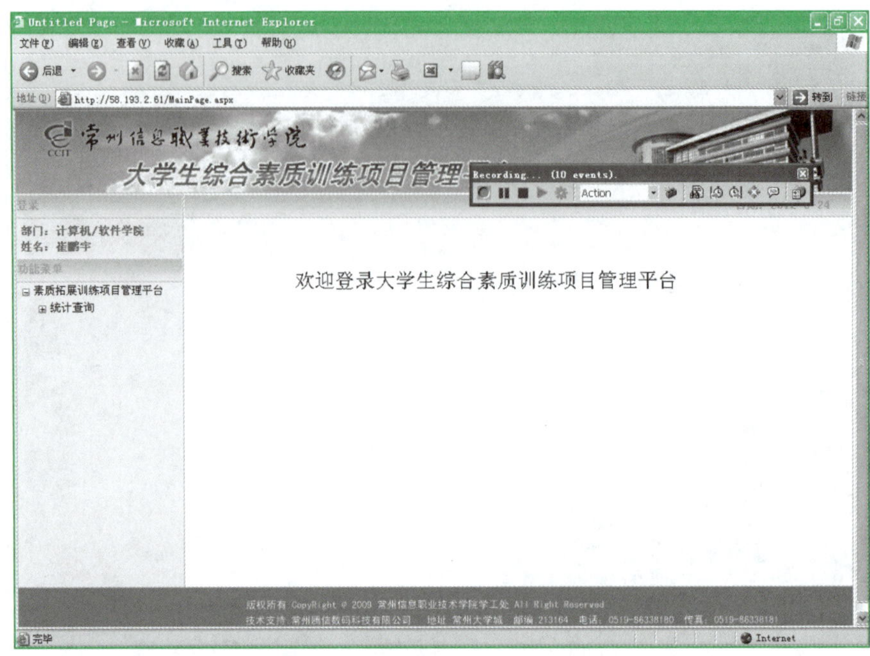

图 5-4　进入学生“学分管理系统”

首先单击“统计查询”选项，然后单击“查询成绩”选项，查询学生本人的总成绩和参与的项目，如图 5-5 所示。

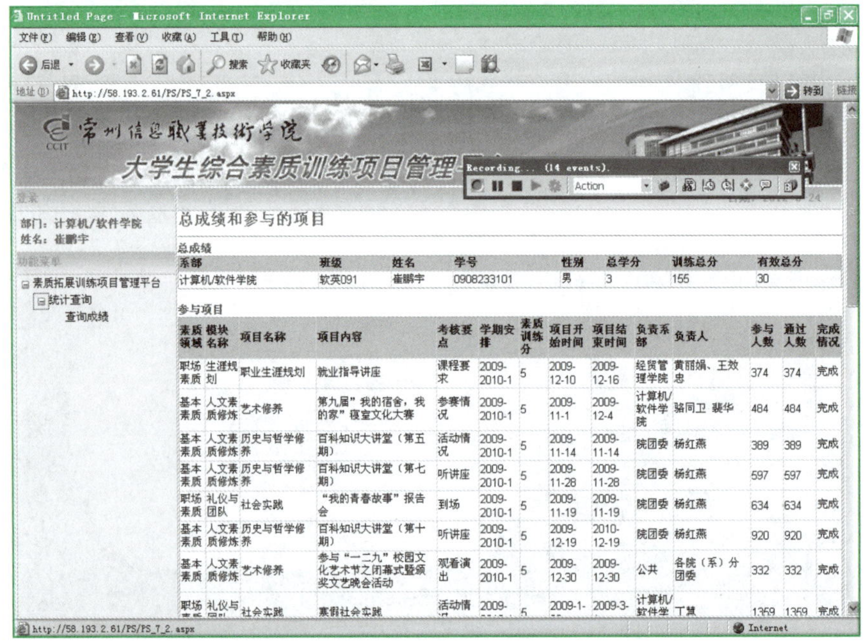

图 5-5　进入学生“学分管理系统”查询成绩

三、优化和运行测试脚本

对 Action 中的脚本进行参数化，如图 5-6 和图 5-7 所示。

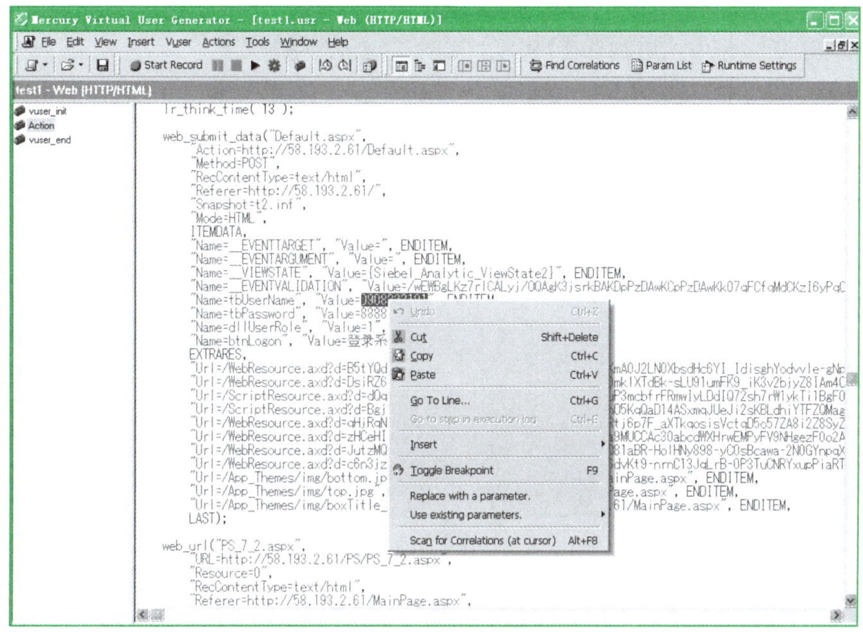

图 5-6　选中要参数化的账号

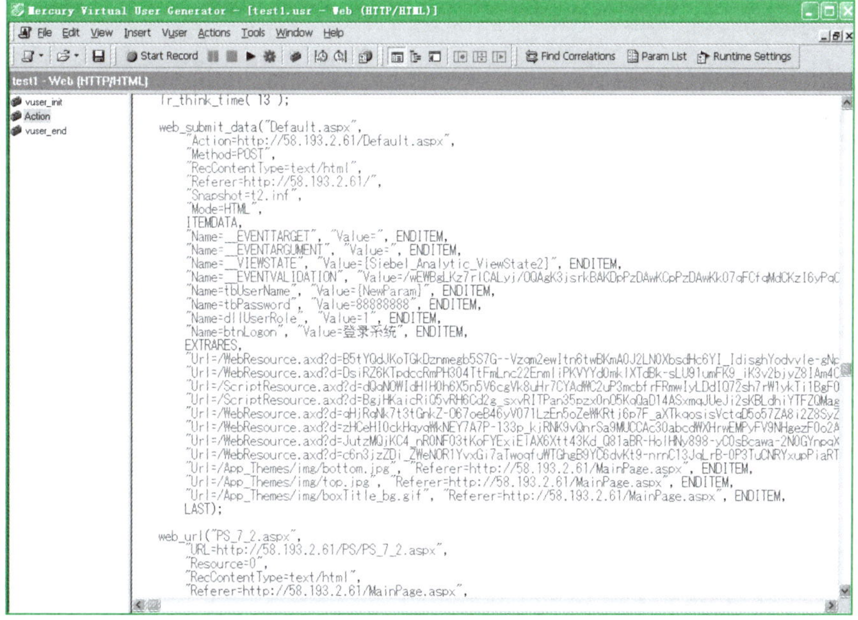

图 5-7　参数化账号

对 Action 中的脚本进行参数化，选择文件方式保存参数，参数设置如图 5-8 所示。

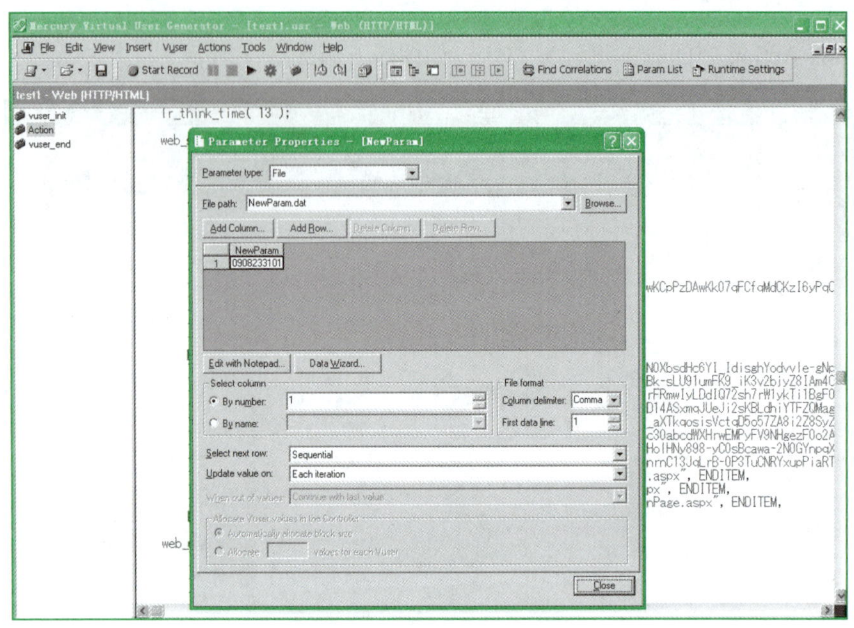

图 5-8 参数化属性设置

对 Action 中的脚本进行参数化，使用 Excel 表生成 100 个学生账号，如图 5-9 所示。

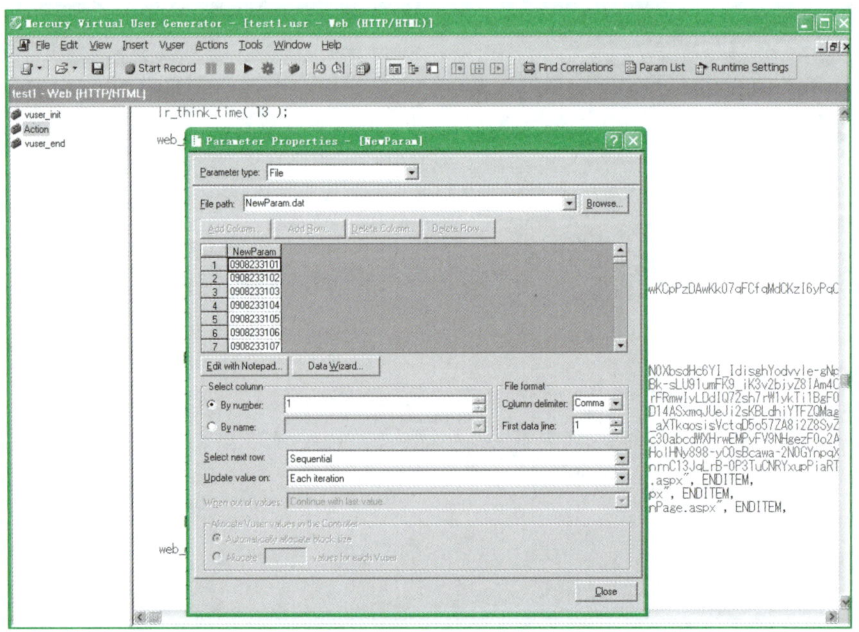

图 5-9 生成 100 个真实学生账号

四、场景设计与运行

运行 LoadRunner，如图 5-10 所示。

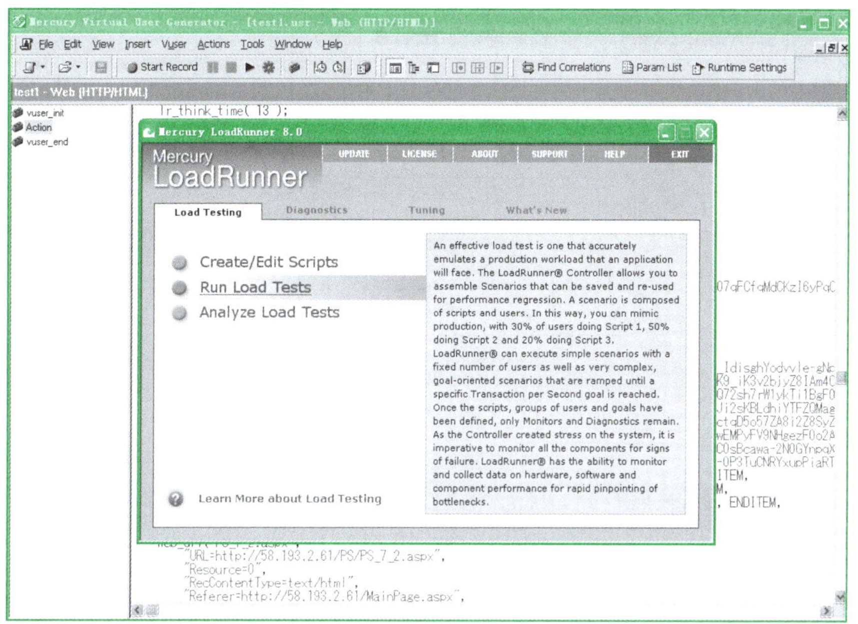

图 5-10 运行 LoadRunner

微课 5-8 设置场景

运行 Controller，进行场景布置，如图 5-11 所示。

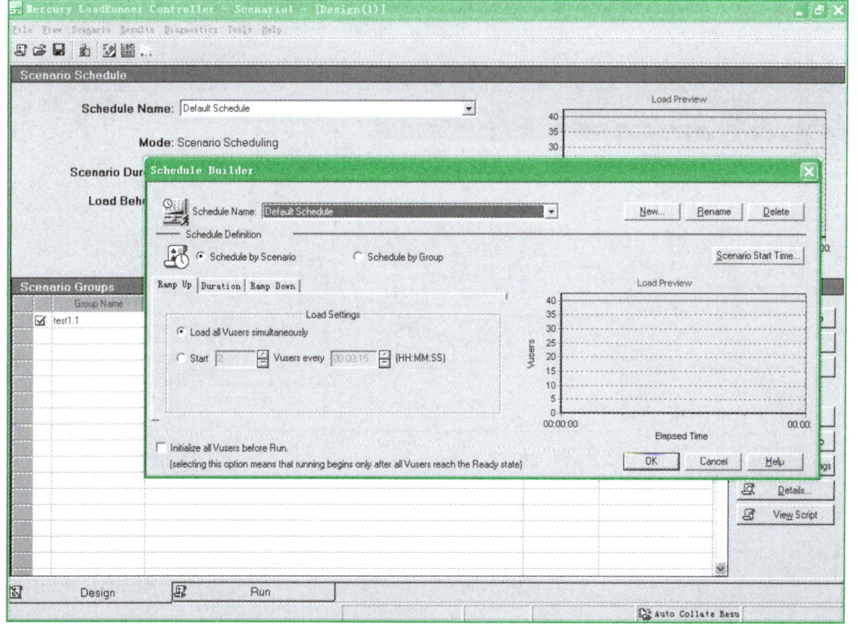

图 5-11 在 Controller 中进行场景布置

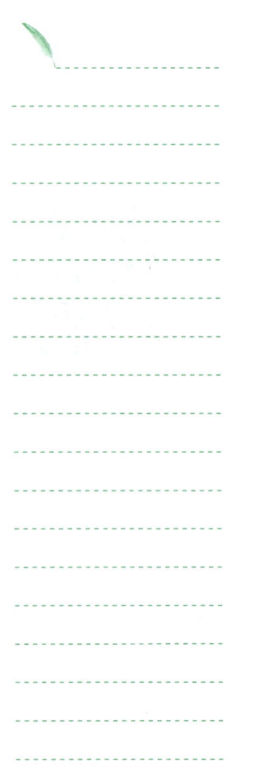

切换界面到 Run 选项卡，运行脚本，如图 5-12 所示。

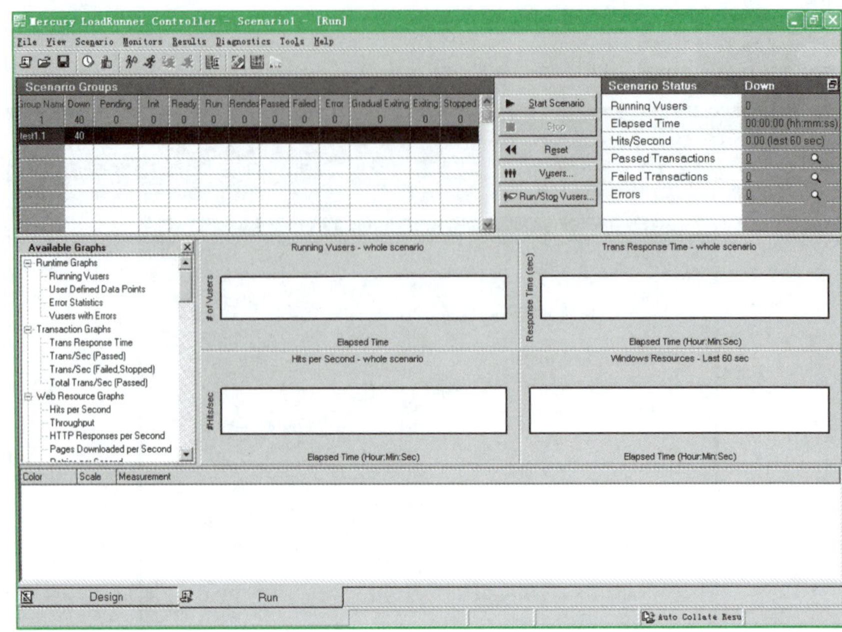

图 5-12 在 Controller 中运行脚本

五、分析与监控负载测试

开始运行，监控负载测试，运行结果如图 5-13 所示。

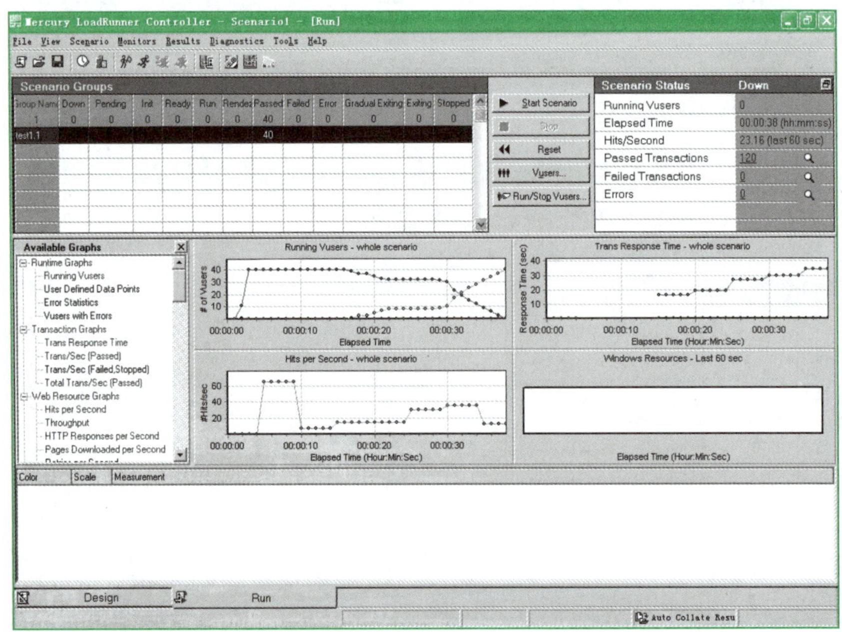

图 5-13 在 Controller 中监控负载测试

分析运行结果，如图 5-14 所示。

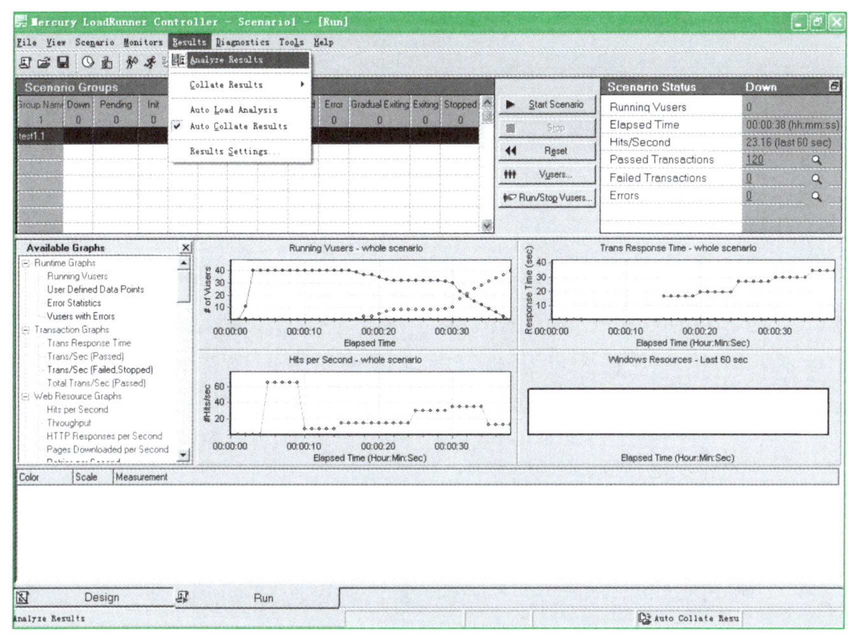

图 5-14　分析运行结果

六、编写测试报告

查看分析结果，如图 5-15 所示。

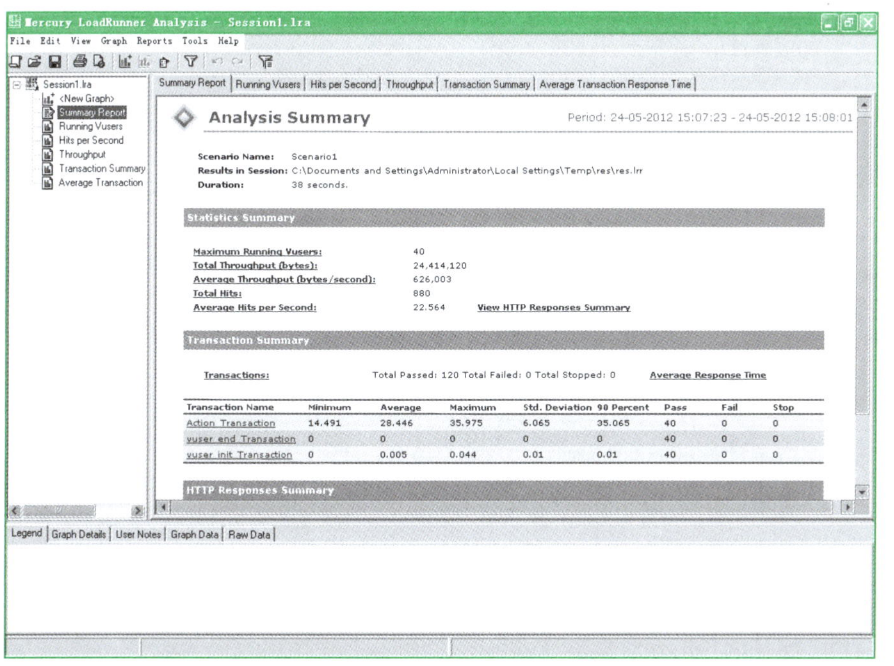

Transaction Name	Minimum	Average	Maximum	Std. Deviation	90 Percent	Pass	Fail	Stop
Action_Transaction	14.491	28.446	35.975	6.065	35.065	40	0	0
vuser_end_Transaction	0	0	0	0	0	40	0	0
vuser_init_Transaction	0	0.005	0.044	0.01	0.01	40	0	0

图 5-15　查看分析结果

选择 Reports 菜单，通过弹出的下拉菜单可以生成 Word、HTML、Crystal Report 等格式的报表。

【试一试】测试该项目的整体性能。

任务小结

本任务以“学分管理系统”的学生学分查询模块为例，重点讲解了性能测试工具 LoadRunner 的使用流程、协议选择、录制过程、参数化、场景设计与运行、监控负载测试和编写测试报告等。本任务完成后应达到下列要求。

- 会使用 LoadRunner 进行录制脚本。
- 能对脚本进行参数化。
- 理解脚本优化。
- 会进行场景设计和运行，并在运行过程中监控负载测试。
- 能读懂测试结果。
- 会编写性能测试报告。

拓展训练

1. 上网搜索软件测试计划，并理解测试计划的编写。
2. 学习计数器。
3. 掌握结果分析。

【提示】分组讨论完成。

能力训练与素质拓展

第一部分　知识回顾与思考

1. 简述软件测试的原则。
2. 简单介绍至少 5 款软件测试工具或测试管理的工具。
3. 用黑盒测试设计测试用例有哪些常用方法？
4. 什么是集成测试？它包括哪两种方式？
5. 测试的目的是什么？
6. 测试人员需要何时参加需求分析？

7. 代码走查是如何进行的？

8. 性能测试什么时候开展最为合适？

第二部分　职业能力训练

一、单项选择题（下列答案中有一项是正确的，将正确答案对应的字母填入括号内）

1. 以下（　　）属于软件性能测试的范畴。

A. 接口测试　　B. 压力测试

C. 单元测试　　D. 易用性测试

2. 在用白盒测试中的逻辑覆盖法设计测试用例时，在下列覆盖中，（　　）是最强的覆盖准则。

A. 语句覆盖　　B. 条件覆盖

C. 判定 / 条件覆盖　　D. 路径覆盖

3. 在大多数实际情况下，性能测试的实现方法是（　　）。

A. 黑盒测试　　B. 白盒测试

C. 静态分析　　D. 可靠性测试

4. 下列软件属性中，软件产品首要满足的应该是（　　）。

A. 功能需求　　B. 性能需求

C. 可扩展性和灵活性　　D. 容错纠错能力

5. 测试人员的基本素质为（　　）。

A. 计算机专业技能　　B. 测试专业技能

C. 行业知识　　D. 以上都是

二、填空题（请在括号内填空）

1. 软件测试计划评审会需要（　　）、（　　）、（　　）和（　　）人员参加。

2. 软件测试主要分为（　　）、（　　）、（　　）和（　　）4 类测试。

3. 黑盒测试用例设计方法包括（　　）、（　　）、（　　）、错误推测法等。

4. 通过画因果图来写测试用例的步骤为（　　）、（　　）、（　　）、把因果图转换为状态图和（　　）共 5 个步骤。

5. 使用软件测试工具的目的是（　　）、（　　）、（　　）。

三、简答题

1. 测试人员在软件开发过程中的任务是什么？

2. 黑盒测试和白盒测试是软件测试的两种基本方法，请分别说明各自的优点和缺点。

3. 简述缺陷产生的原因。

4．如何开发和设计测试用例？

5．测试结束的标准是什么？

第三部分 实践能力训练

分组讨论，针对拓展项目“学生公寓管理平台”的特点，根据自己对测试用例和测试规程的理解，说说设计一个测试用例应当从哪几方面考虑？

第四部分 考核评价标准

<table>
<tr><th rowspan="2">单元名称</th><th colspan="3">结果考核（70%）</th><th colspan="6">过程考核（30%）</th><th rowspan="2">总分</th></tr>
<tr><th>考核主体</th><th>职业能力训练</th><th>实践能力训练</th><th>考核主体</th><th>课堂学习</th><th>小组学习</th><th>创新能力</th><th>课堂实践</th><th>实践报告</th></tr>
<tr><td rowspan="4">单元 5
软件测试</td><td rowspan="2">教师</td><td rowspan="2"></td><td rowspan="2"></td><td>教师
（70%）</td><td></td><td></td><td></td><td></td><td></td><td rowspan="2"></td></tr>
<tr><td>学生
（30%）</td><td></td><td></td><td></td><td></td><td></td></tr>
<tr><td colspan="3">教师评价</td><td colspan="7">自我评价</td></tr>
<tr><td colspan="3"></td><td colspan="7"></td></tr>
</table>

考核评价时间：　　　　　　　　　　　　教师签字：

单元 6 软件部署与维护

学习目标

【知识目标】

- 了解软件部署的概念。
- 了解软件部署在整个项目过程中起到的作用。
- 了解 ASP.NET 网站的 3 种常见部署方式。
- 了解软件维护的概念。
- 了解几种常见的软件维护。
- 了解软件维护的特点，以及结构化维护和非结构化维护。
- 了解软件维护的流程。

【能力目标】

- 能够使用任何一种方式进行 ASP.NET 网站的部署。
- 能够理解软件维护在整个项目开发过程中的重要性。
- 在产生软件维护要求的情况下，能够按照软件维护流程进行工作。
- 能够正确填写软件维护相关的表格。

【素养目标】

- 通过分析软件维护的外延，树立强身健体和爱岗敬业的精神。
- 通过软件部署，正确认识和理解学习的价值，养成自我学习的好习惯。

单元介绍

整个软件经过需求分析、设计、编码和测试后，便得到了比较稳定的版本，进而可以提供给用户。此时，就需要通过合理的方式将软件部署到用户机器上，以供用户使用。用户在使用的过程中，可能会发现一些问题，此时便需要对软件进行维护。本单元将以“学分管理系统”为例，讲述如何部署软件项目，以及如何进行软件维护。

软件部署与维护

任务一　软件部署。对“学分管理系统”进行部署，部署学分系统需要多个步骤：安装 .NET Framework 包、数据库的安装和附加、配置 IIS 和学分系统的部署。在支撑知识中，将先介绍如何部署 ASP.NET 网站，其中将介绍 3 种部署方式：XCOPY 部署、复制项目部署和 Web 安装项目部署。

任务二　软件维护。用户在使用过程会对“学分管理系统”提出维护请求。要实现一个维护请求将需要经过一系列流程，并且需要修改相关的文件。在支撑知识中，将首先讲述软件维护的概念、特点。

【重难点】ASP.NET 网站部署的方法、维护的分类、结构化维护和非结构化维护。

任务一　软件部署

任务简介

前面完成了“学分管理系统”的设计、编码和测试，此时将形成一个稳定的版本，这个版本将提供给用户。在用户的环境上安装相应的软件产品，称为部署。本单元所要做的就是将“学分管理系统”部署到用户的使用环境中。

任务分析

“学分管理系统”是基于 ASP.NET 的网站项目，运行在 .NET Framework 框架上。网络信息服务器可以选择微软的 IIS（Internet Information Services），所有的学生信息、综合实训的数据都存储在 SQL Server 数据库中。所以，要在用户机器上完整地部署“学分管理系统”，除了要安装“学分管理系统”的 ASP.NET 网站外，还需要在操作系统上安装 .NET Framework、SQL Server 数据库和 IIS。为了将 ASP.NET 网站项目部署变得更加简单，微软在软件部署方面做了很多工作，提供了多种部署方式。在支撑知识中先介绍 ASP.NET 网站的几种部署方式，然后在任务实施中对“学分管理系统”进行完整的部署。

思政小课堂

支撑知识

对于每一个 ASP.NET 的网站项目，在 bin 目录下都有相应的程序集。程序集包含了完整的自我描述信息，所以，ASP.NET 应用程序不必像 COM 组件那样需要在注册表中注册。只要目标机器上也安装了 .NET Framework，安装 ASP.NET 网站项目时只要简单地将必需的文件复制到目标机器就可以了。在接下来的内容中，将介绍如何利用各种不同的部署机制部署 ASP.NET 网站。

- XCOPY 部署。
- 利用 VS.Net 的复制项目部署。
- 使用 VS.Net 的 Web 安装项目部署。

一、XCOPY 部署

XCOPY 部署可以通过使用 Microsoft Windows 资源管理器中的拖放功能（复制 / 粘贴功能）、文件传输协议（FTP 协议）或者 DOS 的 XCOPY 命令将文件从一个位置复制到另一个位置。由于 Microsoft .Net 应用程序是自描述的，不要求修改注册表，通常不具有任何依赖性，所以，对于目标站点只需要安装 .NET Framework 即可。在一定程度上，XCOPY 部署方式大大简化了对 ASP.NET 网站的部署和维护。

微课 6-1
XCOPY 部署

使用 XCOPY 部署时，直接在资源管理器中进行拖放（复制粘贴）即可，即从网站的源机器上将网站文件拖放到目标机器的网站目录中。使用 DOS 的 XCOPY 命令部署会有更多的选择，首先打开命令窗口，然后使用 XCOPY 命令将必要的文件复制到目标机器的特定目录中。XCOPY 的命令格式如下。

```
XCOPY Source Destination [参数]
```

参数说明如下。

- Source：复制的源位置目录。
- Destination：复制的目标位置目录。
- [参数]：根据实际的情况，添加不同的参数。

下面的命令表示将本地的 ASP.NET 网站项目部署到目标服务器 RemoteServer 的 ProjTrain 目录中。

```
XCOPY E:\ProjTrain \\RemoteServer\ProjTrain /E /K /R /O /H /I
```

其中使用到了如下的 XCOPY 选项参数。

- /E：表示将源位置的目录、子目录和文件都复制到目标位置，包括空目录。
- /K：保留所有源位置的文件和文件夹的属性。默认情况下，使用 XCOPY 命令复制文件或目录结构时会忽略文件的属性，例如，如果源位置的文件原来为只读属性，复制到目标位置后只读属性丢失。要保留原来的文件属性，必须加上 /K 选项。
- /R：覆盖目标位置上带有只读属性的文件。
- /O：保留文件或文件夹的所有与安全有关的 ACL 权限设置。
- /H：隐藏文件和系统文件也进行复制。
- /I：要求 XCOPY 将目标位置视为一个目录，如果指定的目录不存在，则创建它。

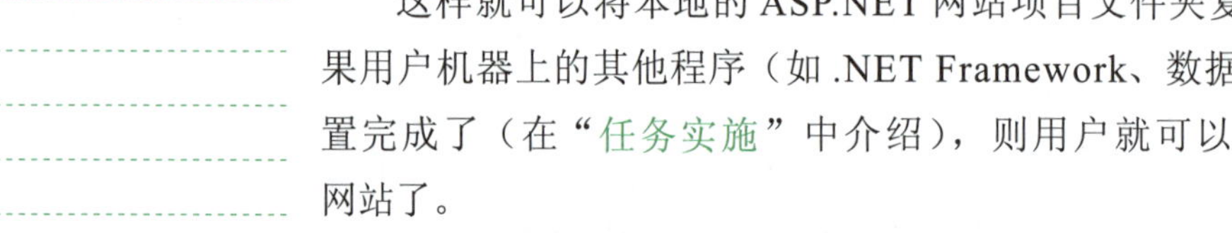

这样就可以将本地的 ASP.NET 网站项目文件夹复制到目标机器了。如果用户机器上的其他程序（如 .NET Framework、数据库、IIS）都安装并配置完成了（在“任务实施”中介绍），则用户就可以直接通过浏览器访问网站了。

二、复制项目部署

XCOPY 部署主要利用的是 XCOPY 命令，操作一般是在命令行窗口中进行的，需要使用者对命令的各个参数有比较详细的了解。而大部分用户更加习惯于有提示界面的操作，这种操作会更加容易。另外，对于开发人员而言，有时候希望在开发完项目后就将项目部署到网站服务器上运行，以测试相应的功能是否正常。微软公司的 Visual Studio 开发环境就提供了这样的复制项目的部署方式。复制项目功能可使部署人员能够在 Visual Studio 开发环境中，通过窗口的按钮，轻而易举地把 ASP.NET 网站部署到目标服务器上。这个功能既可以把网站项目复制到同一服务器，也可以复制到不同的服务器。

微课 6-2 复制项目部署

首先必须具有足够的权限，以便在远程站点上读取、写入、创建和删除文件。要把 ASP.NET 项目复制到目标服务器，可选择“网站”→“复制网站”菜单命令，此时可打开“复制网站”界面，并在“源网站”列表框中显示当前打开的网站中的文件，如图 6-1 所示。“复制网站”工具可在源网站的站点和远程网站的站点之间复制文件。源站点是已打开的 Visual Studio 项目，远程站点是要复制到的或从其中复制的站点。

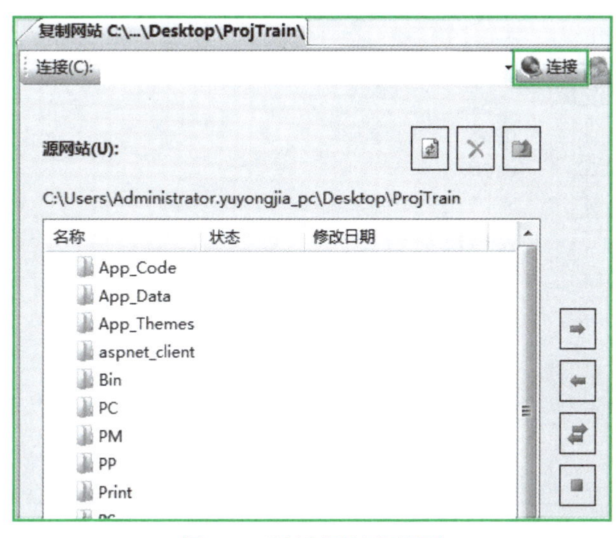

图 6-1 “复制网站”界面

单击“复制网站”界面中的“连接”按钮，出现如图 6-2 所示的“打开网站”界面。

“打开网站”界面的左侧有 4 个选项，分别代表以下的含义。

图 6-2 “打开网站”界面

- 文件系统：选择本地的文件系统作为复制的目标区域。
- 本地 IIS：如果配置了本地的 IIS 服务器，则可以将项目部署至本地的 IIS 站点上。
- FTP 站点：可以将网站发布到 FTP 站点的某个目录上。
- 远程站点：将网站部署到远程的 Web 站点上。

用户根据自己的需要选择对应的选项后，输入相应的目标区域。当选择了“本地 IIS”的某个站点作为发布目标后，单击“打开”按钮后，远程网站的下方会出现该站点中已有的文件，如图 6-3 所示。

“复制网站”工具会在打开远程站点时比较两个站点上的文件，并通过“状态”栏的信息指示每个文件的状态。远程网站状态的含义如表 6-1 所示。

图 6-3 站点中已有的文件

选择源站点或远程站点中要同步或复制的文件，可以像在 Windows 资源管理器中一样在文件夹层次结构中向下浏览来选择子文件夹中的文件，然后单击相应按钮来复制或同步所选文件。

- 单击右箭头按钮，可将文件从源站点复制到远程站点。
- 单击左箭头按钮，可将文件从远程站点复制到源站点。

表 6-1 远程网站状态的含义

状态	说明
未更改	远程网站的文件自上次复制后未曾更改
已更改	远程网站的文件时间戳比上次复制该文件时所获取的时间戳新。如果同一文件在源站点和远程站点中都发生了更改，则在同步这些文件时，工具将提示要按哪个方向复制
新建	自上次复制站点后该文件被新建
已删除	上次复制站点后该文件已被移除。这些文件仅在用户选择了“显示自上次复制操作后删除的文件”时显示。如果要同步的文件已在一个站点中删除，则工具将提示用户是否要从另一个站点中删除该文件

以首次部署网站项目为例，选中源站点中的所有文件，然后单击右箭头按钮，此时会自动将文件源站点复制到远程站点，这就完成了复制项目部署，用户就可以通过浏览器来访问该网站了。

三、Web 安装项目部署

XCOPY 部署和 VS.Net 的复制项目部署简单易用，但不能够满足所有的部署需要。如果应用程序有更加复杂的配置和部署要求，VS.Net 的 Web 安装项目部署才是最佳的选择。

微课 6-3 Web 安装项目部署

虽然可以用一大堆的生成输出、安装类、数据库创建脚本来发布 Web 应用，但对于复杂的 Web 应用项目，通常不如使用 Windows 安装程序来得方便。为支持 Web 应用部署，VS.Net 专门提供了一种 Web 安装项目。Web 安装项目与普通的安装项目不同，Web 安装项目可把 Web 应用安装到 Web 服务器的虚拟根文件夹上，而普通安装项目一般把应用程序安装到 Program Files 目录。

由于 VS.Net 安装程序建立在 Windows 安装程序的基础上，所以能够利用 Windows 安装程序的优势。在开始探讨 VS.Net Web 安装项目之前，先来了解一下 Windows 安装程序的主要特点，因为它是 VS.Net Web 安装项目的核心基础。Windows 安装程序是一个软件安装和配置服务，Windows 2000 和 Windows XP 操作系统都带有 Windows 安装程序。另外，微软公司为所有 Windows 9x 和 Windows NT4 平台也提供了功能相似的免费版本。在 Windows 2000/XP 中，Windows 安装程序的核心是一个 Windows Installer 服务。Windows Installer 服务记录了它安装的每一个应用程序。当删除一个应用软件时，Windows Installer 检查安装记录，在删除应用的组件之前确保其他应用不依赖于这些组件。

VS.Net 中的部署项目以 Windows Installer 的功能为基础，允许执行如下操作。

- 读写注册表中的注册键。
- 在目标服务器的 Windows 文件系统中创建目录。
- 注册组件。
- 在安装期间从用户收集信息。
- 允许设置启动条件，例如检查用户名称、计算机名称、当前的操作系统、已经安装的软件等。
- 允许在安装结束后运行自定义的配置程序或脚本。

1. 创建 Web 安装项目

在“学分管理系统”的应用解决方案中创建一个 Web 安装程序项目：选择“文件”→“添加”→“项目”菜单命令，在弹出的“新建项目”对话框中找到“安装和部署”项目类型，指定模板为“Web 安装项目”，如图 6-4 所示。

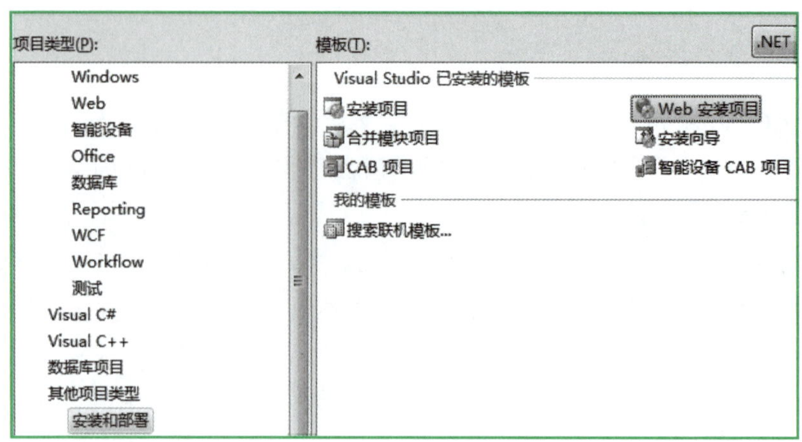

图 6-4 创建 Web 安装程序项目

将 Web 安装项目命名为 ProjTrainWebSetup。创建 Web 安装项目之后，接下来需要将 Web 项目的程序集添加到安装项目中。在“解决方案资源管理器”窗口中右击 ProjTrainWebSetup 项目，在弹出的快捷菜单中选择“添加”→“项目输出”命令，弹出“添加项目输出组”对话框，在“项目”下拉列表框中选择 ProjTrain 项目，从列表框中选择“内容文件”选项，如图 6-5 所示。

此时，“解决方案资源管理器”窗口如图 6-6 所示。

图 6-5 添加项目

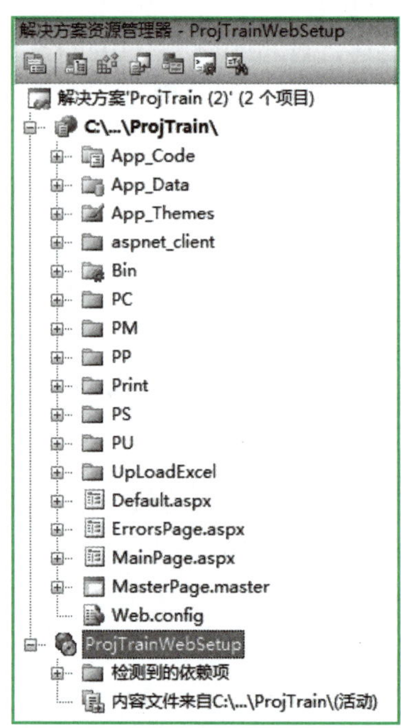

图 6-6 此时的“解决方案资源管理器”窗口

通过 Web 安装项目的“属性”窗口可以设置许多属性，这些属性决定了 Windows 安装文件运行时显示的内容和行为方式。在“解决方案资源管理器”窗口中右击 ProjTrainWebSetup，在弹出的快捷菜单中选择“属性”命令，就可以打开如图 6-7 所示的“属性”窗口。

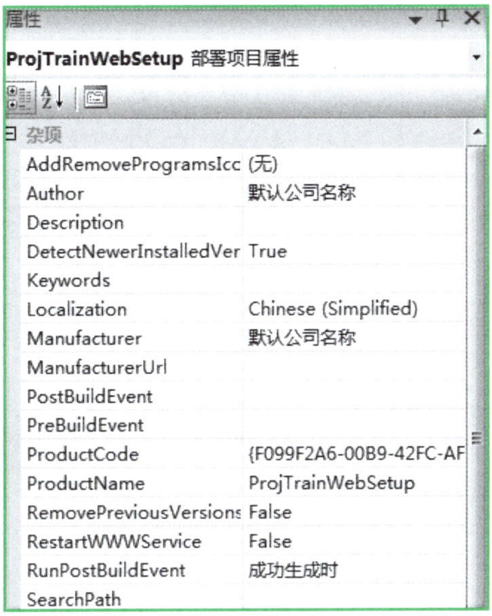

图 6-7 “属性”窗口

在该“属性”窗口中，可以设置作者、产品描述、版本号等信息，这些信息将在用户安装 Web 应用程序时起到很好的提示作用。设定好这些属性后，就可以生成安装文件了，生成的安装文件最终会存放在 Web 安装项目目录下的 Debug 或 Release 路径，以 .msi 为扩展名。

2. 安装 Web 应用程序

创建好 Windows 安装文件（.msi 文件）之后，再到目标服务器上安装 ASP.NET 网站就很方便了。将该 .msi 文件直接提供给用户，用户只需要在 Windows 资源管理器中双击 .msi 文件即可，这时安装向导启动，引导用户完成安装过程，如图 6-8 所示为安装向导欢迎界面。

单击界面中的“下一步”按钮，弹出“选择安装地址”界面，如图 6-9 所示，在这里可以指定 Web 应用要安装到哪一个虚拟目录。这是 VS.Net 的 Web 安装项目最方便的特性之一，虚拟目录创建已完全自动化，根本不需要用户手工操作，此时可以选择希望发布到的站点名称和虚拟目录名称。同时，也可以单击“磁盘开销”按钮，了解安装该 Web 应用程序所需的磁盘空间。

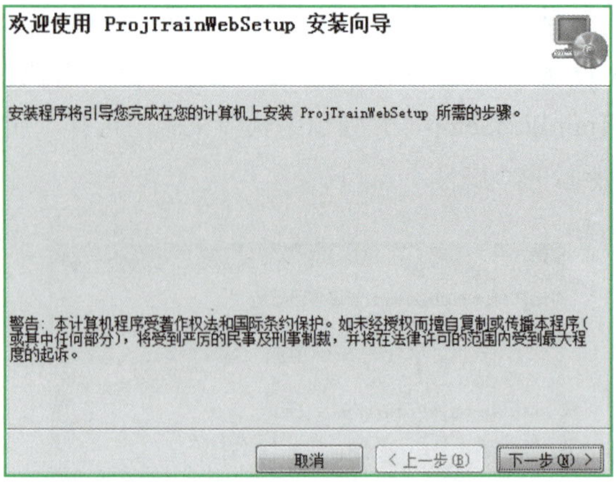

图 6-8 安装向导欢迎界面

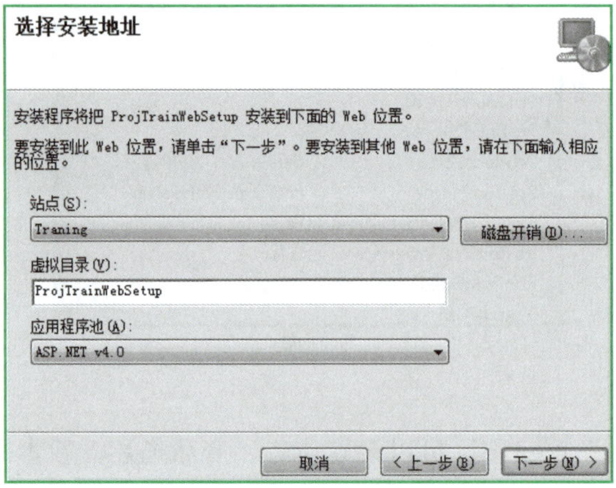

图 6-9 “选择安装地址”界面

单击“下一步”按钮，安装向导会要求确认安装。再单击“下一步”按钮，就会自动将网站部署到站点下的虚拟目录中去，此时可以通过浏览器访问刚刚部署完的网站。另外，由于使用的是 Windows Installer 核心，安装好的 Web 项目可以在“控制面板”窗口的“添加或删除程序”界面中看到，以后可以随时从这里卸载刚才安装的 Web 项目应用，“控制面板”部分界面如图 6-10 所示。

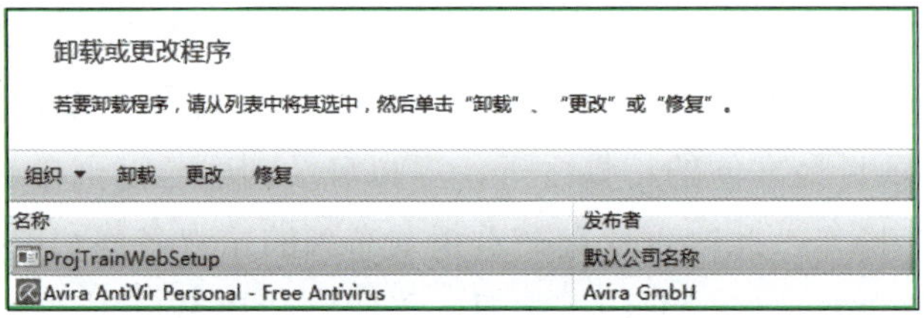

图 6-10 控制面板

任务实施

下面将对“学分管理系统”进行完整的部署。由于整个系统使用了 SQL Server 数据库和 IIS（微软提供的 Internet 服务器软件），网站本身使用了 ASP.NET 技术和 AJAX 技术，所以要在一台已经安装了操作系统的用户计算机上成功部署“学分管理系统”，需要 5 个步骤：.NET Framework 的安装、数据库的安装、IIS 服务器的配置、第三方 AJAX 控件的安装和“学分管理系统”网站的访问。SQL Server 和 IIS 均有多个版本，这里在 Windows Server 2012 操作系统的基础上以 .NET Framework 4.6、SQL Server 2012 和 IIS 8.5 为例进行讲解。

一、.NET Framework 的安装

.NET Framework 4.6 可以在微软的官方网站上下载。由于该安装程序会自动连接因特网进行更新，所以安装之前需要保证计算机可以访问因特网。下载完成后进行安装，选择“我已经阅读并接受许可协议中的条款”单选按钮后单击“安装”按钮，如图 6-11 所示。

图 6-11 .NET Framework 安装—“欢迎使用安装程序”界面

安装过程中会连接因特网并下载相关程序，如图 6-12 所示。

下载完相关数据后，会正式进入安装阶段，.NET Framework 的安装比较耗时，需耐心等待，如图 6-13 所示。

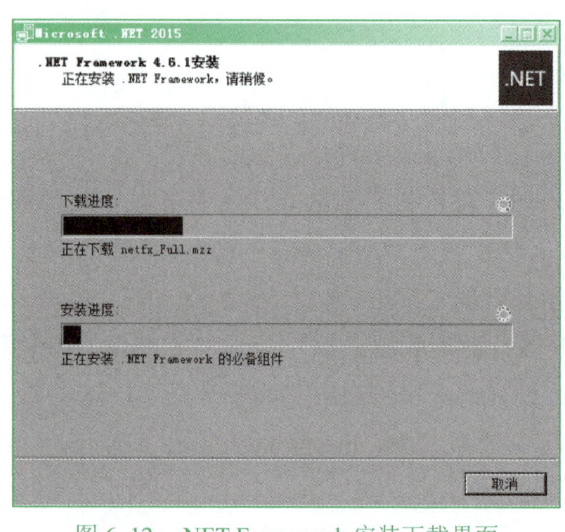

图 6-12 .NET Framework 安装下载界面

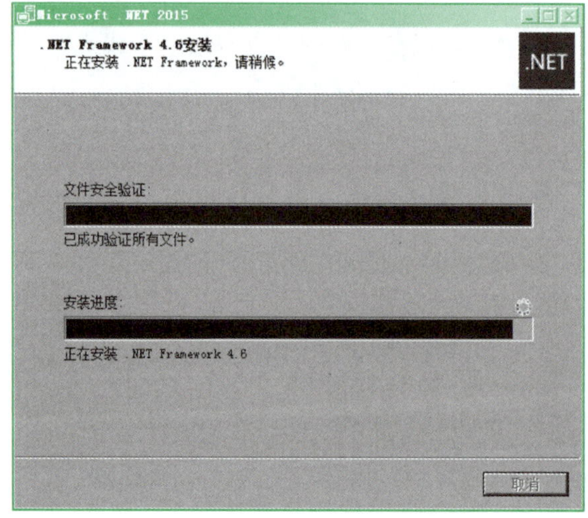

图 6-13 .NET Framework 安装界面

二、数据库的安装

数据库的安装分为两个步骤，即 SQL Server 2012 数据库应用程序的安装和“学分管理系统”数据库的附加。

1. SQL Server 2012 安装

SQL Server 2012 的安装步骤比较常见，可以通过网络搜索相关资源，这里不再一一列举安装的详细步骤。但是在安装的过程中需要注意，实例的命名应该与“学分管理系统”网站中数据库的连接字符串的实例名称相一致。“学分管理系统”网站的数据库连接字符串可以在网站源码下的 Web.config 文件中查找 Data Source 关键字。如图 6-14 所示，设定了实例名为 Train，那么 Web.

config 中的 Data Source 则需要设定为 .\Train，代表网站连接数据库时将使用本地的 Train 实例。

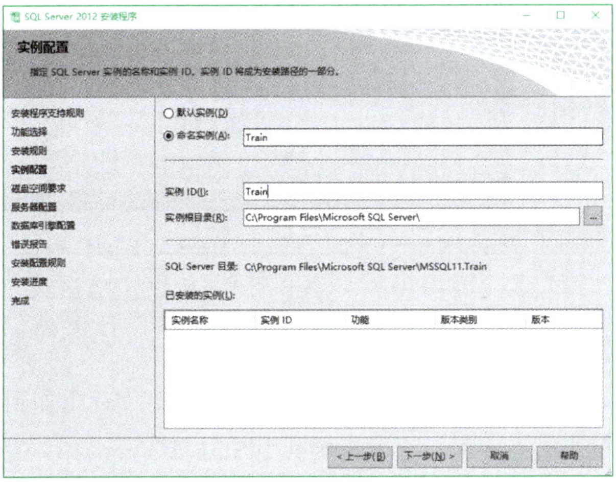

图 6-14　设定实例名称

安装过程还有一点需要注意，就是数据库的连接字符串的用户名和密码。在网站源码下的 Web.config 文件中查找 User ID 和 Password 关键字，可以找到连接数据库所使用到的用户名和密码。在安装 SQL Server 2012 的过程中需要注意，用户名和密码的设定应与网站配置一致，设定密码如图 6-15 所示。

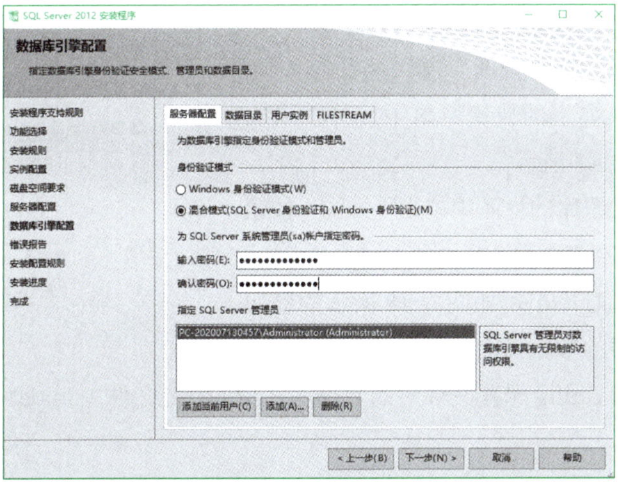

图 6-15　设定密码

安装完毕后，需在“控制面板”窗口中“管理工具”下的“服务”中确认 SQL Server 这个服务是自动启动的，以确保网站可以访问数据库。由于之前将实例名设定为 Train，所以在如图 6-16 所示的界面中看到的是 SQL Server（TRAIN）这个服务名称。

服务(本地)

SQL Server (TRAIN)

停止此服务
暂停此服务
重启动此服务

描述:
提供数据的存储、处理和受控访问，并提供快速的事务处理。

名称	描述	状态	启动类型	登录为
Resultant Set of Pol...	启用用户连接到远程...		手动	本地系统
Routing and Remote A...	在局域网以及广域网...		禁用	本地系统
Secondary Logon	启用替换凭据下的启...	已启动	自动	本地系统
Security Accounts Ma...	此服务的启动通知其...	已启动	自动	本地系统
Server	支持此计算机通过网...	已启动	自动	本地系统
Shell Hardware Detec...	为自动播放硬件事件...	已启动	自动	本地系统
Smart Card	管理此计算机对智能...		手动	本地服务
Special Administrati...	允许管理员使用紧急...		手动	本地系统
SQL Active Directory...	支持与 Active Direc...		禁用	网络服务
SQL Full-text Filter...	Service to launch f...	已启动	手动	本地服务
SQL Server (TRAIN)	提供数据的存储、处...	已启动	自动	网络服务
SQL Server Analysis ...	为商业智能应用程序...	已启动	自动	网络服务
SQL Server Browser	将 SQL Server 连接...	已启动	自动	本地服务

图 6-16 数据库服务启动

2. 数据库的附加

将 SQL Server 2012 安装完毕后，需要将数据库文件附加到数据库中。附加数据库文件的方式有多种，可以直接利用 SQL Server 2012 的管理工具进行数据库的附加，也可以通过命令或者脚本来进行。这里以较为直观、简单的方式进行讲解。

首先，需要准备网站所使用到的数据库文件，在电子素材中找到 QualityManage_Data.MDF 和 QualityManage_Log.LDF 两个数据库文件。然后选择“开始”→“程序”→ Microsoft SQL Server 2012 → SQL Server Management Studio 菜单命令，在弹出的窗口中输入用户名和密码进入管理工具界面。在“对象资源管理”窗口中右击“数据库”选项，在弹出的快捷菜单中选择“附加”命令，如图 6-17 所示。

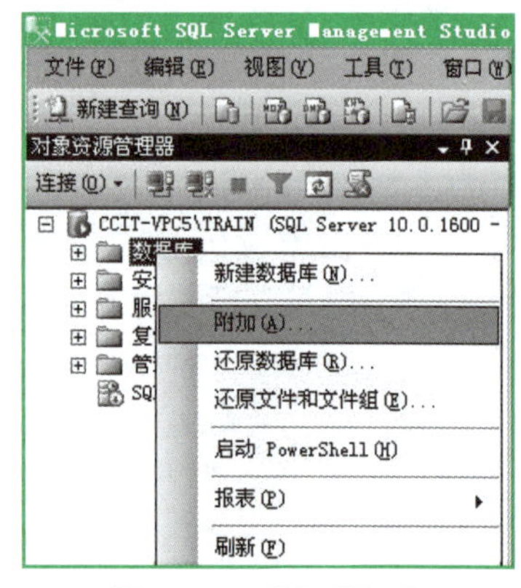

图 6-17 附加数据库

在附加数据库的界面中单击“添加”按钮，选择数据库文件 QualityManage_Data.MDF，以进行附加。此时将出现如图 6-18 所示的界面，注意，线框中的数据库名称需要进行修改，使其与网站 Web.config 配置文件中的数据库名称（配置文件中 Initial Catalog 的值）相一致。

微课 6-4 数据库的附加及数据库的相关设定

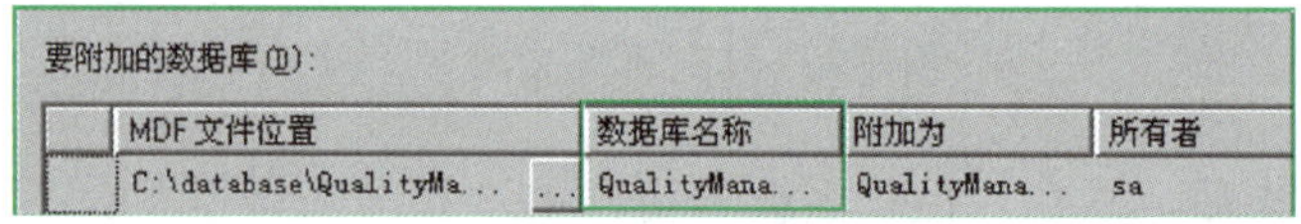

图 6-18 附加文件并修改数据库名称

3. 数据库的相关设定

附加数据库后，为了使网站可以正常访问数据库，还需要将数据库 TCP/IP

协议和 Named Pipes 命名管道协议启动。选择“开始”→“程序”→ Microsoft SQL Server 2012 →“配置工具”→“SQL Server 配置管理器”菜单命令，在弹出的窗口中选择左窗格中的“SQL Server 网络配置”→“TRAIN 的协议”（TRAIN 为之前创建的数据库实例名）选项，此时右窗格中会出现该实例使用到的协议，将 TCP/IP 协议和 Named Pipes 命名管道协议启用，如图 6-19 所示。

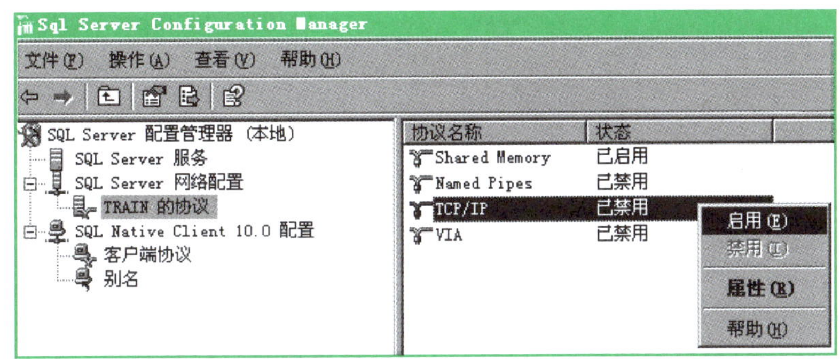

图 6-19　启动数据库相关协议

三、IIS 的安装与配置

通过“控制面板”窗口打开 Windows 功能，可以添加 IIS，具体的方法这里不再叙述，用户可以查找相关的网络资源。安装 IIS 完毕后，可以使用支撑知识中的 XCOPY 方法直接将“学分管理系统”的工程文件复制到用户的机器上。“学分管理系统”是基于 ASP.NET 开发的，安装完 IIS 服务器之后，在“控制面板”窗口中的“管理工具”中找到“Internet 信息服务（IIS）管理器”选项，打开 IIS 管理器，从而进行网站的新建和配置。新建和配置网站的步骤如下。

① 右击左窗格中的“网站”选项，在弹出的快捷菜单中选择“添加网站”命令，如图 6-20 所示。

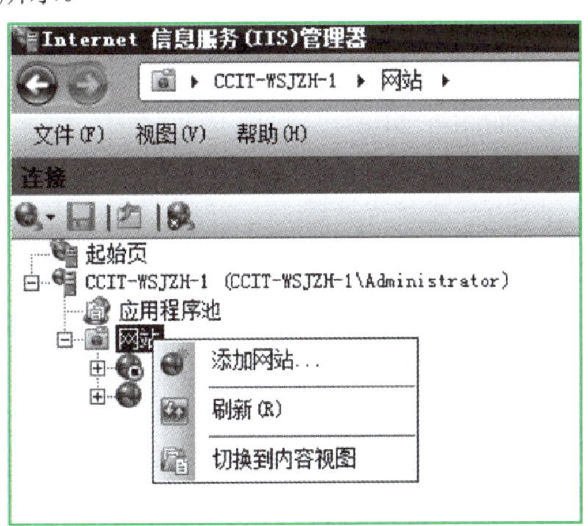

图 6-20　新建网站

微课 6-5　IIS 的安装与配置

② 此时弹出添加网站向导，从中输入网站描述，如图 6-21 所示，然后单击“确定”按钮。

③ 在弹出的界面中设定网站的 IP 地址和 TCP 端口号，这里可以使用默认值，如图 6-22 所示，然后单击“下一步”按钮。

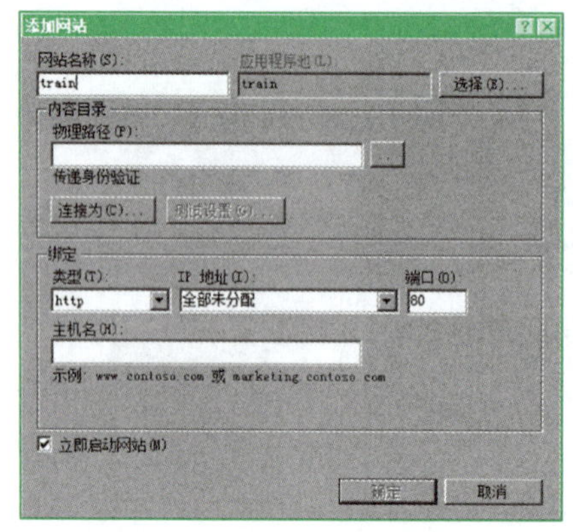

图 6-21 输入网站描述

图 6-22 设定网站 IP 地址和 TCP 端口号

④ 在弹出的界面中单击“浏览”按钮，在弹出的对话框中选择“学分管理系统”的网站目录，返回向导，选择“允许匿名访问网站”复选框，如图 6-23 所示，然后单击“下一步”按钮。

图 6-23 设定网站的路径

⑤ 在弹出的界面中设定网站访问权限，可以使用默认值，如图 6-24 所示，然后单击“下一步”按钮，完成网站的新建，新建的网站如图 6-25 所示。

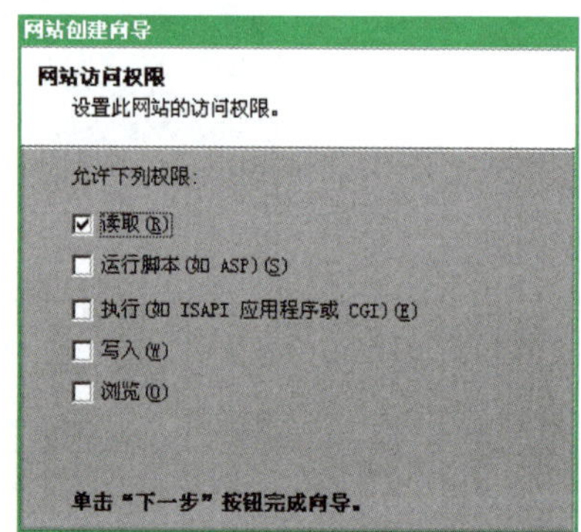

图 6-24 设置网站访问权限

⑥ 在“Internet 信息服务（IIS）管理器”窗口中右击新建的网站，在弹出的快捷菜单选择“属性”命令，进行网站的属性设定。

⑦ 由于网站需要使用 ASP.NET 4.6 版本，所以在“ASP.NET”选项卡中将“ASP.

NET 版本”设定为 4.0.30319，如图 6-26 所示。

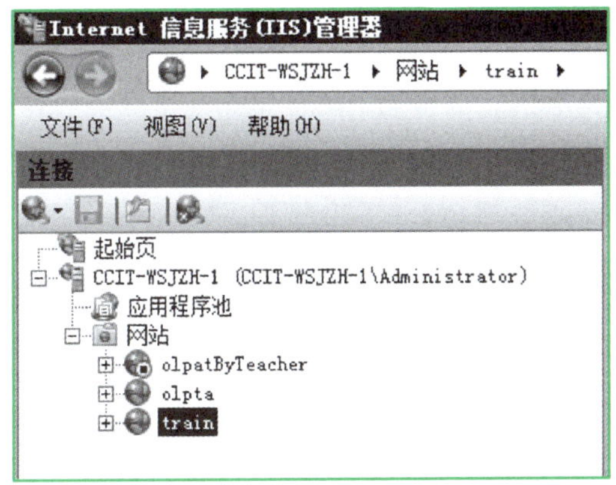

图 6-25　新建的网站

图 6-26　设置 ASP.NET 版本

⑧ 由于网站使用的是 ASP.NET 技术，并且需要允许其执行脚本，所以在“主目录”选项卡中将“执行权限”设置为“纯脚本”，如图 6-27 所示。

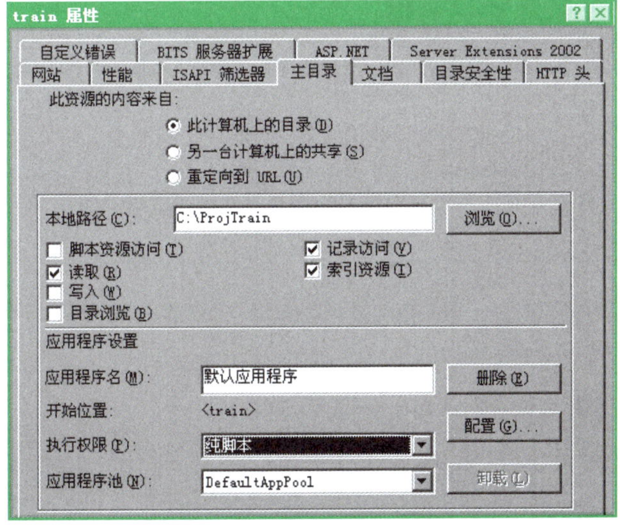

图 6-27　设置执行权限

四、其他控件的安装

由于“学分管理系统”使用了 AJAX 技术，所以在部署时需要安装微软公司提供的 AJAX.NET 包，以保证网站的正常运行。用户可以到微软公司的官方网站上进行下载。

下载完毕便可以进行安装，安装时只需要根据提示一步一步进行即可。

五、网站的访问

完成了以上步骤后，便可以通过浏览器访问网站了，网站首页如图 6-28 所示。

图 6-28　网站

【试一试】根据“任务实施”中的步骤，在一台刚安装操作系统的机器上逐步完成“学分管理系统”的部署。

【提示】可以在计算机上安装虚拟机软件，然后在虚拟机上安装一个操作系统，然后进行部署任务的练习。

任务小结

以“学分管理系统”为例，讲解了 3 种 ASP.NET 网站项目的部署方法。其中，XCOPY 部署可以通过简单的命令完成，操作简单、方便。而且 XCOPY 部署有一个明显的优势，就是不要求用户在目标计算机或 Web 服务器上安装任何特殊的软件。复制项目部署通过 Visual Studio 自带的复制工具，不仅可以完成项目的部署，还可以查看文件的状态。但是，复制项目部署要求用户在目标服务器上安装 Microsoft FrontPage Server Extensions（FPSE）。以上两种方法都简单易行，特别易于开发人员和维护人员进行网站部署和维护。但是，如果将整个安装过程交给用户来完成，那么提供 Web 安装程序给用户无疑是最方便的了，通过安装程序的自动向导一步步地进行，可以使用户安装成功，并且可以方便地部署 Web 项目，这就是第三种部署方式的优点。

另外，由于“学分管理系统”还需要数据库、.NET Framework 和 IIS 的支持，所以，在部署网站之前将相关的环境都安装好是部署网站的重要前提。如果希望在部署这样一个系统的过程中不出现任何错误，就需要制作一个部署手册，将每一个程序如何安装、每一个参数如何设置通过图文并茂的方式记录其中。在用户机器上进行部署时，参照着部署手册进行，既能提高效率，又能避免出现错误。

拓展训练

以“学分管理系统”为例，制作一份完整的部署手册，要求如下。

① 描述 .NET Framework 的每一个安装步骤。

② 描述 SQL Server 的每一个安装和配置步骤。

③ 描述 IIS 的每一个安装和配置步骤。

④ 描述网站安装的每个步骤。

⑤ 所有的安装和配置步骤应该图文并茂、简单、易懂。

【提示】分组进行讨论，如何编写用户手册能够让用户更容易接受，然后分组完成。

任务二　软件维护

任务简介

将“学分管理系统”部署完毕后，还需要对用户进行培训，以保证用户可以独立地使用软件。完成培训后，软件项目才算真正移交给用户，然而软件项目开发的生命周期至此并没有结束。学校在使用“学分管理系统”的过程中，会出现学生转系或者转专业的情况，而目前的“学分管理系统”不能支持学生的转系和转专业的操作，于是学校提出了维护请求，希望在当前的系统中增加“学生转系”和“转专业”的功能。

任务分析

当将软件提交给用户并使用后，可能会由于用户的需求发生变化、硬件环境发生变化、使用过程中发现问题等，需要对软件进行修改或者更新，这就是软件的维护。在整个软件的生命周期中，软件的维护所占据的时间往往是最长的。根据软件维护的产生原因大体分为改正性维护、适应性维护、完善性维护和预防性维护。在实际软件维护的过程中，又会由于之前项目的开发过程没有遵守项目开发规范而产生文档不足，从而导致非结构化的维护。另外，软件维护实际上就是一次软件的再开发，所以，即使一次非常简单的需求变更，也会产生一系列的软件维护流程。维护人员需要熟悉这样的流程，以保证每一次软件维护都能够最终达到用户的需要，并在项目文档中留下应有的维护痕迹。

思政小课堂

支撑知识

一、软件维护的定义

在软件运行维护阶段对软件产品所进行的修改称为软件维护。要求进行维护的原因多种多样，归结起来有以下 3 种类型。

- 修改软件的错误或缺陷。
- 软件的运行环境发生了变化，需要修改软件以适应这种变化。
- 用户和数据处理人员在使用时常会提出改进现有功能、增加新的功能、改善总体性能的要求，为满足这些要求，就需要修改软件，把这些要求纳入到软件之中。

微课 6-6 软件维护流程

将这些原因归纳起来，可以将软件维护归为以下几类。

1. 改正性维护

在软件交付使用后，由于开发时测试得不彻底、不完全，必然会有一部分隐藏的错误被带到运行阶段。这些隐藏下来的错误在某些特定的使用环境下就会暴露。为了识别和纠正软件错误、改正软件性能上的缺陷、排除实施中的误使用而应当进行的诊断和改正错误的过程，就叫做改正性维护（Corrective

Maintenance)。例如，改正性维护可以是改正原来程序中的一行导致程序崩溃的代码；解决开发时未能测试各种可能情况带来的问题；解决原来程序中遗漏处理文件中最后一个记录的问题等。

2. 适应性维护

随着计算机技术的飞速发展，外部环境（新的硬件、软件配置）或数据环境（数据库、数据格式、数据输入 / 输出方式、数据存储介质）可能发生了变化，为了使软件适应这种变化而去修改软件的过程，就叫做适应性维护（Adaptive Maintenance）。例如，随着某个网站项目对数据库要求的提高，希望从 SQL Server 数据库更换到 Oracle 数据库时，可对原有的网站项目进行维护。

3. 完善性维护

在软件的使用过程中，用户往往会对软件提出新的功能与性能要求。为了满足这些要求，需要修改或再开发软件，以扩充软件功能、增强软件性能、改进加工效率、提高软件的可维护性，这种情况下进行的维护活动叫做完善性维护（Perfective Maintenance）。例如，完善性维护可能是修改一个计算工资的程序，使其增加新的扣除项目；缩短系统的应答时间，使其达到特定的要求；把现有程序的终端对话方式加以改造，使其具有方便用户使用的界面；改进图形输出；增加联机求助功能；为软件的运行增加监控设施。

4. 预防性维护

除了以上 3 类维护之外，还有一类维护活动，叫做预防性维护（Preventive Maintenance）。这可为提高软件的可维护性、可靠性等打下良好的基础。通常，将预防性维护定义为，把今天的方法学用于昨天的系统，以满足明天的需要。也就是说，采用先进的软件工程方法对需要维护的软件或软件中的某一部分重新进行设计、编制和测试。

在维护阶段的最初阶段，由于系统不稳定，改正性维护的工作量较大。随着错误发现率急剧降低，并趋于稳定，就进入了正常使用期。然而，由于改造的要求，适应性维护和完善性维护的工作量逐步增加，在这种维护过程中又会引入新的错误，从而加重了维护的工作量。实践表明，在几种维护活动中，完善性维护所占的比重最大，即大部分维护工作是改变和加强软件，而不是纠错。所以，维护并不一定是救火式的紧急维修，而可以是有计划、有预谋的一种再开发活动。事实证明，来自用户的扩充要求、加强软件功能和性能的维护活动约占整个维护工作的 50%，而预防性维护则占了很少的比重。

二、软件维护的特点

软件维护在整个周期中占有很高的比重，维持时间最长。而软件维护工作量的大小，不仅仅受制于维护需求的大小。两个同样功能的系统，需要进行相同的功能维护，所需要的工作量也有可能相差很大。维护的工作量还受到以下因素的影响。

1. 系统大小

系统越大、越复杂，维护人员维护系统时就需要理解更多的文档和代码，才能设计出最合理的维护方案，从而使维护工作量增大。

2. 系统的开发文档

系统开发文档越完善，维护越方便。反之，如果系统只有代码而没有文档，维护人员根据现有的代码进行反推，推理出前面的设计过程，这就是所谓的“逆向工程”。如果身为一位维护人员，且很不幸地经历过一次“逆向工程”，就会深刻领会到项目文档的重要性。

3. 系统的架构

如果系统架构得较合理，将不同的功能划分为不同的模块，以减少模块间耦合，则会大大利于维护工作的开展。假设将众多功能都集中在一个文件或者一个模块中完成，当维护人员修改了文件的某些代码后，就不得不花大量的时间来测试该模块相关的功能，从而增加维护的难度和成本。

可以看出，软件的开发过程对软件的维护过程有较大的影响。若不采用软件工程的方法开发软件，则软件只有程序而无文档，维护工作会非常困难，这就是一种非结构化的维护。若采用软件工程的方法开发软件，则各阶段都有相应的文档，从而容易进行维护工作，这是一种结构化的维护。

（1）非结构化维护

如果软件配置的唯一成分是程序代码，那么维护活动将从艰苦地评价程序代码开始，而且常常由于程序内部文档不足而使评价更困难，对于软件结构、数据结构、系统接口、性能、设计约束等经常会产生误解，而且对程序代码所进行改动的后果也是难于估量的，因为没有测试方面的文档，所以不可能进行回归测试（即指为了保证所进行的修改不会影响其他的软件功能而进行的测试）。非结构化维护需要付出很大代价，浪费精力，并且特别容易遭受挫折的打击，这种维护方式是没有使用良好项目工程学开发出来的软件的必然结果。

（2）结构化维护

如果有一个完整的软件配置存在，那么维护工作将从评价设计文档开始，以确定软件重要的结构特点、性能特点及接口特点；估量要求的改动将带来的影响，并且计划实施途径。然后修改设计并且对所做的修改进行仔细复查。接下来编写相应的源程序代码，并使用测试说明书中包含的信息进行回归测试。最后，把修改后的软件再次交付使用。

刚才描述的事件构成了结构化维护，它是在软件开发的早期应用软件工程方法学的结果。虽然有了软件的完整配置，但并不能保证维护中没有问题，但是确实能减少精力的浪费，并且能提高维护的总体质量。

即便项目有完备的项目开发资料，软件维护也依然是个困难的苦差事，主要表现在以下几个方面。

- 文档的不一致性，是开发过程中文档管理不严所造成的。在开发过程中，经常会出现修改程序却遗忘了修改与其相关的文档的现象，使得文档前后不一致。
- 设计文档不够详细时，读懂别人的程序就显得至关重要，然而由于编码风格的不一致，要完全领悟别人的意图也是困难的。
- 软件开发和软件维护在人员和时间上的差异。由于维护阶段的持续时间很长，正在运行的软件可能是在十几年前开发的，开发工具、方法、技术与当前的工具、方法、技术差异很大，这又是维护困难的另一因素。
- 软件维护不是一项吸引人的事。由于维护工作的困难性，维护工作经常遭受挫折，而且很难出成果，不像软件开发工作那样吸引人。

任务实施

“学分管理系统”在部署后，学校在使用过程中也产生了维护需求，即目前的系统无法支持学生转系或转专业，于是学校提出了维护请求，希望在“学分管理系统”中增加“学生转系”和“转专业”的功能。由于学校在“学分管理系统”的需求调研阶段并没有提出需要这种功能，而是在系统的使用过程中，用户根据实际情况提出的新需求，以扩充软件的功能，所以这样的维护属于完善性维护。如何将用户的需求设计并实现出来，就需要按照软件维护的流程开展作业。

软件维护是一件风险较高的工作，可能仅仅只是修改了一行代码，就导致原本正常的系统功能无法使用。越是这样高风险的工作就越需要按照合理的流程来进行，否则个人的一个小失误会给用户带来巨大的损失。较为正规公司，一次维护会涉及多个部门。软件维护流程图如图 6-29 所示。

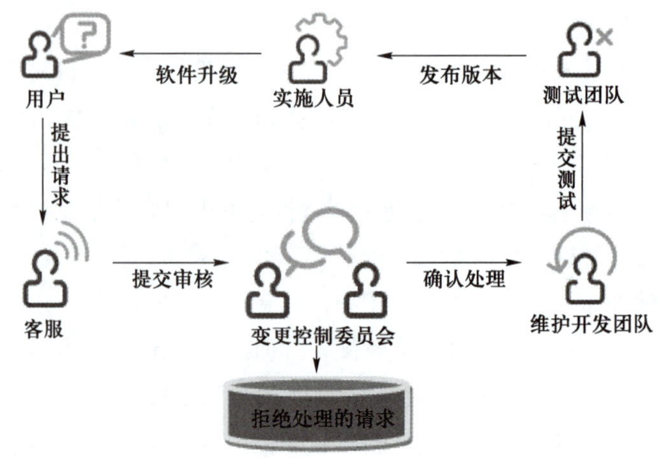

图 6-29 软件维护流程图

一、申请维护

一般情况下，用户在发现软件出现问题或者希望能够对功能进行改善时，会将自己的需求通知公司的售后服务部门。售后服务部门会通过详细的交流来明确用户的需求，并通过文档的形式将维护需求的信息记录下来，一般需要包括以下内容。

1. 软件维护需求编号

由于软件维护的时间跨度长、需求多样，对各种维护需求进行编号会方便以后的信息维护。

2. 维护申请人的信息

将维护申请人的信息记录下来，以便后续跟踪回访。另外，发起维护申请的人并不一定就是客户，公司内部人员也可能发现系统使用中的问题，从而发起改正性维护或者完善性维护请求。也可能公司为了提供软件产品的竞争力，需要扩充软件功能、增强软件性能，从而进行预防性维护。

3. 现场信息

用户在软件出现的问题的情况下，会通过各种方式反馈给售后服务部门，但是用户在反馈问题时，常常会着重于描述问题的本身，而忽略软件的现场环境，有些问题恰恰是由于环境的配置产生的，所以需要尽可能地记录安装软件的硬件情况、操作系统的信息、数据库的信息等。甚至有些软件会与杀毒软件有冲突，所以需要记录一些关键的其他软件信息。另外，软件产品会有很多版本，不同的版本会有不同的功能，因此记录软件版本号是必要的。

4. 维护需求的描述

如果是完善性的维护请求，则需要详细地记录用户的具体需求和想法，以及确认他们的时间期限等，这对后续的维护请求的开发有重要的引导作用。对于改正性维护请求，除了记录问题的现象外，还需要详细记录发生问题前所做的步骤。越详细的记录，后续的问题再现和原因分析就会越方便，反之，如果仅仅只有用户出现问题后的情况，则会加大问题查找的难度，甚至很难查找到问题发生的真正原因。

所有以上的信息可以记录在“软件维护需求表”（请参见附录 C）中。如果是软件的改正性维护，即软件使用过程中产生了问题，可以记录在“软件问题报告表”（请参见附录 C）中。

以这次的维护需求为例，申请人为学校使用者的姓名，软件的相关信息为用户机器上的操作系统版本、数据库的版本、IIS 的版本和相关配置、“学分管理系统”的版本，而维护需求的描述则可以记录为“用户希望能够对学生所属系部或专业进行修改，并且相应的实训学分和成绩予以保留”。

二、审核维护请求

详细记录下维护请求后，对于改正性维护请求，需要相关的技术人员进行问题再现，分析问题的原因，并记录在案。但是最终本次维护请求如何处理，售后服务人员是决定不了的，所以其需要提交给有权利处理请求的机构，这个机构就是变更控制委员会。

对于改正性维护请求，如果确定是程序 Bug，那一定是需要解决的。但是对于适应性维护、完善性维护，是否需要处理、什么时候处理、如何处理是需要考虑相应的工时、成本，乃至公司的发展方向的，所以维护请求的审核是一项很重要的工作。一般情况下会将一些有开发经验、具有决策能力的人组织成一个团队，专门负责维护请求的分析和审核，这样的小组称为变更控制委员会。在收到维护请求需求表后，该组织会结合维护请求的具体信息、处理难度、可能需要的工作量、当前公司的项目情况、用户的情况等进行研讨决策，最终得出该维护请求是否需要处理、处理的优先级别、提交给用户的期限等。这些信息一般情况下会通过文档的形式记录下来。

这次的维护请求，也同样会经过这样的审核。在评价了请求比较合理的情况下，会与学校进行相关费用和开发周期的商谈和确认，最终在双方同意的情况下，进入维护的下一个阶段。

三、维护请求的开发和测试

变更控制委员会如果需要处理本次维护请求，会将具体的要求通过文档的形式转交给维护团队，维护团队会进行调查研究，商讨出合理的解决方案。此时，维护进入了一个和普通项目开发非常类似的阶段，就是设计—编码—测试的过程。虽然对于普通的维护，其开发量远小于一个新项目的开发量，但是按照项目管理的观点，任何一次对于软件的变更，其过程都应该是完整的，所有的变更都应该是有记录的、可以回溯的。所以一次软件维护的过程，实际上就是一个新项目开发过程的缩小版本。尽管维护申请的类型不同，但都要进行同样的技术工作。

- 软件需求说明书的维护。
- 软件设计文档的维护。
- 维护后的软件设计文档的评审。
- 对源程序进行必要的修改。
- 测试项目文档的维护。
- 单元测试和集成测试。
- 软件的部署。

上述工作中有一些是特别需要注意的，经过了单元测试后，一般情况下，用户的需求可以得到满足，或者是用户发现的系统问题能够得以解决。但是这不意味着本次的维护测试已经成功了，如果此时就掉以轻心，则常常会产生大的纰漏。软件维护的修改都是基于某个版本的源代码的，如果其他功能模块也使用到了修改的代码，这时去确认本次修改不会导致其他功能产生问题是至关重要的。当进行软件维护的集成测试时，回归测试是至关重要的环节。所谓回归测试，是指为了保证所做的修改不会影响其他的软件功能而做的测试。

另外，不要认为一次很小的软件维护修改就可以擅自修改文档、源码。一次软件维护后，修改的文档和软件版本应该进行相应的升级。为了便于以后的维护情况的回溯，开发人员需要提交软件维护报告表，该表一般含有维护需求的类型、维护涉及的文档和源码、维护的工作量和维护人员的信息。

四、维护请求的评审

和普通开发一样，在每次软件维护任务完成后，也要经过评审才可以正式发布。评审会根据软件问题报告表、软件维护需求表、软件维护报告表和评审文件等资料进行，主要确定本次维护是否达到了开始的维护需求、维护修改的测试用例是否足够、整个维护过程中产生出的数据是否合理等。最终，合格的维护请求通过评审后，才可以发布。

五、版本发布和部署

新的软件版本将由实施人员安装到用户的实际环境中去。软件的升级比普通软件的安装在工作要求上更加严格，因为实施人员很有可能面对的是正在运行的用户系统，在用户现场进行的升级，一不小心就会给用户带来很大的损失。由于软件升级需要一定时间，这段时间会导致用户系统不能够正常工作，如果这个系统面向很大的用户群，那么这是个风险很大的工作，所以必须要先预估出版本升级可能花费的时间和带来的影响，并将这些情况准确地告知用户，与用户商定具体的更新时间和方案。在得到对方正式允许的情况下，维护人员还要将用户现场和数据进行备份，当在版本升级的过程中发生意外时，可以及时利用这些备份文件进行恢复。软件升级一切正常后，实施人员还需要与用户确认问题是否得到了解决，并与用户签署软件问题解决记录表，以保证本次的修改确实达到了用户的需求，这样，一次软件维护才算告一段落。

任务小结

通过学校使用“学分管理系统”的过程中提出的一个完善性维护需求，分析了软件维护的分类、特点和流程。与一次需求开发不同的是，软件维护是基于已有的系统进行的修改或再开发，所以，特别需要注意维护的工作是否会对原有系统造成影响。维护时，按照软件维护的流程规范进行维护的申请、开发、审核、测试和部署就显得至关重要。

拓展训练

以增加学生转系和转专业的维护需求为例，按照软件维护的流程，结合附录中的各种维护表格，填写相关维护请求信息。

【提示】分组完成一次维护流程，不同组员可以扮演不同角色（如用户、客服和变更控制委员等）。

【试一试】在已有的“学分管理系统”上，通过设计、编码和测试实现学生所属院系、专业的修改功能。

能力训练与素质拓展

第一部分　知识回顾与思考

1. 什以是软件部署？软件部署在整个项目过程中起到什么作用？

2. ASP.NET 网站常用的部署方式有哪几种？各有什么特点？

3. 什么是软件维护？产生软件维护的原因有哪些？

4. 根据软件维护的起因，一般将软件维护分为哪几类？

5. 影响软件维护工作量的因素有哪些？什么是结构化维护和非结构化维护？

6. 一次软件维护需要经过哪些流程？

第二部分 职业能力训练

一、单项选择题（下列答案中有一项是正确的，将正确答案对应的字母填入括号内）

1. 按照正常的软件开发流程，以下（　　）过程完成后可进行软件部署。

A. 概要设计　　B. 详细设计　　C. 编码　　D. 测试

2. 以下（　　）方式不属于 ASP.NET 部署。

A. XCOPY 部署　　B. 复制项目部署

C. Web 安装项目部署　　D. 添加项目部署

3. Visual Studio 中提供了复制项目部署的功能，通过该功能可以将 Web 项目复制到目标机器上，以下（　　）方式不属于复制项目提供的功能。

A. FTP 复制　　B. 文件系统复制

C. 网页登录复制　　D. 远程站点复制

4. Visual Studio 中提供了复制项目部署的功能，通过该功能可以将 Web 项目复制到目标机器上，并且能够显示源网站与目标网站文件之间的状态，以下（　　）文件状态不可以被显示。

A. 文件已更改　　B. 文件损坏　　C. 文件删除　　D. 文件未更改

5. 如果希望给用户直接提供 Web 安装项目，选择（　　）方式最为合适。

A. XCOPY 部署　　B. 复制项目部署

C. Web 安装项目部署　　D. 添加项目部署

6. 在软件交付使用后，由于开发时测试得不彻底、不完全，必然会有一部分隐藏的错误被带到运行阶段，对于这些错误的修正，属于（　　）。

A. 改正性维护　　B. 适应性维护　　C. 完善性维护　　D. 预防性维护

7. 外部环境（新的硬件、软件配置）或数据环境（数据库、数据格式、数据输入 / 输出方式、数据存储介质）可能发生变化，为了使软件适应这种变化而去修改软件的过程属于（　　）。

A. 改正性维护　　B. 适应性维护　　C. 完善性维护　　D. 预防性维护

8. 在软件的使用过程中，用户往往会对软件提出新的功能与性能要求。为了满足这些要求，需要修改或再开发软件，以扩充软件功能、增强软件性能、改进效率、提高软件的可维护性，这种过程属于（　　）。

A. 改正性维护　B. 适应性维护　C. 完善性维护　D. 预防性维护

9. 为了提高软件的可维护性、可靠性等，为以后进一步改进软件打下良好基础而进行的维护属于（　　）。

A. 改正性维护　B. 适应性维护　C. 完善性维护　D. 预防性维护

10. 以下（　　）不属于软件维护流程中的环节。

A. 申请维护　B. 审核维护请求

C. 维护请求的开发和测试　D. 维护的增减

二、填空题（请在括号内填空）

1. 完成了软件的设计、编码和测试，将形成一个稳定的版本，这个版本将提供给用户，而在用户的环境上安装相应的软件产品的过程，称为（　　）。

2. ASP.NET 支持多种部署方式，通过使用 Microsoft Windows 资源管理器中的拖放功能（复制粘贴功能）、文件传输协议（FTP）或者 DOS 的 XCOPY 命令将文件从一个位置复制到另一个位置，这种部署方式称为（　　）部署。

3. 为了让用户或者实施人员更加方便地进行软件的部署，可以为他们提供手册，以指导具体部署，人们称这个手册为（　　）。

4. 在整个项目周期中，（　　）阶段占有很高的比重，维持时间最长。

5. 如果软件配置的唯一成分是程序代码，那么维护活动将从艰苦地评价程序代码开始，而且常常由于程序内部文档不足而使评价更困难，对于软件结构、数据结构、系统接口、性能、设计约束等经常会产生误解，而且对程序代码所进行改动的后果也是难于估量的，这样的维护称为（　　）。

6. 如果有一个完整的软件配置存在，那么维护工作将从评价设计文档开始，估量要求的改动将带来的影响，并且计划实施途径，然后进行维护的实施，这样的维护称为（　　）。

7. 在维护过程中，（　　）越完善，维护工作越方便。

8. 如果系统只有代码而没有文档，维护人员根据现有的代码进行反推，推理出前面的设计过程，这就是所谓的（　　）。

9. 在软件运行维护阶段对软件产品所进行的修改称为软件的（　　）。

10. 将一些有开发经验、具有决策能力的人组织成一个团队，专门负责维护请求的分析和审核，这样的小组称为（　　）。

三、简答题

1. ASP.NET 网站有 3 种部署方式，请简述 3 种方式的特点。

2. 软件维护有多种分类，按照产生维护的原因进行分类，可以将维护活动分为 4 种，请简述这 4 种维护方式。

3. 软件维护可以分为结构化维护和非结构化维护，请简述两者的特点。

4. 软件维护的过程复杂，要求较高，请简述软件维护流程中的各个环节。

第三部分 实践能力训练

1. 利用课后时间，在一台机器上使用任何一种方式进行“学分管理系统”的部署，并根据部署的过程制作一份完整的部署手册。

2. 以增加学生转系和转专业的维护需求为例，按照软件维护的流程，结合附录中的各种维护表格，填写相关维护请求信息。

第四部分 考核评价标准

<table>
<tr><th rowspan="2">单元名称</th><th colspan="3">结果考核（70%）</th><th colspan="6">过程考核（30%）</th><th rowspan="2">总分</th></tr>
<tr><th>考核主体</th><th>职业能力训练</th><th>实践能力训练</th><th>考核主体</th><th>课堂学习</th><th>小组学习</th><th>创新能力</th><th>课堂实践</th><th>实践报告</th></tr>
<tr><td rowspan="5">单元 6
软件部署与维护</td><td rowspan="2">教师</td><td rowspan="2"></td><td rowspan="2"></td><td>教师（70%）</td><td></td><td></td><td></td><td></td><td></td><td rowspan="2"></td></tr>
<tr><td>学生（30%）</td><td></td><td></td><td></td><td></td><td></td></tr>
<tr><td colspan="3">教师评价</td><td colspan="7">自我评价</td></tr>
<tr><td colspan="3"></td><td colspan="7"></td></tr>
</table>

考核评价时间：　　　　　　　　　　　　　　教师签字：

单元 7 项目管理

学习目标

【知识目标】

- 认识项目管理中项目计划的重要性。
- 了解项目计划中人员组织的几种方式。
- 了解项目计划中风险预估的方法。
- 了解如何进行项目进度安排。
- 认识项目管理中配置管理的重要性。
- 了解如何对变更进行控制。
- 认识项目管理中质量管理的重要性。
- 了解软件质量所包含的几种要素。
- 了解质量管理过程中常见的几种评审方法。

学习目标

【能力目标】

- 能够理解项目计划在项目工程中的重要作用。
- 能够读懂项目计划的甘特图。
- 能够在软件变更产生时，严格遵守变更控制流程进行工作。
- 能够理解质量管理对于整个项目工程的重要性。
- 能够理解项目开发的各种评审方式的作用。

【素养目标】

- 通过项目团队合作，培养友善仁爱、宽容协作、和而不同的精神。
- 通过项目计划的学习，增强技术自信，建立崇高的职业理想。

单元介绍

前面的单元讲述了一个项目开发的几个阶段，根据用户的需求分析出项目需要的功能，并对这些功能进行设计，再进行软件编码，为保证程序的质量需要进行测试，最后部署到用户的机器上。在用户使用的过程中可能会发现各种问题，此时就需要对软件进行维护。在“学分管理系统”的开发过程中就经历过这些阶段，从开始到结束，只要设计人员、编码人员、测试人员的工作都到位，一个项目理所应当地会完成。然而在实际的项目开发中，由于受制于各种因素的影响（项目期限、经费和人员等），项目的开发远没有“学分管理系统”的开发这么顺利。如果不能及时或者提前处理好各种因素带来的问题，一个项目也有可能完成，但是可能超过了预定期限，也有可能花掉了更多的成本，还有可能造成开发人员的怨声载道、辞职走人。最为严重的就是项目走到了无法挽回的地步，成为了一个失败的案例。开始的软件开发项目经常出现以上的现象，所以就有专门的组织对这些现象进行了研究，得出的结论是，大多数不是技术原因造成的，主要原因在于软件开发过程中的管理不善，于是开始建立一些管理规范，从而逐渐形成了软件项目管理的理论。

软件项目管理是为了使软件项目能够按照预定的成本、进度、质量顺利完成而对人员（People）、产品（Product）、过程（Process）和项目（Project）进行分析和管理的活动。软件项目管理的根本目的是，为了让软件项目尤其是大型项目的整个软件生命周期（从分析、设计、编码到测试、维护的全过程）都能在管理者的控制之下，以预定成本按期、按质地完成软件，并交付用户使用。软件项目管理包含的内容庞大，其中最重要的几个方面如下：人员的组织与管理、软件度量、软件项目计划、风险管理、软件质量保证、软件过程能力评估和软件配置管理。而专门从事软件项目管理的人员称为项目经理。这些人一般具有很强的沟通、表达能力，具有较强的分析、推理和判断的能力，能够对软件项目的成本、人员、进度、质量、风险和安全等进行准确的分析和卓有成效的管理，从而使软件项目能够按照预定的计划顺利完成。

软件项目管理涉及的理论较多，考虑到本书主要面向软件开发人员，因此本单元将主要介绍项目计划、软件的配置管理、质量管理，从而让普通开发人员能够理解项目管理的意义和一些主要的流程。首先假设“学分管理系统”的项目开发周期、开发人员和设备如下。

- 项目开发周期：1 月 1 日～3 月 31 日。
- 参加项目的人员如表 7-1 所示。

表 7-1 项目人员一览表

人员	职务
老赵	项目经理
老郭	设计人员兼开发人员
小王	开发人员
小李	开发人员
小朱	测试人员
小孙	测试人员

- 开发设备足够。

基于以上的项目条件，将通过如下 3 个任务来讲述。

任务一 制订项目计划。

任务二 配置管理。

任务三 质量管理。

【重难点】项目组织、风险预估、进度安排、变更控制流程和质量要素。

任务一 制订项目计划

任务简介

老郭是一位资深开发人员，没事就喜欢研究各种开发技术。但是他有个缺点，就是除了开发外，其他什么都不太感兴趣，乃至做了开发这么多年，老板几次让他做项目经理都被拒绝了，理由就是自己不喜欢管理工作，对于各种人员、工时、成本统计完全没有兴趣。

老赵和老郭不同，有过多次成功的项目管理经验，当老板把这个项目告诉老赵后，老赵就找到了老郭来谈论这个项目。老郭看了一下，回答了 3 个字“没问题”，意思是搞定这个项目是件非常简单的事情。3 个月的开发周期和 6 个人的项目团队，加之老郭有多年的 Web 开发经验，还开发过类似于“学分管理系统”的多个项目，整个项目完成似乎指日可待。

但是作为有着多年项目管理经验的项目经理，老赵觉得并不乐观。他发现实际的开发周期并没有 3 个月，而且人员数量虽说有 6 个人，但是好几个人经验不足。再加上公司老板之前找过老赵谈心，要求本次项目的实际开发不要老郭亲自参与，而应该将精力放在带领新人上，给其他新员工更多实际开发的机会，以增加他们的实战经验，为公司以后的人员储备做好打算。老赵感到压力很大。

任务分析

在项目开始之前，有着很多不确定的因素，不能凭空想象该项目能否完成。一份完整详细的项目计划书，能够帮助项目管理者拨开重重迷雾，将项目的未来看得更加清楚。

老赵其实也意识到，凭空想象肯定不行，要更好地管理和控制本次软件开发项目，他应该马上着手预测项目的开发规模、制订软件项目的计划。首先必须搞清楚自己所要做的项目的特性和范围。软件项目计划是继可行性研究之后软件工程管理的重要组成部分，主要内容包括风险分析、进度安排和项目组织。项目计划的目标是为项目负责人提供一个框架，使之能合理地估算软件项目开发所需的资源、经费和开发进度，预测可能发生的风险，并控制软件项目开发过程按此计划进行。在做计划时，必须对人力、项目的时间、成本和风险进行估算。这种估算大多是参考以前的经验和数据做出的。

思政小课堂

支撑知识

一、项目组织

对于一个软件项目而言，通常是多个软件人员通力合作来完成的。如何合理地组织这些人员参与软件的开发是项目成败的关键。为此，软件项目管理者应该重视软件项目的人员组织规律，不能简单地对待。

人员组织是一切软件项目管理的关键，无法想象松散、责任不明确的一伙人在一起可以高效地开发软件。软件开发机构选择怎样的人员组织形式，要根据软件项目的特点和参与人员的素质来决定。在建立软件开发组织时应注意，责任到人——尽早将责任落实，便于管理；合理分工——减少不必要的通信，提高工作效率；责权均衡——责任与权力的平衡，有助于任务的完成。就软件项目的组织结构而言，通常有以下两种模式可供选择。

（1）层次模式

层次模式是一种传统的管理结构，每一层人员向上层报告工作并且管理下层的人员。

（2）矩阵模式

矩阵模式实际是层次模式的扩展。一方面，每个项目有一个项目经理管理；另一方面，每一个项目又分为若干阶段，每个阶段由阶段经理管理。

对于层次模式中的小组和矩阵模式中的子阶段的组织，主要有如下 3 种组织形式。

（1）主程序员小组

小组主要由以下人员组成：一名主程序员、2～5 名技术人员、一名后备程序员。主程序员起到中流砥柱的作用，而其他技术人员则分摊各个任务。

（2）民主小组

民主小组一般由 5～7 人组成，其中一人兼任组长。民主小组的最基本概念是“无我程序设计（Egoless Programming）”，即人人都应把小组开发的程序看成是“我们的”程序，而不应是“我的”程序。遇到问题时，组员之间可以平等地交换意见，从而可以充分发挥每个成员工作的积极性。

（3）层次小组

在层次小组内，项目负责人（组长）一人，负责全组的工作，直接管理 2～3 名高级程序员。每位高级程序员下有若干名程序员，负责子课题的有关工作。

【课堂讨论】如果你是该项目的项目经理，你会采用哪种形式来进行人员组织？

老赵在人员管理模式上考虑了一下，老郭经验丰富，而小王、小李的开发经验有限，整个开发需要以老郭为核心，分管小王和小李比较合适。在系统框架搭建和重要接口设计上还是应该以老郭为主，并结合小组讨论的方式进行。而自己则主要在项目管理方面多注意整个项目的走势。于是，大体的人员组织方式和分工在老赵心里有了数，如表 7-2 所示。

表 7-2　项目的人员组织

设计阶段	老郭	负责数据库的设计 整体框架设计 接口文档的编写
	小王	数据库接口的具体设计 视图层的具体设计
	小李	视图层的具体设计

续表

编码阶段	老郭	数据库存储过程编写 小王 / 小李的重要编码审查
	小王	数据库接口的编码 视图层的编码 小李的编码审查
	小李	视图层的编码 小王的编码审查
单元测试阶段	老郭	测试项目编写 重要接口的单元测试
	小王	自己编码的单元测试
	小李	自己编码的单元测试
集成测试阶段	小朱	集成测试项目的编写 集成测试的实施
	小孙	集成测试项目的编写 集成测试的实施
	小王、小李	软件 Bug 修正
	老郭	小王、小李的 Bug 修正审核

该项目从设计到编码阶段基本处于老郭领导小王和小李的方式，关键核心的技术由老郭完成，而难度一般、重复工作较多的任务由小王和小李负责。这种类似于主程序员的组织方式，在多个开发人员的经验和能力不足的情况下比较适用，能够最大限度地发挥主程序员的经验和能力，同时又充分调用了年轻人员的动力，使他们有事可做，而又不会使其偏离方向，这在一定程度上规避了项目风险。人员组织方式如图 7-1 所示。

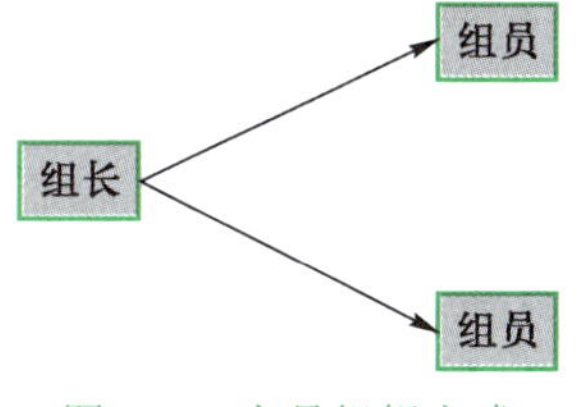

图 7-1　人员组织方式

二、风险预估

项目如果可以按照固定的人员、固定的进度完成，自然是最理想的状况，而实际上，在项目实现过程中可能遇到各类问题。风险其实就是项目过程中有可能发生的某些意外事情，而且在最糟糕的情况下将对项目产生巨大的负面影响，甚至导致失败。

风险从不同的角度有不同的分类。从宏观上来看，可将风险分为 3 类，即项目风险、技术风险和商业风险。另一种常用的风险分类方式将风险分为 3 类：已知风险、可预测风险和不可预测风险。对于已知风险，项目经理应该想办法去规避；对于可预测的风险，项目管理人员应该在项目早期通过各种方法去确定并设法规避。一种识别风险的好办法便是用一组提问帮助项目计划人员了解在项目和计划方面存在哪些风险，很多公司使用“风险项目检查表”列出所有可能的与每个风险因素有关的提问。人们可以从以下几个方面识别已知的或可预测的风险。

- 产品规模。
- 客户特性。
- 开发时间。
- 产品费用。
- 开发环境。
- 建造技术。
- 人员配备。

这里以人员配备的风险检测为例，具体确认以下事项。

- 开发人员的水平如何。
- 开发人员在技术上是否配套。
- 开发人员的数量如何。
- 开发人员是否能够自始至终地参加软件开发工作。
- 开发人员是否能够集中全部精力投入软件开发工作。
- 开发人员对自己的工作是否有正确的期望。
- 开发人员是否接受过必要的培训。
- 开发人员是否能够保证工作的连续性。

人员配备风险检测表反映了人的因素对软件项目的影响，可以用它来估算人的因素对软件项目带来的风险。一般选用 0 ～ 5 的数字来表示风险的不同等级。完全肯定的取值为 0，反之为 5，中间情况的取值为 1 ～ 4。值越大，表示风险越大。

风险估计主要有两个方面的工作：一是估计风险发生的可能性；二是估计与风险相关的问题出现后将会带来的损失，这就是风险的影响度。项目成员需要一起进行风险估计活动，即建立一个尺度或标准来表示一个风险的可能性，描述风险的结果，估计风险对项目和产品的影响。估计每个风险所产生的影响时，至少需要考虑 3 个风险因素，即性能（产品能够满足需求且符合其使用目的的不确定程度）、成本（项目预算能够被维持的不确定程度）和进度（项目进度能够被维持且产品能按时交付的不确定程度），分别确定影响类别（即高、普通、低和可忽略），并求平均或加权平均，从而得到一个整体的影响值。

在风险评价时，可根据风险估计的结果建立一系列三元组：[r*i*, p*i*, e*i*]。其中，r*i* 表示风险；p*i* 表示风险出现的概率；e*i* 表示风险产生的影响；*i*=1，2，…，*M*，表示风险的序号，假定软件项目共有 *M* 种风险。在软件开发过程中，由于项目超支、进度拖延和软件性能下降都会导致软件项目的终止，因此多数软件项目的风险分析都需要给出成本、进度和性能 3 种典型的风险参考量。当软件项目的风险参考量达到或超过某一临界点时，软件项目将被迫终止。如表 7-3 所示为风险预估表。

表 7-3　风险预估表

分类	风险确认项	风险状态	发生概率	影响程度	问题点及对策
人员配备	人员是否足够 人员是否还兼顾其他工作	开启	5	高	项目中途小王请年假 对策： ① 由老郭承担部分开发 ② 从其他项目组抽调人员支援
	人员的技术能力是否足够	关闭	—	—	—
	人员是否会出现长期休假	开启	5	高	同上
	人员对于整个项目的开发流程和规定是否熟悉	关闭	—	—	—
	……				
时间期限	项目的开发时间是否足够	开启	5	高	同上
	是否有足够的时间与客户确认产品的开发模型	开启	3	高	项目开发期限紧张，与客户确认的时间较短 对策：项目开始前与客户充分确认，并拿出公司以前的产品商定产品模型
	如果需要客户提供资料，客户是否能够准时提供	开启	2	低	与该客户有过项目合作，基本能够准时提供
	……				

做了多年风险预估和风险管理的老赵早有一套模板用来预估风险，这个项目也不例外，又拿出了风险管理表进行了确认，仔细确认后果然发现了问题。由于 2 月份过农历新年，而小王家在远方，所以他除了正常的新年假期外，还另外请了 5 个工作日的年休假，要知道这段时间可是项目编码最重要的时期，于是他将该风险记录下来并考虑对策。

老赵在项目开始前进行了风险的识别和预估，实际上，软件项目的风险管理是贯穿在项目开发的一系列过程中的，包括风险识别、风险估计、风险管理策略、风险解决和风险监控，它能让风险管理者主动“攻击”风险，从而进行有效的风险管理。

然而随着项目的发展，有些原来认为的风险，由于处理得当，渐渐变得没有那么严重了，而有些原来认为不会发生的问题，却转为了风险，所以项目管理者一定要注意风险监控。风险的驾驭与监控主要靠管理者的经验来实施，可利用项目管理方法来设法避免或转移风险。风险监控则是一种项目跟踪活动，它有如下 3 个主要目标。

- 判断一个预测的风险是否属实、是否发生。
- 进行风险再估计，确保针对某个风险而制定的风险管理措施正在执行。
- 收集可用于将来进行风险分析的信息。

风险驾驭及监控的策略如下。

- 与在职人员协商，确定人员流动原因。
- 在项目开始前，把缓解这些人员流动原因的工作列入风险驾驭计划。
- 项目开始时，要做好人员流动的思想准备并采取一些措施，确保人员离开时项目仍能继续。
- 制定文档标准，并建立一种机制，保证文档及时产生。
- 对所有工作进行细微详审，使更多人能够按计划进度完成自己的工作。
- 为每个关键性技术人员培养后备人员。
- 在考虑风险成本之后，决定是否采用上述策略。

三、进度安排

当项目的开发规模有了大概估算后，按照工期和目前的开发人员便可以制订项目计划了。在进行项目计划时一般需要涵盖以下的作业。

- 任务分解：通过任务分解可以使管理者把一个复杂的项目按照层次结构和逻辑关系分解成多个易于管理的单元，以方便更为全面地了解一个项目所涉及的工作及它们之间的逻辑和层次关系。任务分解可以根据项目阶段、可交付成果或者项目专业等来进行划分，项目管理者可以根据项目的情况来制定划分原则。

- 作业依存：确保作业间的依存关系——顺序和并发。
- 时间分配：为每个作业指定开始时间和终止时间。
- 资源约束：在进行时间分配时应考虑资源约束，如人员数量、工具。
- 定义责任：应指定某特定小组负责某个作业。
- 定义结果：对每个作业定义相应的结果——产品或产品的一部分。
- 定义里程碑：每个作业或作业系列应与项目的里程碑相联系。

软件项目的进度安排与任何一个工程项目的进度安排都没有实质上的不同。首先识别一组项目任务作业，建立任务作业之间的相互关联，然后估算各个任务的工作量，分配人力和其他资源，并指定进度时序。原则上，可以把一般工程项目的进度安排方法和工具应用于软件工程项目。而如何来规划每项工作的开始时间和结束时间呢，下面将介绍两种方法，即 PERT 技术和甘特图方法。

微课 7–1　PERT 技术

1. PERT 技术

PERT（Program Evaluation & Review Technique）即计划评审技术。20 世纪 50 年代后期，美国公司首次提出这一技术，并成功地应用于实际的研究和开发。几十年来，它在许多工程领域获得了广泛的应用，有时也因此称为工程网络技术。

构造 PERT 图，需要明确 3 个概念，分别为事件、活动和关键路线。

- 事件（Events）表示主要活动结束的那一点。
- 活动（Activities）表示从一个事件到另一个事件之间的过程。
- 关键路线（Critical Path）是 PERT 网络中花费时间最长的事件和活动的序列。

要开发一个 PERT 网络，会要求管理者首先确定完成项目所需的所有关键活动，然后按照活动之间的依赖关系排列它们之间的先后次序，并估计完成每项活动的时间。这些工作可以归纳为以下 5 个步骤。

① 确定完成项目必须进行的每一项有意义的活动，确定完成每项活动都产生事件或结果。

② 确定活动完成的先后次序。

③ 绘制活动流程从起点到终点的图形，明确表示每项活动及其他活动的关系，用圆圈表示事件，用箭线表示活动，得到的流程图便称为 PERT 图。

④ 估计和计算每项活动的完成时间。

⑤ 借助包含活动时间估计的网络图，管理者能够制定出包括每项活动开始日期和结束日期的全部项目的日程计划。在关键路线上没有松弛时间，沿关

键路线的任何延迟都直接延迟整个项目的完成期限。

如图 7-2 所示为各个活动构成的一幅 PERT 图，该图的关键路径该为 A → B → C → D → G → H → J → K，沿此路线的任何事件的完成时间延迟，都将延迟整个项目的完成时间。

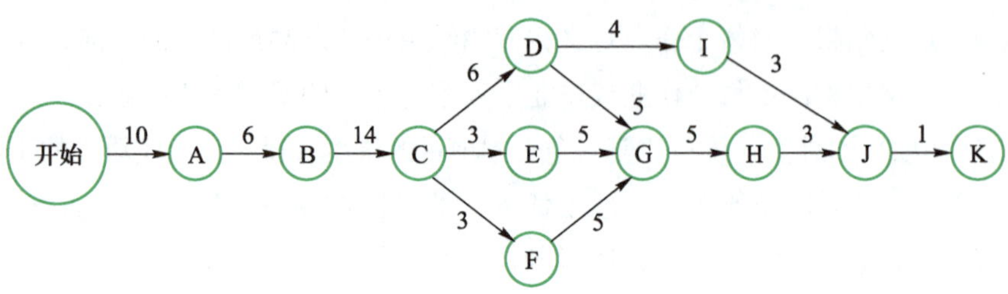

图 7-2 PERT 图

2. 甘特图

微课 7-2 制定项目计划及项目甘特图

甘特图，又称横道图，用水平线段来描述各作业的进度安排。甘特图的横轴表示时间，纵轴列出的是活动名称，线条表示整个期间计划和活动的完成情况，能够直观地表明任何计划的开始时间和结束时间，以及实际进展与计划要求的对比。绘制甘特图时，应先明确项目涉及的各项活动，其中包括活动的名称、任务、开始时间和工期，然后确定各个活动之间的依赖关系和时序进度。

 任务实施

老赵在制订项目计划时经常使用微软的 Project 软件绘制甘特图，这个软件简单易懂，所以很多管理人员都使用。老赵先进行了项目分解，然后确定了每个活动所需的时间和相互之间的关系。如表 7-4 所示为项目活动关系表。

表 7-4 项目活动关系表

项目活动	所需时间（人日）	前置任务
需求分析	5	—
概要设计 - 数据库设计	3	需求分析
概要设计 - 接口设计	5	概要设计 - 数据库设计
概要设计 - 页面模型	10	需求分析

续表

项 目 活 动	所需时间（人日）	前 置 任 务
详细设计 - 数据库设计	5	概要设计 - 数据库设计
详细设计 - 接口设计	5	概要设计 - 接口设计
详细设计 - 页面设计	10	概要设计 - 页面模型
编码 - 接口	5	详细设计 - 数据库设计 详细设计 - 接口设计
编码 - 页面	10	详细设计 - 页面模型 详细设计 - 接口设计
单元测试 - 接口测试	5	编码 - 接口
单元测试 - 页面测试	10	编码 - 页面
功能测试	20	单元测试 - 接口测试 单元测试 - 页面测试
集成测试	16	概要设计 - 页面模型

老赵将活动的信息输入到 Project 软件上，便会自动生成相应的甘特图。通过甘特图，人们可以一目了然地看到整个项目中各个活动的具体开始时间，并且可以给每个活动指派人员、资源等。如图 7-3 所示为项目甘特图。

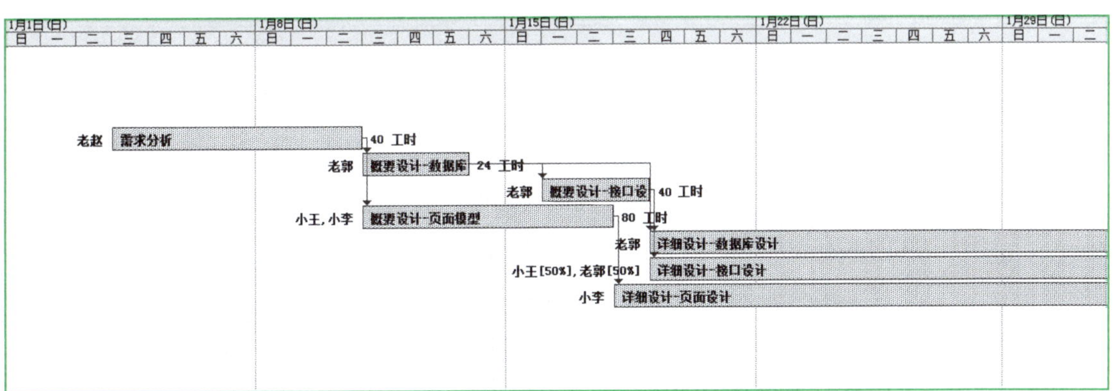

图 7-3　项目甘特图

以图 7-3 为例，需求分析需要老赵与客户交谈，花了 40 工时（5 人日），而时间为 1 月 4 日～1 月 10 日，那是因为中间有两天休息时间。数据库和页面的概要设计的前置任务是需求分析，所以可以看到，这两个任务都是 1 月

11 日开始的。由于接口的设计需要老郭来完成，所以需要等他将数据库设计完成后进行接口设计。所有的概要设计完成后，便可以开始详细设计，而详细设计中遇到了春节休假，从而使详细设计维持了很长时间。另外，由于小王需要请年假，这段期间仅仅使用了小王的 50% 的工作时间，为了填补这段空缺，暂且先让老郭顶了上去。

此时其实已经出现了问题，过年前后的这段时间，老郭需要负责两项任务，即数据库和接口的详细设计。如果要保证在计划内完成，老郭每天的工作时间肯定会超过 8 小时。通过 Project 软件的资源使用状况视图可以看到，老郭需要加班才能完成，于是软件开发中最常见的情况将会产生了，那就是加班。如图 7-4 所示为项目人员计划图。

资源名称	详细信息				2020年1月22日							2020年1月29日			
		四	五	六	日	一	二	三	四	五	六	日	一	二	三
⊟ 老赵	工时														
需求分析	工时														
⊟ 老郭	工时	12h	12h										12h	9.33h	8h
概要设计-数据库设	工时														
概要设计-接口设计	工时														
详细设计-数据库设	工时	8h	8h										8h	8h	8h
详细设计-接口设计	工时	4h	4h										4h	1.33h	
单元测试-接口测试	工时														
⊟ 小王	工时	4h	4h										4h	4h	4h
概要设计-页面模型	工时														
详细设计-接口设计	工时	4h	4h										4h	4h	4h
编码-接口	工时														
单元测试-页面测试	工时														
⊟ 小李	工时	8h	8h										8h	8h	8h
概要设计-页面模型	工时														
详细设计-页面设计	工时	8h	8h										8h	8h	8h
编码-页面	工时														
单元测试-页面测试	工时														

图 7-4 项目人员计划图

虽然加班在目前国内的软件开发中习以为常，但是作为项目管理者还是应该尽量保证开发人员有合理的作息时间，否则会产生很多问题，比如单位时间的成本增加（公司需要支付加班工资），开发人员的身体和精神健康不能得以保证，从而会影响到工作效率，增加人员流失的可能性。老赵其实也意识到了这个问题，有另外的打算。如果春节那段时间老郭的压力过大，自己也可以适当参与到详细设计中去，所以春节那段时间应该还是能够挺过的。另外，老赵又看了一下整体的甘特图，按照目前的安排，到 3 月 23 日就可以结束这个项目，比客户要求的期限提前了一周的时间，所以，即使春节那段时间出现进度延迟，也能够在 3 月底前完成。调整后的项目甘特图如图 7-5 所示。

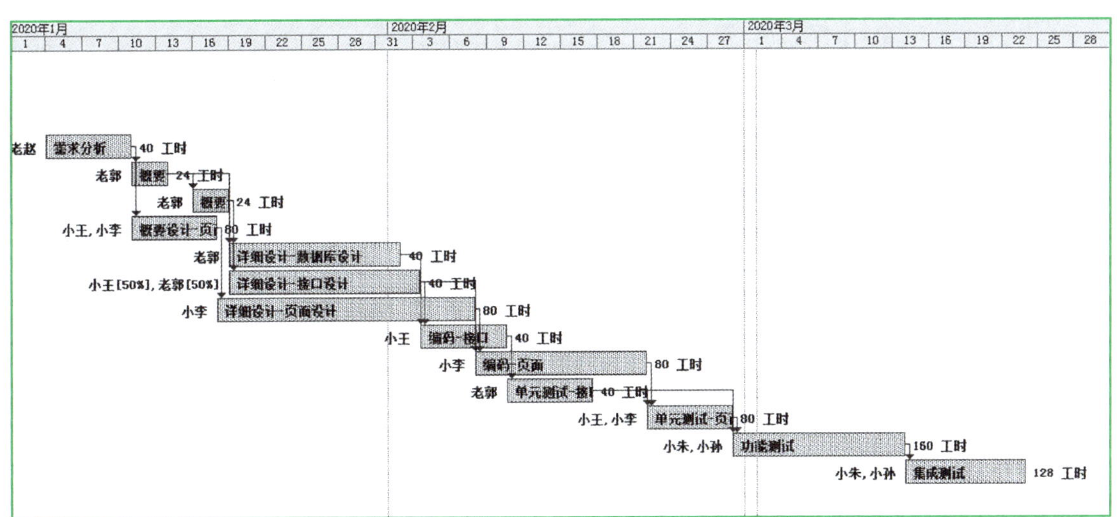

图 7-5　调整后的项目甘特图

有了这样的计划，老赵对于整个项目看得更加清晰了，他心里已经有了大体的项目进展预期。

任务小结

老赵具有多年的项目管理经验，对项目的人员组织方式进行了计划，这样可使每个人员分工明确。另外，通过风险确认表对项目中可能存在的风险进行了预估。在对项目的人员、周期有了清楚的认识后，老赵制作了甘特图，对项目的整个开发周期有了更加详细的计划。

拓展训练

利用课后时间查找微软公司的 Project 软件的资料，熟悉软件的操作方法，并能够绘制出一张简单的项目计划甘特图。

【提示】Project 软件除了可以制定甘特图外，还可以安排项目的资源，并且还提供了多种视图，从而能够从多个角度审视项目计划。

任务二　配置管理

任务简介

制订好了项目计划后，项目便正常运转起来了。不过老赵对一件事情记忆犹新，那还是好多年前老赵还在做一线开发编码时，当时的一个项目已经处于测试阶段的尾声了，当时的公司没有什么正规的管理，代码和文档都放在服务器上，谁都可以修改，服务器倒是设定了晚上自动备份的功能。

一天，老赵完成了自己的测试项目就回家了，小田因为没有完成测试一个人加了会儿班。第二天老赵上班，依然是按照自己的节奏，泡杯茶，查看下今天的测试项目，然后就准备开工了。想到昨天的测试比较顺利，老赵心想系统逐渐稳定了，今天加紧点便可以准时下班喽。

然而老赵的美梦没做多久，当做了第一个测试后就让他大跌眼镜，昨天明明可以的功能今天怎么都跑不通了，老赵反复测试几次都是这个结果，即便重启计算机也不行。老赵便开始调试程序了，调试后发现不对劲，一个被多个功能使用到的函数被修改了。老赵便把服务器上昨天备份的版本和今天的版本进行对比，发现好几个文件昨天晚上被小田改过了。于是他找到小田，此时才知道，原来小田昨晚测试自己开发的功能时发现了问题，便按照自己的想法修改了代码，仅仅测试到自己的功能通过了，就更新到服务器上了，而他修改的正好涉及一个重要的函数，虽然他自己的功能测试通过，但是影响了其他功能。

老赵经常拿这段往事来教育新员工配置管理的重要性，他也深刻意识到，大家只有都遵守规则进行变更才会确保整个项目有条不紊地进行。

任务分析

实际上，配置管理不仅可以防止大家同时操作文件所可能带来的混乱，还能解决其他很多问题。软件一旦建立，变更是不可避免的，而变更加剧了项目中软件开发人员之间的混乱。配置管理的目标就是为了标识变更、控制变更、确保变更正确实现，并向其他有关人员报告变更，目的是使错误降为最小并最有效地提高生产效率。软件配置管理（Software Configuration Management，SCM）是一种标识、组织和控制修改的技术，贯穿于整个软件生命周期，它可以有效地解决以下问题。

- 开发人员未经授权修改代码或文档。
- 人员流动造成企业的软件核心技术泄密。
- 因为找不到某个文件的历史版本，而无法重现历史版本。

- 分处异地的开发团队难于协同，可能会造成重复工作，并导致系统集成困难。

思政小课堂

支撑知识

一、变更控制

微课 7-3　项目人员计划图

在项目管理中，有专门的过程来防止老赵那样的往事再次发生，那就是变更控制。变更控制的目的并不是控制变更的发生，而是对变更进行管理，以确保变更有序进行。对于软件开发项目来说，发生变更的环节比较多，因此变更控制显得格外重要。项目中引起变更的因素有两个：一是来自外部的变更要求，如客户要求修改工作范围和需求等；二是开发过程内部的变更要求，例如，为解决测试中发现的一些错误而修改源码甚至设计。相比较而言，最难处理的是来自外部的需求变更，因为 IT 项目需求变更的概率大，引发的工作量也大（特别是到了项目的后期）。当需要变更时，一般通过以下步骤来完成。

① 提交变更申请表给变更授权人，其中需要包括变更涉及的技术指标、潜在副作用、对其他配置对象和系统功能的影响及变更的成本等。

② 变更授权人收到变更申请表之后会进行仔细的核对，如果变更要求合理，则审核批准。

③ 将被批准的变更生成工程变更工单（描述了将要进行的变更、必须注意的约束及评审和审计的标准）。

④ 变更申请者检出（Check Out）相关配置项，进行修改、测试、确认。

⑤ 修改完成后将配置项检入（Check In）。

二、版本控制

版本控制是所有配置管理系统的核心功能。配置管理系统的其他功能大都建立在版本控制功能之上。版本控制的对象是软件开发过程中涉及的所有文件系统对象，包括文件、目录和链接，可定版本的文件包括源代码、可执行文件、位图文件、需求文档、设计说明和测试计划等。软件生存周期各个阶段活动的产物经审批后即可称为软件配置项（Software Configuration Item，SCI）。

目录的版本记录了目录的变化历史，包括新文件的建立、新的子目录的创建、已有文件或子目录的重新命名、已有文件或子目录的删除等。版本控制的目的在于对软件开发进程中的文件或目录的发展过程提供有效的追踪手段，确保在需要时回到旧的版本，避免文件的丢失、修改的相互覆盖，通过对版本库的访问控制避免未经授权的访问和修改，从而达到有效保护企业软件资产和知识产权的目的。另外，版本控制是实现团队并行开发、提高开发效率的基础。

文件或目录的版本演化的历史可以形象地表示为图形化的版本树（Version Tree）。版本树由版本依次连接形成，版本树的每个结点代表一个版本，根结点代表初始版本，叶结点代表最新的版本。最简单的版本树只有一个分支，也就是版本树的主干；复杂的版本树（如并行开发下的版本树）除了主干外，还包含很多的分支，分支可以进一步包含子分支。经过正式审核与同意，将某一个特定阶段的所有文件或者目录进行发布，便形成了基线（Baseline），随后的工作便基于此标准，并且只有经过授权后才能变更这个标准。

很多软件在开发或者商用过程中都会经历类似的结点，在这些结点会发布固定的版本，从而出现一些比较常见的版本名称。

Alpha 版（内部测试版）：一般只在软件开发公司内部公布，不对外公开。主要用于开发人员自身对产品进行测试，检查产品是否存在缺陷、错误，验证产品的功能与说明书、用户手册是否一致。

Beta 版（公开测试版）：这个阶段的版本在 Alpha 版之后推出，会修正一些错误并一直加入新的功能。软件开发公司为了对外宣传，将非正式产品免费发送给具有典型性的用户，让用户测试该软件的不足之处及存在的问题，以便在正式发行前进一步改进和完善。一般可通过 Internet 免费下载，也可以向软件公司索取。

RC 版（Release Candidate，候选版本）：就是发行的候选版本，并进入发布倒计时。对于 RC 版，已经完成全部功能并清除大部分的 Bug，一般不会再加入新功能，主要着重于除错。

Demo 版（演示版）：主要是演示正式软件的部分功能，用户可以从中得知软件的基本操作，为正式产品的发售扩大影响。如果是游戏，则只有一两个关卡可以玩。该版本也可以从 Internet 上免费下载。

任务实施

其实，老赵很早就开始研究变更控制的流程，并很早就形成了一套自己的管理方法，而且得到了不错的效果。

通过这样的流程可以防止程序员由于随意修改文档和代码而导致的各种问题，同时可以将测试阶段出现的问题进行记录，以方便日后的项目经理对项目中出现问题较多的模块进行统计，从而进行有针对性的测试。如图 7-6 所示为变更流程图。

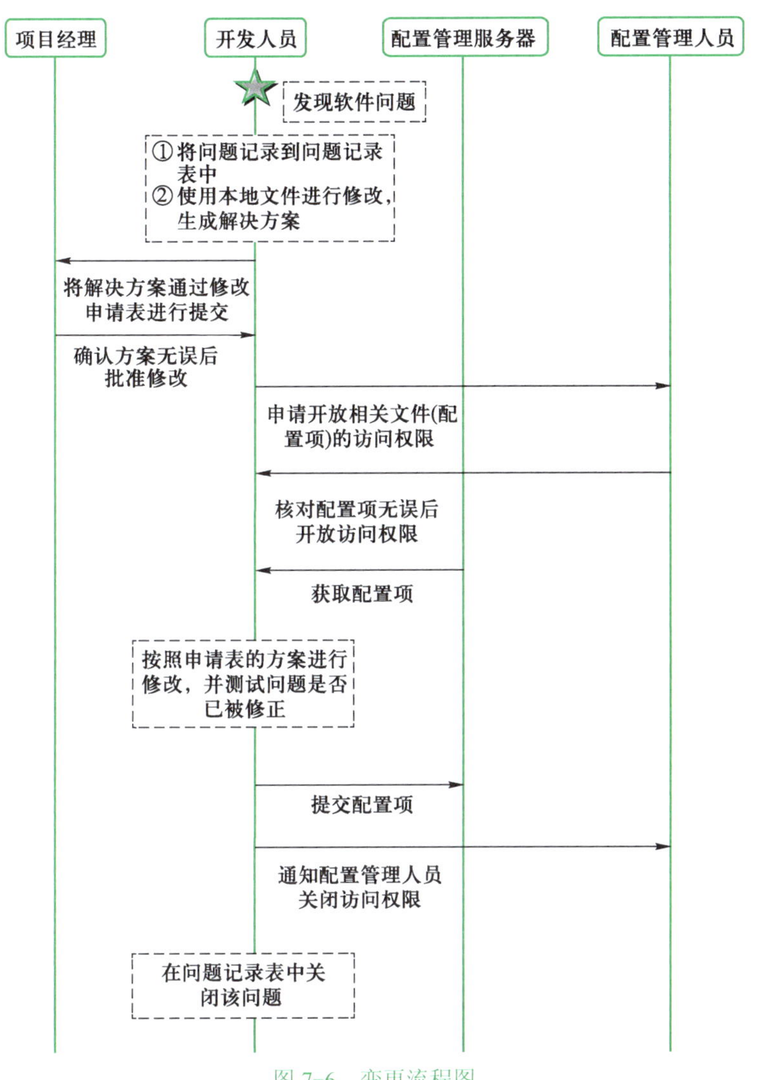

图 7-6　变更流程图

微课 7-4　变更控制流程

【课堂讨论】如果开发人员不按照变更流程进行作业，会出现什么情况？

 任务小结

老赵制定了变更控制的管理方法，目的就是能够有效地管理开发人员的文档和代码变更，这样的管理流程在许多大的软件公司都存在，并且必须严格遵守。

 拓展训练

利用课后时间查找几种常用的软件配置管理的工具，并熟悉基本的操作方法。

【提示】目前软件公司常用的软件配置工具有 VSS（Visual Source Safe）、CVS（Concurrent Versions System），SVN（Subversion），可以在网络上寻找相关资料进行学习。

任务三 质量管理

任务简介

微课 7-5 质量管理

提到质量，不得不说到老郭几年前的事情，那时老赵生病休息了，正好公司接到一个小项目，老板就让老郭了解客户的需求。其实，了解客户需求是个挺困难的任务，客户只能说个大概，至于具体需要什么功能，很多时候客户不能描述得很仔细。老郭和客户简单、粗略地沟通了一下，了解到客户原来就是要一个统计员工出勤时间并能够计算月工资的软件。老郭心想，这不是很简单的事情吗，我一个人弄弄顶多半个月，于是回来向老板说明了情况，还主动请缨做这个项目。当时公司也小，管理非常不规范，加之老赵又生病了，老板就同意交给老郭全权负责了。老板问老郭还想要什么人，老郭说小朱吧，帮我测试打杂就行，于是一个项目就轰轰烈烈地开始了。

由于老郭做过类似的系统，原来预计半个月做出来的系统，老郭一个人连设计加编码，平时再加班十天就搞定了，老郭看着自己的成果，十分欣慰，心想下面的事情和我关系不大，就交给测试人员了。小朱也没有什么经验，拿着老郭的软件测试了十天，一开始发现有些功能不会使用，于是去找老郭询问。老郭就细心地告诉他这些功能如何操作，渐渐地，小朱也熟悉了老郭的设计想法，没过多长时间这个软件就顺利通过测试阶段，部署到客户机器上了。

可是装到客户机器上后，很快客户就提出很多反馈意见。

- 提供的功能单个操作可以，但是许多功能连续操作或者反复操作便会出现问题。
- 没有提供查询功能。
- 虽然目前可以输入出勤时间，但是对于特别日期的出勤时间不能设定加班系数。

老郭看到这些反馈后，对于第一类问题，马上就找到小朱，说他只测试单个功能，不将它们组合起来测试；而第二、三类问题，老郭看了之后非常生气，当时和客户商谈时客户根本没有说清楚，东西交给客户后，客户却又要这个又要那个。

任务分析

此时生病的老赵回来了，看到这个情况，他马上就明白问题出在哪里，于是私下找老郭聊天，委婉地指出了以下几个问题。

- 老郭在和客户商谈需求时没有深入。
- 老郭在设计出模型后没有和客户沟通，从而不确定设计的功能和界面是否能够满足客户需求。
- 老郭在完成编码后，明知小朱没有经验，还将测试全部交给小朱。
- 小朱在测试方面只进行了普通功能测试，没有进行各种异常、综合的测试。
- 小朱没有深入理解客户的需求，没有站在客户的角度进行测试，而是按照设计人员的角度进行了测试。

还好老赵是个沟通能力和组织能力很强的人，当他认识到这些问题后，通过和客户的耐心沟通，以及老郭的开发能力，这个软件产品修改了一段时间最后还是满足了客户的需求。现在老郭认识到，还是当时自己对软件质量的认识太肤浅。

支撑知识

一、质量要素

项目管理知识体系（Project Management Body of Knowledge，PMBOK）中的质量定义是符合要求和适合使用的。能力成熟度模型（Capability Maturity Model for Software，CMM）对质量的定义是，一个系统、组件或过程符合客户或用户的要求或期望的程度。因此可以讲，质量不是研发者说的，而是客户的最终感受，老郭那次失败开发的原因就是只注重了开发而忽略了客户的感受。

通过类比，可以这样理解软件质量：软件质量是许多质量要素的综合体现，各种质量要素反映了软件质量的方方面面。人们通过改善软件的各种质量要素提高软件的整体质量（否则无从下手）。软件的质量要素很多，如下。

- 正确性：该要素第一重要，机器不会欺骗人，软件运行错误都是人为造成的。

- 健壮性：包括容错能力和恢复能力，开发过程中应该充分考虑各种异常和边界。
- 可靠性：是指在一定的环境下，在给定的时间内系统不发生故障的概率。
- 性能：通常是指软件的“时间—空间”效率，而不仅是指软件的运行速度（解决性能问题的根本是算法和程序的优化，而不是期待硬件的更高配置）。
- 易用性：是指客户对于软件的易理解、易学习和易操作性。
- 安全性：可以防止系统被非法入侵，以保证用户数据的安全。
- 扩展性：反映了软件应对变化的能力，当客户增加新需求时是否能够轻松应对。
- 兼容性：对硬件和对其他软件的兼容能力。
- 可移植性：是指将软件转置到其他硬件、其他操作系统的能力。

这些质量要素又可以分为功能性和非功能性两大类。正确性、健壮性、可靠性为功能性质量要素，而性能、易用性、安全性、扩展性、兼容性、可移植性等则为非功能性质量要素。非功能性需求是软件质量的重要组成部分，是架构设计和软件产品化的重要考虑因素，但往往容易被忽视。特别是在开发通用性的产品时，非功能性质量要素必须要考虑全面。

无论是功能性还是非功能性质量要素，最终都是为了提高客户满意度、产品核心竞争力和价值。如果某些质量要素并不能产生显著的经济效益，则可以忽略它们，把精力用在对经济效益贡献最大的质量要素上。

二、质量管理

那么，如何才能提高这些质量要素，从而最终提高客户的满意度呢，这就得靠质量管理了。质量管理主要包括 3 个过程：质量计划、质量保证和质量控制。

质量计划：是质量管理的第一个步骤，它主要指依据公司的质量方针、产品描述及质量标准和规则等制定出来实施方略。其内容全面反应客户的要求，为质量小组成员有效工作提供了指南，为项目小组成员及项目相关人员了解在项目进行中如何实施质量保证和质量控制提供依据，为确保项目质量得到保障提供坚实的基础。

质量保证：是贯穿整个项目生命周期的有计划和系统的活动，经常性地针对整个项目质量计划的执行情况进行评估、检查，并进行改进，向管理者、客户或其他方取得信任，确保项目质量与计划保持一致。质量保证对应于技术评审与过程检查。

质量控制：是指对阶段性的成果进行测试、验证，为质量保证提供参考依据，对应于软件测试等工作。

 任务实施

老赵对于目前公司的项目有着清醒的认识：大部分项目都是工期短、任务重、利润低（这也和许多国内软件公司的处境差不多）。在这种背景下，开展全面质量管理是比较困难的，只能根据每个项目的进度和成本实际情况来进行合理的投入。如果质量投入过大，不但耽误进度，还会影响到企业利润，本末倒置了。

经过多年的经验积累，老赵将目前的质量管理的实际措施分为了 3 类：技术评审、过程检查和软件测试。项目实施中的软件质量管理仍然围绕着这 3 类工作来开展。由于公司没有专门的质量管理专员，所以，项目经理老赵就需要更多地去组织技术评审人员及安排人员进行过程检查。另外，他还将测试人员独立出来，专门进行一些质量保证工作，这就是为什么这个项目的参加人员有两名专职的测试人员，他们既负责测试，也做一定的质量保证工作。

一、技术评审

技术评审是指组织质量管理人员、有经验的开发人员、项目的承担者一同进行评审，评审的对象可以是项目计划、软件架构设计方案、数据库逻辑设计资料、系统概要设计资料、系统详细设计资料、代码、测试用例等。技术评审可以把一些软件缺陷消灭在实际测试之前，尤其是一些设计方面的缺陷。技术评审对于参与评审的人员要求较高，需要比较丰富的开发和测试经验，从而真正起到很好的效果。技术评审表如表 7-5 所示。

表 7-5 技术评审表

评审内容	评审重点	评审方式
项目计划	重点评审进度安排是否合理，否则进度安排将失去意义	整个团队的相关核心人员共同进行讨论、确认
架构设计	架构决定了系统的技术选型、部署方式、系统支撑的并发用户数量等诸多方面，这些都是评审重点	邀请客户代表、领域专家进行较正式的评审
数据库设计	主要是数据库的逻辑设计，这些既影响到程序设计，也影响到未来数据库的性能表现	邀请相关技术人员一起进行讨论

续表

评审内容	评审重点	评审方式
系统概要设计	重点是系统接口的设计	邀请相关技术人员一起进行讨论，特别是，需要征求使用该接口的开发人员的意见
代码	编码的风格需要统一，要与详细设计书一致	可以进行交叉评审，也可以让设计人员对编码进行评审，以确保目前的编码与设计思路吻合
测试用例	测试用例覆盖面是否足够	邀请有经验的测试人员、设计人员进行评审

二、过程检查

项目延期是中国软件企业实施很多项目时的特点，因此，项目实施中的过程检查重点是“进度检查”。在实际工作中，很多都是启动项目一段时间后就开始不停地加班，使整个团队处于疲惫状态，导致工作效率低下，最后把项目计划丢在一边。对于这种情况，比较好的做法是不断地检查项目计划与实际进度是否存在偏差。如果存在偏差，则找出问题的根源，然后消除引起问题的因素。例如，可以调整进度安排或者增加人力投入，这样就避免了问题不断放大。

一般，软件项目在开始前都会有项目计划，每个项目阶段在什么时候开始和结束都比较明确，所以，在每个项目结点进行一次规模较大的过程检查是比较好的措施。例如，在概要设计、详细设计、编码、测试的预定结束时间点上进行该阶段的各种输出物的审核，会容易发现一些问题。另外，对于期限紧、人员少的项目，应该在项目阶段中增加过程检查的次数，尽量将问题控制在萌芽状态，而不是到了预定时间点上才发现问题。

三、软件测试

在与项目实施相关的全部质量管理工作中，软件测试的工作量最大。由于很多项目在实施中非常不规范，因此，软件测试一定要把好关。软件测试应该重点做好测试用例设计、功能测试、性能测试和缺陷管理等工作。

测试用例设计：虽然项目实施中没有太多时间来设计测试用例，但是这个环节是必不可少的。在项目实施中，设计测试用例应该根据进度安排，优先设计核心应用模块或与核心业务相关的测试用例。在时间紧迫的情况下，设计测试用例时可以不面面俱到，不细致入微，但是必须要列出测试重点，从而对测试执行起良好的指导作用。这个时候的测试用例更像是“测试大纲”。

功能测试：软件首先应该从功能上满足客户需求，因此，功能测试是质量管理工作中的重中之重。功能测试在产品试运行前一定要开展好，否则将会发生“让客户来执行测试”的情况，后果非常严重。另外，对于功能测试的测试用例，需要从客户的角度出发，考虑客户的使用习惯和感受，不能一味地凭空想象，也不能完全认同设计人员的思路。

性能测试：性能测试是经常容易被忽略的测试。在实施项目的过程中，应该充分考虑软件的性能。运行较慢的软件不会为客户所接受。性能测试可以根据客户对软件的性能需求来开展，通常，系统软件及银行、电信等特殊行业的应用软件对性能的要求较高，应该尽早进行，这样易于早解决问题。

缺陷管理：缺陷管理工作也经常被忽略，很多问题会被遗忘，直到客户再次发现。测试人员在项目实施中需要采用一些工具进行缺陷管理与跟踪，以确保缺陷都能得到妥善的处理。

任务小结

每个员工都要有质量意识，这样会提高软件质量。然而事实上，将软件质量依赖于员工的自觉性常常会导致项目的失败，所以必要的软件管理措施是一定需要制定并严格执行的。在正规的软件企业里，会让有一定经验的开发人员承担质量管理专员职责，由于多年从事软件开发，他们除了进行各种评审所规定的检查外，还会结合项目的实际情况和自己的开发经验对项目开发过程中出现的各种问题进行质量监察。

拓展训练

利用课后时间查找更多的质量评审资料，了解质量评审过程中需要关注的问题。

【提示】软件的质量管理一般是项目管理人员执行的，但是作为普通开发人员，遵守公司的质量管理规定是至关重要的。

能力训练与素质拓展

第一部分　知识回顾与思考

1. 何为项目计划，项目计划需要考虑哪些因素？
2. 项目计划中人员组织常用哪几种方式？

3. 项目计划中如何对项目的风险进行预估，常用的风险三元组有哪几个要素？

4. 项目计划中如何进行项目进度的安排，常用技术有哪些？

5. 项目管理中配置管理的作用是什么？

6. 软件的质量要素包含哪些？

7. 质量管理中的质量计划、质量保证、质量控制分别完成哪些工作？

第二部分 职业能力训练

一、单项选择题（下列答案中有一项是正确的，将正确答案对应的字母填入括号内）

1. 项目开始时需要进行项目计划，以下（　　）不属于项目计划需要考虑的事项。

A. 人员组织　　B. 风险预估

C. 进度安排　　D. Bug 数据分析

2. 以下（　　）的最基本概念是“无我程序设计”，人人把小组开发的程序看成是“我们的”程序，而不是“我的”程序。

A. 主程序员组织方式　　B. 民主组织方式

C. 层次组织方式　　D. 矩阵组织方式

3. 为了预估项目风险，经常使用风险三元组来管理风险，以下（　　）不属于三元组的元素。

A. 风险名称　　B. 风险发生的概率

C. 风险产生的影响　　D. 风险的对策

4. 以下（　　）技术经常被使用来进行项目的进度安排。

A. 甘特图　　B. 权限分配　　C. 进度评审　　D. 版本树分支

5. 软件公司会将非正式产品免费发送给具有典型性的用户，让用户测试该软件的不足之处及存在问题，以便在正式发行前进一步改进和完善，这种产品的版本一般会定为（　　）。

A. Alpha 版　　B. Beta 版　　C. RC 版　　D. Demo 版

6. 一般只在软件开发公司内部公布，不对外公开。主要是开发人员自身对产品进行测试，检查产品是否存在缺陷、错误，验证产品功能与说明书、用户手册是否一致，这样的产品版本属于（　　）。

A. Alpha 版　　B. Beta 版　　C. RC 版　　D. Demo 版

7. 主要是演示正式软件的部分功能，用户可以从中得知软件的基本操作，为正式产品的发售扩大影响。如果是游戏的话，则只有一两个关卡可以玩。该版本也可以从 Internet 上免费下载。这种软件版本一般定为（　　）。

A．Alpha 版　　B．Beta 版　　C．RC 版　　D．Demo 版

8．有很多因素决定最终软件产品的质量，以下（　　）因素不属于软件质量因素。

A．正确性　　B．健壮性　　C．安全性　　D．自动性

9．质量管理包含多个过程，以下（　　）过程不属于质量管理。

A．质量计划　　B．质量保证　　C．质量配置　　D．质量控制

10．有许多因素决定软件质量的高低，将软件转置到其他硬件、其他操作系统的能力，称为软件质量因素的（　　）。

A．正确性　　B．健壮性　　C．易用性　　D．可移植性

二、填空题（请在括号内填空）

1．项目的人员组织有多种方式，每一层人员向上层报告工作并且管理下层的人员，这样的模式称为（　　）模式。

2．项目的人员组织有多种方式，每一个项目又分为若干阶段，每个阶段则由阶段经理管理，这样的模式称为（　　）模式。

3．项目过程中有可能发生的某些意外事情，而且在最糟糕的情况下将对项目产生巨大的负面影响甚至导致失败。在项目计划时，需要对这些可能发生的事情进行预估，称为（　　）。

4．管理者把一个复杂的项目按照层次结构和逻辑关系分解成多个易于管理的单元，方便于更为全面地了解一个项目所涉及的工作以及它们之间的逻辑和层次关系，称为项目的（　　）。

5．项目的进度安排过程中，最重要的是来规划每项工作的开始时间和结束时间，列举你认识的两种进度安排技术，（　　）和（　　）。

6．使用 PERT 技术进行进度安排时，会将项目分解为多个活动，每个项目活动结束的那一点称为（　　）。

7．使用 PERT 技术进行进度安排时，会将项目分解为多个活动并制定每个活动的开始结束时间，以及活动间的关系，从而形成 PERT 图。PERT 网络中花费时间最长的事件和活动的序列称为（　　）。

8．项目管理中，为了标识变更、控制变更、确保变更正确实现并向其他有关人员报告变更，目的是使错误降为最小并最有效地提高生产效率的活动，称为软件（　　）。

9．一个软件可以防止系统被非法入侵的，并且保证用户数据的安全，则该软件的（　　）较高。

10．依据公司的质量方针、产品描述以及质量标准和规则等制定出来质量

实施方案，这样的过程称为（　　）。

三、简答题

1. 在项目的开始前，需要进行项目的计划，项目的计划包含非常多的内容，请列举项目计划中需要进行的两个工作。

2. 在进行项目进度安排时，需要给一个项目逐级分解安排进度，请简要说明该过程。

3. 软件质量由多种因素决定，列举 3 种质量要素，并进行简单的解释。

4. 配置管理的目标就是为了标识变更、控制变更、确保变更正确实现并向其他有关人员报告变更，目的是使错误降为最小并最有效地提高生产效率。请简述配置管理可以解决项目开发过程中遇到的哪些问题。

5. 质量管理可以提高软件的质量，提高用户的满意度。质量管理主要划分为 3 个过程，简述这 3 个过程的具体工作内容。

第三部分　实践能力训练

1. 分组学习：利用课后的时间查找微软公司的 Project 软件的资料，熟悉软件的操作方法，能够做出一张简单的项目计划甘特图。

2. 分组学习：利用课后的时间查找几种常用的软件配置管理的工具，熟悉基本的操作方法。

3. 分组学习：利用课后的时间查找更多的质量评审材料，了解质量评审过程中需要关注的问题。

第四部分　考核评价标准

单元名称	结果考核（70%）			过程考核（30%）						总分
	考核主体	职业能力训练	实践能力训练	考核主体	课堂学习	小组学习	创新能力	课堂实践	实践报告	
单元 7 项目管理	教师			教师（70%）						
				学生（30%）						
	教师评价			自我评价						

考核评价时间：　　　　　　　　　　　　　　　教师签字：

单元 8

综合项目实战

学习目标

【知识目标】

- 了解需求获取的多种途径。
- 熟悉需求分析文档的格式和要求。
- 熟练掌握用例图的设计方法及用例描述文档的一般格式。
- 熟悉需求转换为软件设计的一般要求。
- 熟悉软件系统架构、系统界面、数据库和单元模块设计的基本内容。
- 熟悉编码规范的作用和内容。
- 掌握代码优化、代码调试的策略和技术。
- 掌握如何根据需求设计黑盒测试用例。
- 掌握如何根据单元模块代码的内部结构设计白盒测试用例。
- 掌握如何根据软件系统的运行环境设置性能测试场景并执行性能测试。

学习目标

【能力目标】

- 能通过阅读文献和交流熟悉软件系统的需求。
- 能编写格式规范的需求分析文档。
- 能使用用例图和用例描述文档分析用例执行流程。
- 能在掌握了软件系统完整需求的基础上进行软件设计。
- 能设计软件系统架构、系统界面、数据库和单元模块。
- 能根据软件设计完成软件系统的编码。
- 能熟练使用编程语言的代码优化和代码调试技术编写和调试程序。
- 能根据需求设计黑盒测试用例。
- 能根据单元模块代码的内部结构设计白盒测试用例。
- 能根据软件系统的运行环境设置性能测试场景并执行性能测试。

【素养目标】

- 培养创新思维，提高问题解决能力。
- 提高沟通表达和团队协作方面的能力。
- 建立正确的价值观。

单元介绍

本单元是实训环节，软件开发项目的载体是“学生公寓管理平台”。前面的内容结合“学分管理系统”的开发过程，系统介绍了软件系统开发的整个过程，包括需求分析、软件设计、编码、软件测试、软件部署、维护及项目管理。本单元安排这一实训项目，就是为学生提供一个实战舞台，以便于学生在学习过程中把学到的知识和技能灵活运用于实际项目的开发中。

综合项目实战

“学分管理系统”采用了 .NET 开发技术，“学生公寓管理平台”采用 JavaWeb 技术。这两种开发技术是目前应用最广泛的软件开发技术，但两者在界面设计方法、数据库的设计流程、编码语言的选择、编码规范和代码优化策略等方面有很多不同。

本单元包括“学生公寓管理平台”开发的需求分析、软件设计、编码和软件测试 4 个环节。

【重难点】项目实践、界面设计、数据库设计和模块设计。

任务一 需求分析

任务简介

本任务包括需求获取、需求分析及编写需求文档 3 个子任务。在需求获取阶段必须与用户深入交流，可以采用用户访谈、收集资料、问卷表、小组会议等途径。需求分析就是根据需求获取阶段得到的用户需求确定计算机“做什么”，UML 用例模型和用例描述是常用的需求分析手段。软件系统的需求明确后，可通过需求规格说明书确定下来。

任务分析

“学生公寓管理平台”的用户主要有公寓辅导员和学校宿管科管理人员。需求获取主要围绕这部分人展开。

本任务将根据项目小组的调研结果列出“学生公寓管理平台”的所有功能模块，以住宿安排用例为例，演示用例图模型和用例描述，并在此基础上安排学生的实训内容。

任务实施

一、需求获取

“学生公寓管理平台”主要供各公寓的公寓辅导员和学校宿管科管理人员使用。公寓辅导员负责管理本公寓楼，宿管科管理人员则负责所有公寓楼的管理工作，当然，两者的工作内容是不一样的。另外，其他学生管理工作人员，例如班主任、系辅导员、系领导、学工处管理人员也要及时掌握住宿情况、宿舍卫生状况等的信息。

【提示】需求获取包括下列主要活动。

① 联系需求获取的相关部门和人员。这项活动不仅涉及软件开发团队和系统用户，而且需要得到各行政部门的配合。例如，最好由负责学生生活的校领导协调各部门的需求获取活动和人员。只有协调好这些，才能确保相关人员认真、负责地参与需求获取活动。

② 与公寓辅导员、宿管科管理人员等系统用户访谈，熟悉公寓管理活动的业务流程，明确软件系统中对应的功能模块，以及性能方面的要求。必要时甚至可以安排适当的时间参与这些业务活动，从而明确无误地获取需求。

③ 收集用户的数据表、报表等与公寓管理有关的文字资料，例如住宿安排表、宿舍卫生评分表、宿舍评级表等。开发软件系统的目的是实现无纸化办公。在需求获取阶段，需要考虑如何在系统中实现这些手工管理时的数据记录形式。

④ 召集各方面人员召开需求确认会议。召开会议前，需求分析人员应该完成了基本的需求调研。参会人员包括所有开发人员、所有用户，以及与项目相关的其他人员。

二、需求分析

经过需求调研确定“学生公寓管理平台”中各类用户的功能需求，其用例图如图 8-1 所示。

1. 公寓辅导员的功能需求

① 公寓辅导员负责管理本公寓楼，要求“学生公寓管理平台”为其提供的功能模块包括住宿管理、学生信息查询、公寓管理、每周卫生得分管理和每月星级评比管理。

② 住宿管理用于管理本公寓楼学生的住宿，包括把学生安排到宿舍、把住宿学生从宿舍中删除、查询宿舍住宿情况 3 个子模块。

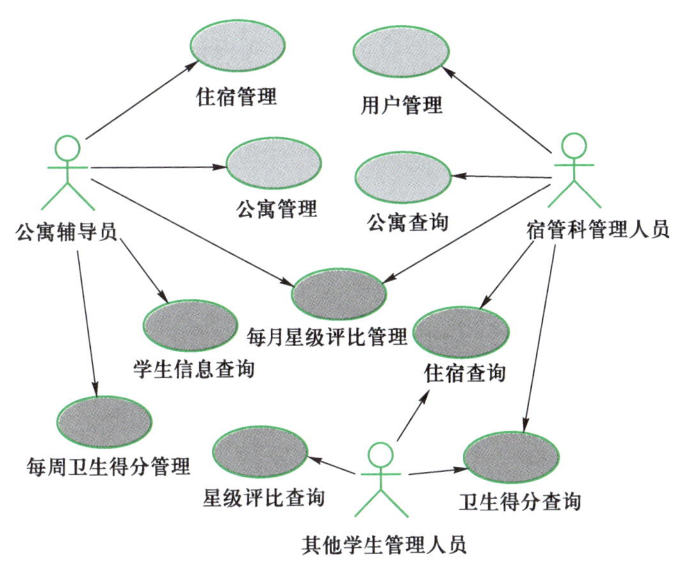

图 8-1 “学生公寓管理平台”的用例图

③ 住宿安排和住宿删除都是根据学生的学号执行的，而公寓辅导员通常只知道学生的姓名和班级，为此，平台提供了学生信息查询功能，可以查询单个学生的学号、姓名、班级等数据，也可以查询一个班级所有学生的数据。

④ 公寓楼内每个宿舍的信息在平台初始化时执行批量加载，但是宿舍的数量是变动的，因为有的宿舍今后可能用做自习教室或学生活动室，原有的自习教室或学生活动室也可能用做宿舍。因此在公寓管理模块中安排了 3 个子模块，即宿舍新建、宿舍查询和宿舍删除，以用来动态管理宿舍信息。

⑤ 公寓卫生管理是公寓辅导员的日常工作。每周卫生得分管理包括把每周的卫生检查得分输入平台和查询每个宿舍的每周卫生检查得分。每月星级评比管理包括把每月的星级评比结果输入平台和查询每个宿舍的每月星级评比结果。对于四星级和五星级宿舍，输入的星级记录还要等待宿管科管理人员的审核批准。

2. 宿管科管理人员的功能需求

① 宿管科管理人员管理所有的公寓楼，要求“学生公寓管理平台”为其提供的功能模块包括住宿查询、宿舍评比和用户管理。

② 宿管科管理人员需要能够随时查询每幢公寓内每个宿舍的住宿情况，还需要能够随时查询每幢公寓内每个宿舍的床位数、实际住宿人数等信息。为

此，住宿查询模块包括宿舍住宿查询和宿舍信息查询子模块。

③ 宿管科管理人员需要能够查询每幢公寓内每个宿舍的每周卫生检查得分，还需要能够查询每幢公寓内每个宿舍的每月星级评比，并审核批准四星级和五星级宿舍。为此，宿舍评比模块包括卫生得分查询、星级评比结果查询和星级批准 3 个子模块。

④ 用户管理用于管理学生公寓管理平台的所有注册用户，包括新建用户、查询用户、删除用户和设置用户密码 4 个子模块。

3. 其他学生管理人员的功能需求

班主任、系辅导员等其他学生管理人员关注学生住在哪个宿舍、学生宿舍的每周卫生得分情况和每月星级评比情况。因此，平台为此类用户提供住宿查询、卫生得分查询和星级评比查询 3 个功能模块。

经过分析，列出了“学生公寓管理平台”3 类用户的所有功能模块，如图 8-2 所示。

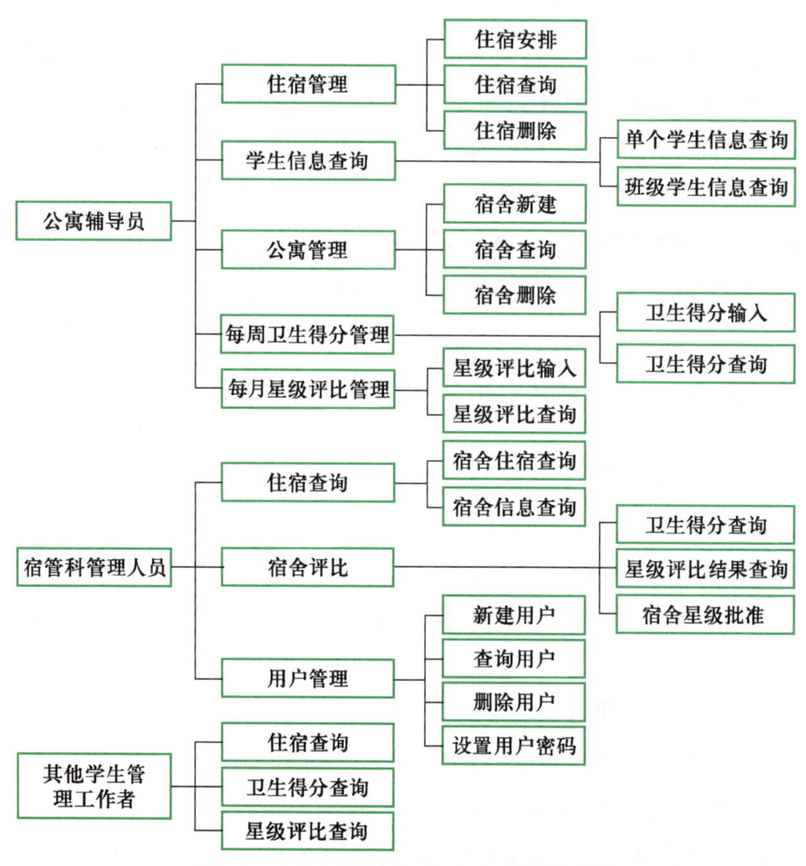

图 8-2 “学生公寓管理平台”功能模块图

除了明确系统的所有功能模块外，需求分析阶段还必须分析每个功能模块的执行流程。下面以公寓辅导员执行公寓管理的住宿安排用例为例，说明如何通过用例图和用例描述细化需求。

如图 8-3 所示是住宿安排用例图，如表 8-1 所示是该用例的说明。

图 8-3　住宿安排用例图

表 8-1　住宿安排用例说明

系统用例编号	GYGL_ZSGL_01
系统用例名称	住宿安排
用例描述	学生入住公寓时公寓辅导员分配指定的宿舍和床号
执行者	本公寓的公寓辅导员
主过程描述	① 输入学生学号，单击“查询”按钮 ② 显示该学生姓名、院系、专业、班级和性别 ③ 输入宿舍号和床位号，单击“确定”按钮 ④ 显示安排结果
备选描述	② 如学号有误或该学生已安排住宿，则显示提示信息，并转① ③ 如该床位已安排，显示提示信息，重新执行③
业务规则	按学号查询并显示学生信息 必须输入宿舍号和床位号 检查指定公寓的指定床位是否安排住宿
涉及的业务实体	项目数据库
前置条件	公寓辅导员已登录系统 系统中保存有学生基本信息 系统中保存有已安排的住宿记录
后置条件	生成新的住宿记录
补充说明	无

三、编写需求文档

需求分析的结果通过需求文档的形式确定下来，需求文档包括“用户需求说明书”和“需求规格说明书”两份文档。需求文档的编写将作为实训内容由同学们完成。

实训

1．仔细阅读需求获取和需求分析的结果，熟悉“学生公寓管理平台”的完整需求，参照单元 2 中给出的需求规格说明书，编写“学生公寓管理平台需求规格说明书”。

2．分析图 8-2 中住宿管理的住宿查询用例的执行流程，设计该用例的用例图和用例说明。

3．参照单元 2 中数据字典的设计要求，编制学生公寓管理平台数据字典。

任务二 软件设计

任务简介

软件设计是在需求分析结束后在需求分析的基础上进行的，需求分析确定“做什么”，软件设计确定“怎么做”。软件设计包括架构设计和详细设计。详细设计包括界面设计、数据库设计和模块设计。

任务分析

任务一完成了“学生公寓管理平台”的需求分析。在这一阶段，首先要在需求分析的基础上设计软件系统的架构，也就是设计软件系统的 4+1 视图模型，即逻辑视图、进程视图、开发视图、物理视图和场景视图。然后设计学生公寓管理系统的图形界面、数据库，以及对各模块进行详细设计。

本任务涉及单元模块的内容，将结合住宿管理中住宿安排功能模块进行说明。

任务实施

一、软件架构设计

【提示】在软件架构设计中需要设计平台系统的 4+1 视图模型，从不同的角度描述系统的体系架构。“学生公寓管理平台”的逻辑视图、进程视图、开发视图、物理视图和场景视图的设计将作为实训内容，由同学们参照单元 3 自行完成。

二、界面设计

“学生公寓管理平台”采用 B/S 物理架构，系统部署在 Web 服务器上，用户通过浏览器使用系统。

总体界面布局使用 JSP+HTML 技术。页面标题下方依次是一级菜单和二级菜单，对应图 8-2 中的一级功能和二级子功能。公寓辅导员的一级功能菜单包括住宿管理、宿舍评比、公寓管理、学生管理、更改密码和退出菜单，如图 8-4 所示。宿管科管理人员的一级功能菜单包括住宿管理、宿舍评比、学生管理、用户管理、更改密码和退出系统，如图 8-5 所示。用户可通过一级菜单链接到对应的二级子菜单界面，即各功能模块的执行界面。选择图 8-4 中的“住宿安排”子菜单将切换到如图 8-6 所示的界面，即住宿安排界面。

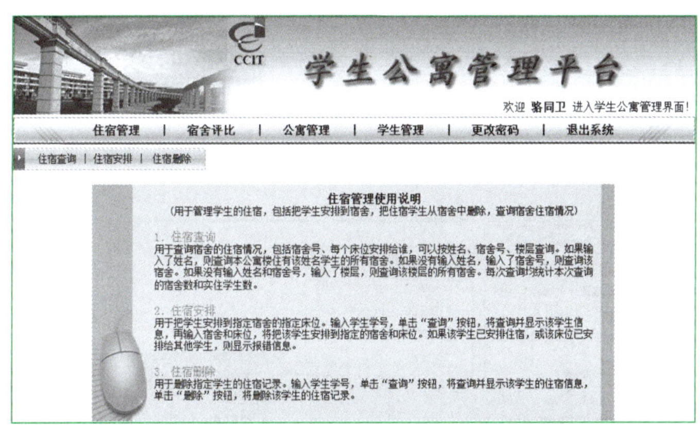

图 8-4　公寓辅导员主界面

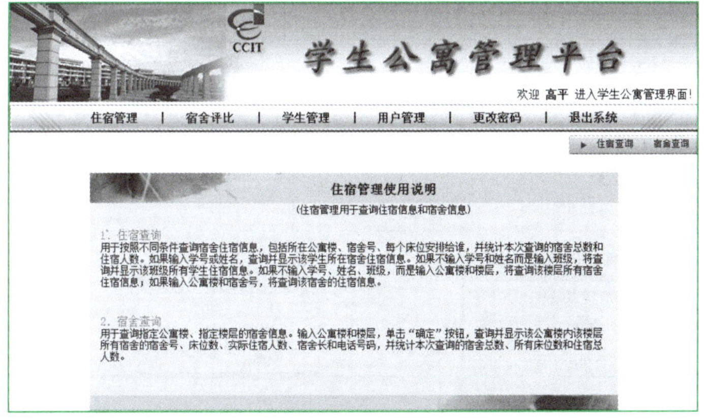

图 8-5　宿管科管理人员主界面

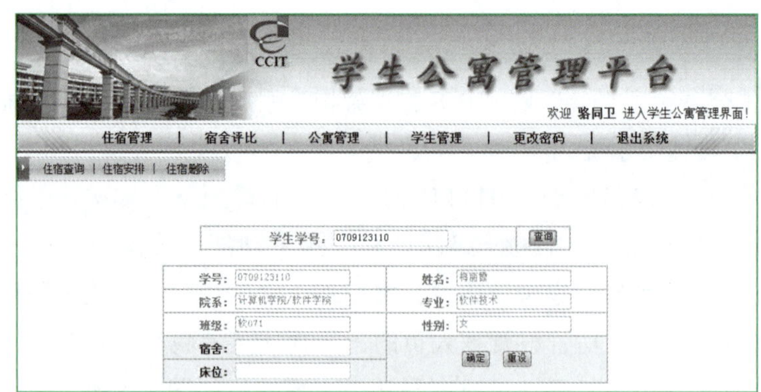

图 8-6 住宿安排界面

三、数据库设计

要进行数据库设计，首先要设计系统中数据库的所有表，并建立表之间的关联，然后设计程序访问数据库的对象关系映射策略。如图 8-7 所示是“学生公寓管理平台”数据库的实体关系图（E-R 图），其中的各表及字段如表 8-2～表 8-12 所示。

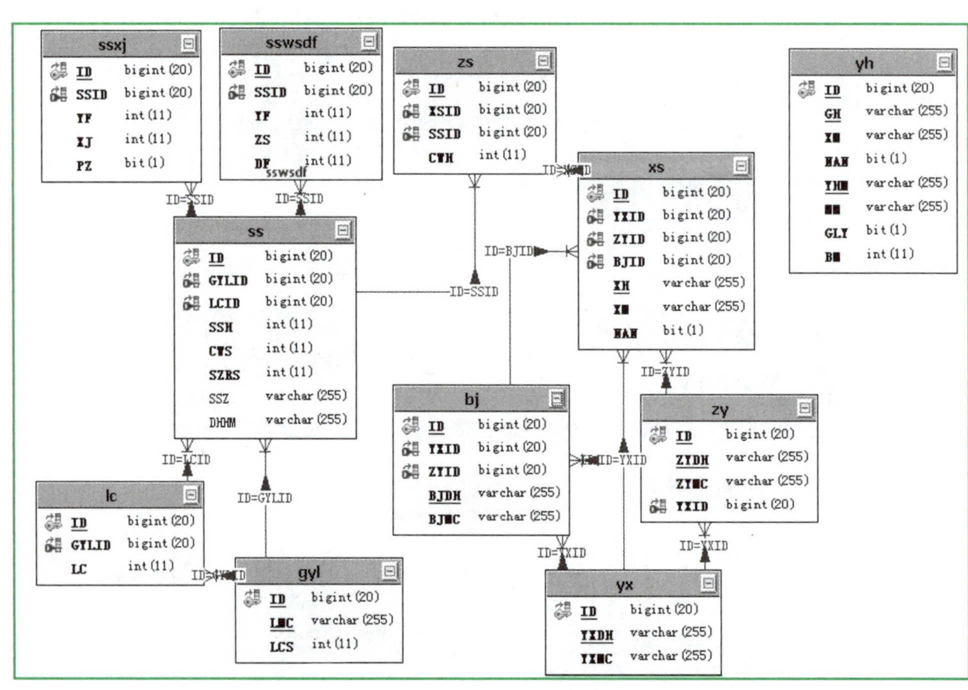

图 8-7 “学生公寓管理平台”的 E-R 图

表 8-2　用户表（YH）

字段名称	含　义	键	类　型
ID	无	主键	bigint
GH	工号	唯一	varchar
XM	姓名		varchar
NAN	性别		bit
YHM	用户名	唯一	varchar
MM	密码		varchar
GLY	是否管理员		bit
BM	部门		int

表 8-3　公寓楼表（GYL）

字段名称	含　义	键	类　型
ID	无	主键	bigint
LMC	楼名称		varchar
LCS	楼层总数		int

表 8-4　公寓楼层表（LC）

字段名称	含　义	键	类　型
ID	无	主键	bigint
GYLID	GYL 表的主键	外键	bigint
LC	楼层		int

表 8-5　宿舍表（SS）

字段名称	含　义	键	类　型
ID	无	主键	bigint
GYLID	GYL 表的主键	外键	bigint
LCID	LC 表主键	外键	bigint
SSH	宿舍号		int
CWS	床位数		int
SZRS	实住人数		int
SSZ	宿舍长		varchar
DHHM	电话号码		varchar

表 8-6 住宿表（ZS）

字段名称	含义	键	类型
ID	无	主键	bigint
XSID	XS 表主键	外键	
SSID	SS 表主键	外键	
CWH	床位号		int

表 8-7 宿舍卫生得分表（SSWSDF）

字段名称	含义	键	类型
ID	无	主键	bigint
SSID	SS 表主键	外键	bigint
YF	月份		int
ZS	周数		int
DF	得分		int

表 8-8 宿舍星级表（SSXJ）

字段名称	含义	键	类型
ID	无	主键	bigint
SSID	SS 表主键	外键	bigint
YF	月份		int
XJ	星级		int
PZ	是否批准		bit

表 8-9 院系表（YX）

字段名称	含义	键	类型
ID	无	主键	bigint
YXDH	院系代号		varchar
YXMC	院系名称		varchar

表 8-10　专业表（ZY）

字段名称	含　义	键	类　型
ID	无	主键	bigint
YXID	YX 表主键	外键	bigint
ZYDH	专业代号		varchar
ZYMC	专业名称		varchar

表 8-11　班级表（BJ）

字段名称	含　义	键	类　型
ID	无	主键	bigint
YXID	YX 表主键	外键	bigint
ZYID	ZY 表主键	外键	bigint
BJDH	班级代号		varchar
BJMC	班级代号		varchar

表 8-12　学生表（XS）

字段名称	含　义	键	类　型
ID	无	主键	bigint
YXID	YX 表主键	外键	bigint
ZYID	ZY 表主键	外键	bigint
BJID	BJ 表主键	外键	bigint
XH	学号		varchar
XM	姓名		varchar
NAN	性别		bit

四、模块设计

“学生公寓管理平台”使用面向对象开发技术，单元模块设计就是类的设计。这个阶段首先要确定系统中所有的类，确定每个类有哪些成员变量和行为，对象应该在哪个类中创建，然后详细设计每个类的成员变量和方法。

寻找类的途径主要有两个：从需求中寻找，从体系结构中寻找。设计者可以把需求文档中的事件流对应到具体的类。不同的体系结构会产生不同的类。例如，MVC 框架中每个用例的实现均需要视图、模型和控制器类，当然，这里面的很多类可以复用。

寻找系统的所有类是一项任务，也是一个随着开发的深入补充完善的过程。如表 8-13 所示为部分实现功能用例的视图、控制器和模型类。

表 8-13 部分实现功能用例的视图、控制器和模型类

用户	需求名称	负责实现的类
所有用户	登录	login.jsp、loginForm.java、loginAction、Yh.java
公寓辅导员	住宿安排	zsap.jsp、Zsap1Form.java、Zsap2Form.java、Zsap1Action.java、Zsap2Action.java、Xs.java、Ss.java、Zs.java
	住宿查询	zscx.jsp、ZscxForm.java、ZscxAction.java、Zs.java
	住宿删除	zssc.jsp、ZsscForm.java、ZsscAction.java、Zs.java
管理员	新建用户	xjyh.jsp、XjyhForm.java、XjyhAction.java、Yh.java
	查询用户	cxyh.jsp、CxyhForm.java、CxyhAction.java、Yh.java
	删除用户	scyh.jsp、ScyhForm.java、ScyhAction.java、Yh.java
	更改用户密码	ggyh.jsp、GgyhForm.java、GgyhAction.java、Yh.java

在寻找类的过程中，还可以根据需求分析和架构设计的结果定义类的成员和方法。下面以“公寓辅导员住宿安排”为例说明。

在表 8-1 的基础上，可以进一步细化住宿安排模块的实现过程。

假设视图层为 zsap.jsp，控制器分别为 Zsap1Action.java 和 Zsap2Action.java，与这两个控制器关联的动作表单分别为 Zsap1Form.java 和 Zsap2Form.java，人们可以绘制出住宿安排模块的实现图，如图 8-8 所示。

在 zsap.jsp 中输入学号并执行查询后，首先由动作表单 Zsap1Form.java 对输入的学号进行数据有效性验证，如果学号为空或格式有错误，将返回 zsap.jsp 并显示报错信息。如果验证通过，则转向控制器 Zsap1Action.java 并执行查询操作。

在 Zsap1Action.java 中，需要根据学生的学号查询学生的姓名、性别、班级名称、专业名称和院系名称，这些数据分布在学生表（XS）、班级表（BJ）、专业表（ZY）和院系表（YX）中。在 Hibernate 框架下，可以使用方法调用实现对这些表格的数据访问。根据学号调用 Hibernate 的查询接口，可以获得代表学生的持久化类 Xs.java 的对象，再调用表示多对一关系的方法可以获得该学生所在的班级、专业和院系对象，接着通过这些持久化类的方法调用最终

可以获取所需的姓名、性别、班级名称、专业名称和院系名称，最后把这些数据传送到视图层组件 zsap.jsp 中进行显示。

在 Zsap2Action.java 中，根据学号、宿舍号、床位号创建一个表示住宿的持久化类 Zs.java 对象，再调用 Hibernate 接口把数据保存到住宿表（ZS）中，最后把提示信息传送到视图层组件 zsap.jsp 并进行显示。

根据上述分析的结果，图 8-8 可以转换成更具体的时序图，如图 8-9 所示。图中，Xs、Ss、Zs 分别是代表学生、宿舍、住宿的模型类。

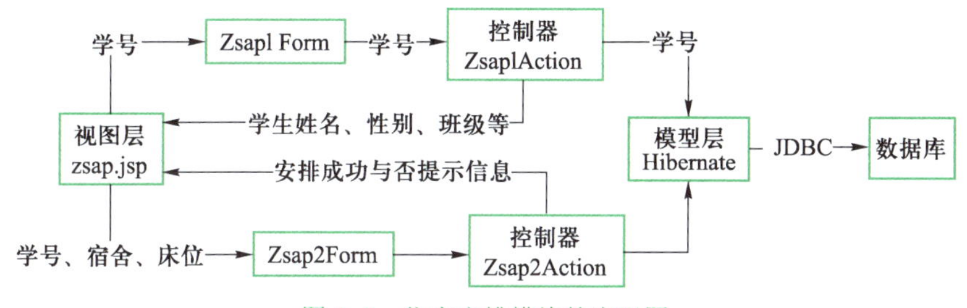

图 8-8 住宿安排模块的实现图

图 8-9 所示的时序图一方面有助于用例实现过程中揭示不同对象之间的交互过程，另一方面能帮助识别每个类中的方法。任务三编码部分将进一步说明这一点。

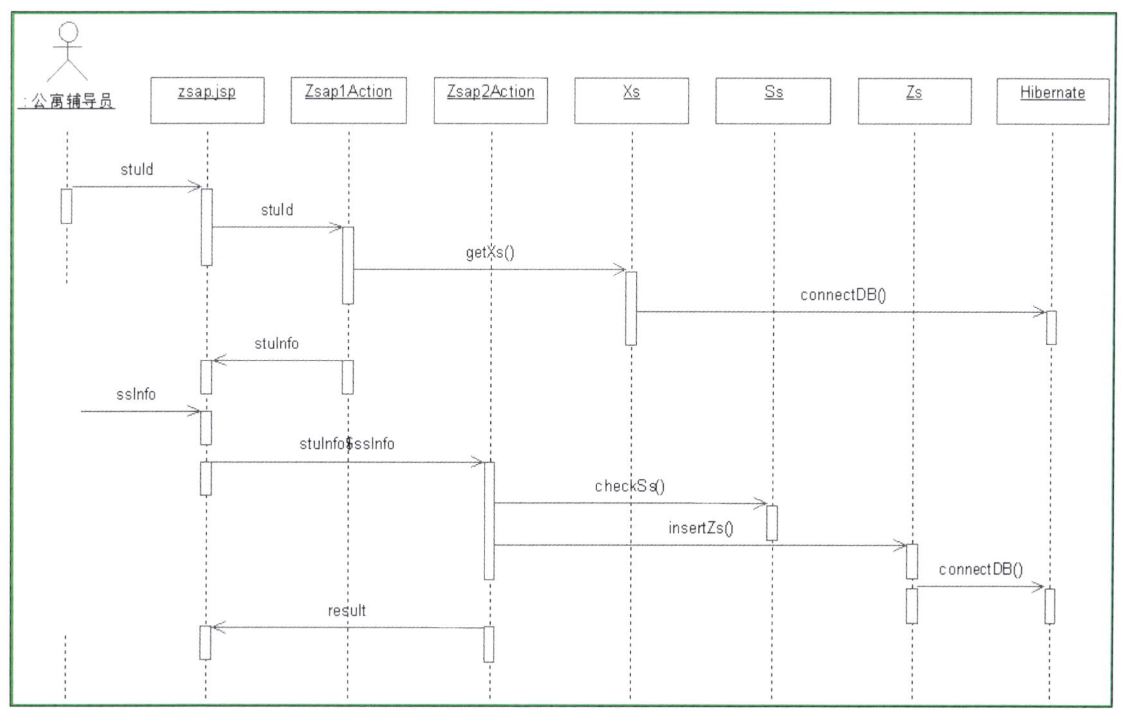

图 8-9 住宿安排时序图

实训

1. 熟悉任务一中住宿管理中住宿安排模块的功能和执行过程，并设计其逻辑架构图。

2. 设计“学生公寓管理平台”的开发架构图和物理架构图。

3. 设计住宿管理中住宿安排模块功能的场景视图。

4. 设计“学生公寓管理平台”的功能结构图。

5. 根据任务一中实训中 2 的结果，设计住宿管理中住宿查询操作的图形界面。

6. 对住宿查询进行模块设计。

任务三　编码

任务简介

本任务包括编码、代码优化和代码调试。编码是使用程序设计语言把软件设计转换成能够在计算机上运行的实体。编码除了必须准确反映需求和软件设计外，还必须遵循编码规范，以确保良好的可读性，便于开发小组内部的交流。为了提高代码的质量和软件系统的执行效率，必须对代码进行优化。代码调试就是处理编程过程中出现的各种错误和异常情况。

任务分析

“学生公寓管理平台”使用 Java Web 技术开发而成，本任务说明 Java 和 Java Web 的编码规范。然后以用户登录为例，演示编码规范在编码中的应用。在代码优化中，先介绍 Java 的代码优化技术 Hibernate，然后以登录为例说明。在代码调试中，介绍 Java 的异常处理机制。

大学生综合素质训练项目使用的是 .NET，两者在编码规范、代码优化和代码调试上有一些差别，希望读者通过比较掌握其中的共性。

任务实施

一、编码

“学生公寓管理平台”使用 Java 语言。程序的变量名、方法名和类名等必须符合下列标识符的命名规则。

① 标识符由字母、数字、下画线和美元符号组成，长度没有限制。

② 标识符的首字母不能是数字。

③ Java 区分字母大小写。

④ 关键字不能作为标识符。

【提示】除此以外，不同的标识符有下列不同的命名习惯。

① 类名应该以大写字母开头。如果类名中有多个单词，则每个单词的首字母大写，其余字母均小写。

② 变量名和方法名以小写字母开头。如果由多个单词组成，则除第一个单词外，每个单词首字母大写，其他均小写。

③ 常量名的所有字母大写。

按照这种命名习惯，通过标识符就可以判断是何种类型，以便于阅读。

除了这些命名规则和命名习惯外，软件公司或开发小组通常还制定了自己的命名企业标准，比如以英语单词命名，或统一以汉语拼音命名。

在“学生公寓管理平台”中，与项目有关的类名以汉语拼音首字母命名，各模型类命名如下。

- 表示班级的类：Bj.java。
- 表示管理员的类：Gly.java。
- 表示楼层的类：Lc.java。
- 表示宿舍的类：Ss.java。
- 表示宿舍卫生得分的类：Sswsdf.java。
- 表示宿舍星级的类：Ssxj.java。
- 表示学生的类：Xs.java。
- 表示用户的类：Yh.java。
- 表示院系的类：Yx.java。
- 表示住宿的类：Zs.java。
- 表示专业的类：Zy.java。

系统开发的 MVC 实现框架使用 Struts，同一功能模块的文件名或类名前缀使用汉语拼音首字母。例如，如表 8-14 所示为部分视图层文件名、表单类名及控制器类名。

表 8-14 部分视图层文件名、表单类名及控制类名一览表

需求名称	视图层文件名	表单类名	控制器类名
登录	login.jsp	LoginForm.java	LoginAction.java
住宿安排	zsap.jsp	Zsap1Form.java Zsap2Form.java	Zsap1Action.java Zsap2Action.java
住宿查询	zscx.jsp	ZscxForm.java	ZscxAction.java
住宿删除	zssc.jsp	ZsscForm.java	ZsscAction.java
新建用户	xjyh.jsp	XjyhForm.java	XjyhAction.java
查询用户	cxyh.jsp	CxyhForm.java	CxyhAction.java
删除用户	scyh.jsp	ScyhForm.java	ScyhAction.java
更改用户密码	ggyh.jsp	GgyhForm.java	GgyhAction.java

编码是在单元模块设计的基础上开始的，是单元模块设计的代码实现。下面是在单元模块设计阶段对住宿安排的分析结果，编写控制器类 Zsap1Action.java 和 Zsap2Action.java 的代码，以及模型类 Zs.java 的代码。

控制器 Zsap1Action 的代码如下。

```
// 控制器 Zsap1Action.java
public class Zsap1Action extends Action
{
    public ActionForward execute(ActionMapping mapping, ActionForm form,
                                 HttpServletRequest request,
                                 HttpServletResponse response)
    {
        Zsap1Form zsap1Form = (Zsap1Form) form;
        // 获取视图层输入的学生学号
        String stuNo=zsap1Form.getStuNo().trim();
        ActionErrors errors=new ActionErrors();
        try
        {
            // 查询有无该学生
            Session session = HibernateUtil.getSessionFactory().getCurrentSession();
            Transaction tx = session.beginTransaction();
            Query q = session.createQuery("from Xs as x where x.xh='" + stuNo + "'");
            Xs x = (Xs) q.uniqueResult();
            String sex;
            // 如果有该学生，则返回学生信息
            if(x!=null)
```

```
            {
              request.setAttribute("stuNo", stuNo);
              request.setAttribute("name", x.getXm());
              if(x.isNan())
                sex=" 男 ";
              else
                sex=" 女 ";
            request.setAttribute("sex", sex);
            request.setAttribute("classes",x.getBj().getBjmc());
            request.setAttribute("subject",x.getZy().getZymc());
            request.setAttribute("department",x.getYx().getYxmc());
            tx.commit();
            return mapping.findForward("to");
          }
          // 否则显示出错信息
          else
          {
            errors.add("gyfdy.zsgl.zsap.wrong.stuNo",
              new ActionMessage("gyfdy.zsgl.zsap.wrong.stuNo"));
            saveErrors(request,errors);
            return mapping.findForward("to");
          }
        }
        catch(Exception e)
        {
          return mapping.findForward("to");
        }
    }
}
```

控制器 Zsap2Action 的代码如下。

```
// 控制器 Zsap2Action.java
public class Zsap2Action extends Action
{
    public ActionForward execute(ActionMapping mapping, ActionForm form,
                                 HttpServletRequest request,
                               HttpServletResponse response)
    {
        ActionErrors errors = new ActionErrors();
        // 取出宿舍、床位、学生学号
        Zsap2Form zsap2Form = (Zsap2Form) form;
        int room = zsap2Form.getRoomInt();
```

```
int bed = zsap2Form.getBedInt();
String xh = zsap2Form.getStuNo();
// 通过 session 取出用户对象，获取部门字段，即辅导员所在公寓楼
HttpSession session1 = request.getSession();
int yhbm = ((Yh) session1.getAttribute("yh")).getBm();
String bm = yhbm + "# 公寓 ";
Transaction tx =null;
try {
    Session session = HibernateUtil.getSessionFactory().getCurrentSession();
    tx = session.beginTransaction();
      // 判断该学生是否已经安排住宿
    Query q = session.createQuery("from Xs as x where x.xh='" + xh + "'");
      Xs xs0 = (Xs) q.uniqueResult();
      q = session.createQuery("from Zs as z where z.xs.id="+ xs0.getId());
      Zs zs1 = (Zs) q.uniqueResult();
      if (zs1 != null)
      {
          errors.add("gyfdy.zsgl.zsap.done.stu",
          new ActionMessage("gyfdy.zsgl.zsap.done.stu"));
          saveErrors(request, errors);
          tx.commit();
          return mapping.findForward("to");
      }
    // 判断该床位是否已经安排给他人
      q = session.createQuery("from Zs as z where z.cwh='" + bed + "' and z.ss.ssh='"
       + room + "' and z.ss.gyl.lmc='" + bm+ "'");
      Zs zs2 = (Zs) q.uniqueResult();
      if (zs2 != null) {
        errors.add("gyfdy.zsgl.zsap.done.bed",new
                   ActionMessage("gyfdy.zsgl.zsap.done.bed"));
        saveErrors(request, errors);
        tx.commit();
        return mapping.findForward("to");
    }
    // 查询符合条件的学生表
    q = session.createQuery("from Xs as x where x.xh='" + xh + "'");
    Xs xs = (Xs) q.uniqueResult();
    // 查询符合条件的宿舍表
    q = session.createQuery("from Ss as s where s.ssh=" + room + " and s.gyl.lmc='"
       + bm + "' and s.cws>=" + bed);
    Ss ss = (Ss) q.uniqueResult();
    // 判断宿舍或床位是否存在
```

```
            if (ss == null) {
              errors.add("gyfdy.zsgl.zsap.wrong.room",    new
                  ActionMessage("gyfdy.zsgl.zsap.wrong.room"));
              saveErrors(request, errors);
              tx.commit();
              return mapping.findForward("to");
            }
            else{
                Zs zs = new Zs();                    // 创建新的住宿表
                zs.setCwh(bed);                      // 插入床位号
                zs.setSs(ss);                        // 插入宿舍对象
                zs.setXs(xs);                        // 插入学生对象

                int add = ss.getSzrs();
                ss.setSzrs(++add);                   // 插入实住人数
                session.save(zs);                    // 保存在 session 对象中
                // 成功消息设置
                errors.add("gyfdy.zsgl.zsap.success", new ActionMessage
                    ("gyfdy.zsgl.zsap.success"));
                saveErrors(request, errors);
                zsap2Form.setRoom("");
                zsap2Form.setBed("");
                tx.commit();
                return mapping.findForward("to");
            }
          }
          catch (Exception e) {
            System.out.println(e.getMessage());
            tx.rollback();
            return mapping.findForward("to");
          }
      }
  }
```

模型类 Zs.java 的代码如下。

```
// 模型类 Zs.java
public class Zs
{
    Long id;
    Xs xs;              // 住宿的学生
    Ss ss;              // 住宿的宿舍
    int cwh;            // 床位号
```

```
        public Zs()
         {      }
        public Zs(Xs xs, Ss ss, int cwh)
         {
            super();
            this.xs = xs;
            this.ss = ss;
            this.cwh = cwh;
        }
        public Long getId()
        {
            return id;
        }
        public void setId(Long id)
        {
            this.id = id;
        }
        public Xs getXs()
        {
            return xs;
        }
        public void setXs(Xs xs)
        {
            this.xs = xs;
        }
        public Ss getSs()
        {
            return ss;
        }
        public void setSs(Ss ss)
        {
            this.ss = ss;
        }
        public int getCwh()
        {
            return cwh;
        }
        public void setCwh(int cwh)
        {
            this.cwh = cwh;
        }
}
```

二、代码优化

1. 优化策略

在“学生公寓管理平台”开发中，除了一些常规的优化方法外，还使用 Hibernate 框架实现代码的优化和访问数据库的优化。下面先介绍一下 Hibernate 技术。

目前，主流的编程语言是面向对象语言，而主流数据库是关系数据库。早期的面向对象程序直接把对象中的数据保存到数据库中，这会遇到很多问题。

首先是继承问题。例如大学生、中学生、小学生，他们都是学生。在面向对象程序中，可以先定义超类学生，然后在此基础上定义子类（大学生、中学生、小学生）。但是，在关系数据库中不存在继承，无法定义超类表格，只能由子类表格继承。

其次是实体问题。在面向对象程序中，实体是对象，对象相同和相等的含义是不同的。对象通常由类的引用变量表示。例如，假设类 Student 有 name 和 age 两个成员变量，*a* 和 *b* 都是 Student 的变量。如果 *a* 和 *b* 指向内存中的同一个对象，它们就相同（*a*==*b*）。如果 *a* 和 *b* 表示内存中的不同对象，但它们的 name 和 age 的值相等，就称 *a* 和 *b* 相等（a.equals(b)）。而在关系数据库中，实体是表格中的一行记录，通常由主键表示。

最后是关联问题。关联代表实体与实体之间的关系。在面向对象程序中，实体之间的关联使用引用变量表示，通常是单向的。如果要在两个方向导航，则必须在两个类中定义同一个关联。关系数据库中实体之间的关联使用外键表示，可以通过外键实现 join 连接。

经验表明，程序中 30% 以上代码的主要用途是执行数据库操作，并手工处理面向对象与关系理论之间的不匹配。很多大型项目因为没有很好地处理两者的复杂关系而以失败告终。

对象关系映射（Object/Relational Mapping，ORM）在对象模型和关系模型之间架起了一座桥梁，使应用能直接持久化对象。

在众多的 ORM 技术中，Hibernate 应用最普遍，它有下列优点。

- 简单而灵活。Hibernate 不像 EJB 那样需要很多类和配置属性，它只需要一个运行配置文件和为每个持久化的类指定一个影射文件即可。
- 功能完善。Hibernate 支持所有的面向对象特性，包括继承、自定义类和集合类。HQL 为对象查询提供了特殊支持。
- 性能高。Hibernate 使用对象代理、延迟加载、二级缓存等特性提高访问数据库的执行效率。

下面以住宿安排为例，说明如何通过 Hibernate 实现代码优化。

Hibernate 通过配置文件 hibernate.cfg.xml 配置 Hibernate 管理的 JDBC 连接、数据连接池及映射文件等系统配置，下面是“学生公寓管理平台”的配置文件代码。

hibernate.cfg.xml 文件代码如下。

```
<?xml version='1.0' encoding='utf-8'?>
  <hibernate-configuration>
    <session-factory>
     <!-- Settings for a MySQL database.-->
     <property name="dialect">
         org.hibernate.dialect.MySQLDialect
    </property>
    <property name="connection.driver_class">
         com.mysql.jdbc.Driver
    </property>
    <property name="connection.url">jdbc:mysql://localhost:3306/gygl</property>
    <property name="connection.username">root</property>
    <property name="connection.password">mysql</property>
    <property name="myeclipse.connection.profile">mysql</property>

    <!-- Use the C3P0 connection pool.-->
    <property name="c3p0.min_size">3</property>
    <property name="c3p0.max_size">15</property>
    <property name="c3p0.timeout">1800</property>
    <property name="current_session_context_class">thread</property>
    <mapping resource="gygl/model/Bj.hbm.xml" />
    <mapping resource="gygl/model/Gyl.hbm.xml" />
    <mapping resource="gygl/model/Lc.hbm.xml" />
    <mapping resource="gygl/model/Ss.hbm.xml" />
    <mapping resource="gygl/model/Sswsdf.hbm.xml" />
    <mapping resource="gygl/model/Ssxj.hbm.xml" />
    <mapping resource="gygl/model/Xs.hbm.xml" />
    <mapping resource="gygl/model/Yh.hbm.xml" />
    <mapping resource="gygl/model/Yx.hbm.xml" />
    <mapping resource="gygl/model/Zs.hbm.xml" />
    <mapping resource="gygl/model/Zy.hbm.xml" />
   </session-factory>
  </hibernate-configuration>
```

上述代码中的倒数第 6 行是对管理系统用户的用户表的映射文件的配置。映射文件反映类和表，以及类的对象和表的行的映射关系。下面是该映射文件 Yh.hbm.xml 的代码。

Yh.hbm.xml 配置文件代码如下。

```
<?xml version="1.0" encoding="utf-8"?>
<hibernate-mapping>
    <class name="gygl.model.Yh" table="YH">
        <id name="id" type="java.lang.Long">
            <column name="ID"   not-null="true"/>
            <generator class="native" />
        </id>
        <property name="gh" type="java.lang.String">
            <column name="GH" not-null="true" unique = "true"/>
        </property>
        <property name="xm" type="java.lang.String">
            <column name="XM" not-null="true"/>
        </property>
        <property name="nan" type="java.lang.Boolean">
            <column name="NAN" not-null="true"/>
        </property>
        <property name="yhm" type="java.lang.String">
            <column name="YHM" not-null="true" unique = "true"/>
        </property>
        <property name="mm" type="java.lang.String">
            <column name="MM" not-null="true"/>
        </property>
        <property name="gly" type="java.lang.Boolean">
            <column name="GLY" not-null="true"/>
        </property>
        <property name="bm" type="java.lang.Integer">
            <column name="BM" not-null="true"/>
      </property>
    </class>
</hibernate-mapping>
```

用户登录代码如下。

```
LoginForm loginForm = (LoginForm) form;
HttpSession session = request.getSession();
String userName = loginForm.getUserName();   // 获取用户名
String password = loginForm.getPassword();   // 获取密码
Session session = HibernateUtil.getSessionFactory().getCurrentSession();
// 建立与数据库的 Hibernate 会话
Transaction tx = session1.beginTransaction();   // 建立事务
```

```
Query query = session.createQuery("from Yh as u where u.yhm='"+ userName + "' and u.mm='"
                +password + "'");
Yh yh = (Yh) query.uniqueResult();// 返回唯一的用户
tx.commit();
```

2. 代码优化分析

代码中使用了连接池。数据连接池是在 hibernate.cfg.xml 配置中配置的。建立 Hibernate 会话时，Hibernate 框架自动从数据连接池中获取一个连接。

登录代码的优化。使用 Java 变量，通过 HQL 语言直接访问数据库，避免 Java 变量和数据库字段之间烦琐的转换。

类代码的优化。用户类 Yh.java 的代码非常简洁，省去了通过 JDBC 直接访问数据库的烦琐及易出错的代码。

三、代码调试

1. Java 的代码调试技术

Java 的代码调试技术分为错误和异常，类名为 Error 和 Exception。

Java 类库中定义了丰富的异常类，用来表示各种各样的异常，所有这些异常类都由 Throwable 继承而来。如果类库中的异常类不能满足要求，用户还可以自己定义异常类。如图 8-10 所示为类库中异常类的层次结构图。

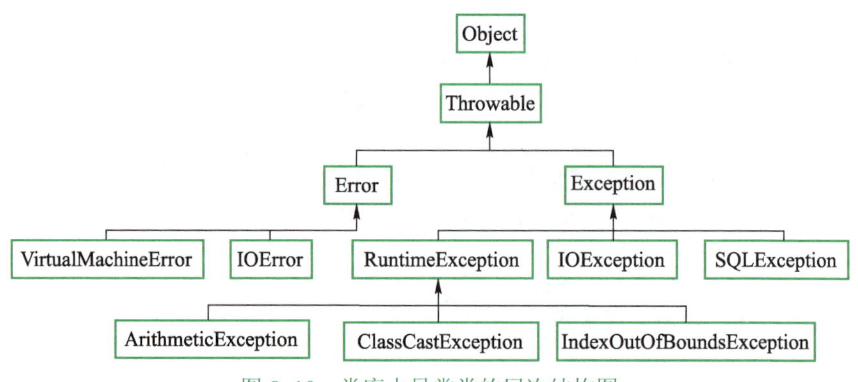

图 8-10 类库中异常类的层次结构图

异常类分为以下 3 种基本类型。

① Throwable 有两个子类，即 Error 和 Exception。第一种异常类是 Error 的子类，它们描述了 Java 虚拟机的内部错误和资源耗尽错误。例如，Java 程序读取外部文件时，如果由于硬件故障无法读取文件，将抛出 java.io.IO Error 异常。第一类异常类很少出现。

② Exception 的子类有 RuntimeException、IOException 和 SQLException 等。

第二种异常是继承自 RuntimeException 的异常类，它们描述运行时异常。运行时异常是程序中的 Bug，这种 Bug 在编译时无法检查到，只有在运行时才表现出来。例如整数运算时除数为 0、数组下标越界等。

③ 第三种异常是继承自 Exception 的除 RuntimeException 外的其他子类的异常类。例如，程序读取文件时，如果文件不存在，将抛出 java.io.FileNotFoundException 异常，这个异常类是 IOException 的子类。

第一种异常和第二种异常可以通过编译，称为免检异常（Unchecked Exception）；第三种异常在编译时将被检查到，称为检查异常（Checked Exception）。程序中如果有抛出第三种异常的代码，则必须使用下列两种机制之一进行异常处理后，才能通过编译。

① 抛出异常的代码放在 try 语句块中，try 语句后必须跟处理这种异常的 catch 语句。

② 抛出异常的代码所在的方法指定能抛出这种异常，在这个方法的定义中，通过 throws 关键字指定能抛出何种异常。

对于 Error 异常，通常不使用上述异常处理机制，而是按照默认处理方式让系统自动显示出这种异常的信息。

对于 RuntimeException 异常，通常也使用上述异常处理机制捕获并处理异常，但是最好的解决办法是消除程序中的 Bug。

Java 使用下列 try-catch-finally 语句处理异常，try 和 catch 必须同时使用，finally 可以省略。

```
try
    {
            //产生异常的语句
    }catch( 异常类 变量 )
    {
            //异常处理代码 1
    }finally
    {
            //代码
    }
```

上述格式的异常处理语句有下列 3 种可能出现的情况。

① 如果 try 中没有出现异常，try 语句块将执行结束，然后跳过 catch 语句，执行 finally 中的语句。

② 如果 try 中产生了异常并被 catch 捕获，则将跳过 try 中的其余语句，执行 catch 中的语句，然后执行 finally 中的语句。

③ 如果 try 中产生了异常，但没有被任何 catch 捕获，则将跳过 try 中的其余语句，执行 finally 中的语句。

2. 代码调试举例

下面为分别处理班级名称的汉字乱码及检查公寓楼名称是否合法的调试代码。

```
try { // 班级名称处理
    byte b[] = bjmc.getBytes("ISO-8859-1");
    bjmc = new String(b);
} catch (Exception e) {
    bjmc = "";
}
try { // 公寓楼名称处理
    if (gyl1 != null && gyl1.length() > 0 && gyl1 != "0") {
        gyl = new Integer(gyl1);
    } else if (gyl2 != null && gyl2.length() > 0) {
        gyl = new Integer(gyl2);
    }
} catch (Exception e) {
        gyl = 0;
}
```

实训

1. 在实训过程中，你使用哪种编程语言？说明该语言有哪些编码规范？为什么需要有这些编码规范？

2. 什么是数据连接池？使用数据连接池对代码优化有什么好处？在你使用的编程语言中，数据连接池是如何实现的？

3. 新建配置文件 hibernate.cfg.xml 和映射文件 Yh.hbm.xml，调用 Hibernate 接口，编写新建用户并保存到数据库的代码，分析其中如何使用数据连接池、如何优化类 Yh.java、如何优化新建并保存用户的执行代码。

4. 新建配置文件 Zs.hbm.xml，调用 Hibernate 接口，编写新建住宿记录并保存到数据库的代码，分析其中如何使用数据连接池、如何优化类 Zs.java、如何优化新建并保存住宿记录的代码。

5. 编写代码，调试并处理数据库访问用户名和密码错误异常。

6. 编写并调试住宿查询代码，分别处理查询条件错误和数据库错误异常。

任务四　软件测试

任务简介

本任务包括黑盒测试、白盒测试、系统性能测试3个子任务。黑盒测试是对需求的测试，根据用户需求设计测试用例，测试软件系统的功能是否满足了用户的需求。黑盒测试不需要查看代码或了解软件的内部结构，可根据功能描述设计测试用例。白盒测试是对照软件模块的内部执行流程设计测试用例的，需要满足不同的覆盖要求，以确保每种可能的条件或情况都能得到执行。系统性能测试可测试整个软件系统的性能是否满足要求。

任务分析

经过需求分析、软件设计和编码，已经形成了可执行的软件系统，但是，这时的“学生公寓管理平台”，可能还有很多错误。软件测试就是找出这些错误，并把测试结果交给程序员，以修改这些错误。本任务将以“住宿管理”的“住宿安排功能模块”为例设计黑盒测试用例，以“住宿查询”为例设计白盒测试用例，最后对整个平台系统执行性能测试。

任务实施

一、黑盒测试

【提示】要进行黑盒测试，首先要全面理解被测试模块的功能，测试人员必须与需求分析人员和用户进行充分的交流，并熟练阅读需求分析文档。

功能模块最完整的说明是用例描述。住宿安排测试用例如表8-15所示。

表8-15　住宿安排测试用例

系统用例编号	GYGL_ZSGL_01
系统用例名称	住宿安排
用例描述	学生入住公寓时，公寓辅导员分配宿舍号和床号

续表

执行者	本公寓的公寓辅导员
主过程描述	① 输入学生学号，单击“查询”按钮 ② 显示该学生姓名、院系、专业、班级和性别 ③ 输入宿舍号和床位号，单击“确定”按钮 ④ 显示安排结果
备选描述	② 如果学号有误或该学生已安排住宿，则显示提示信息，并转① 3A 如果该床位已安排，则显示提示信息，重新执行③ 3B 如果该学生已安排住宿，则显示提示信息，并转①
业务规则	按学号查询并显示学生信息 必须输入宿舍号和床位号 检查指定公寓的指定床位是否安排住宿
涉及的业务实体	项目数据库
前置条件	公寓辅导员已登录系统 系统中保存有学生基本信息 系统中保存有已安排的住宿记录
后置条件	生成新的住宿记录
补充说明	无

需求明确后，就可以设计测试用例了。测试用例必须覆盖需求描述中的所有情况。

测试用例中的主过程描述②有两个分支，另一个分支是备选描述②，对应两个结果，如图 8-12 和图 8-13 所示。此时必须设计下列两个测试用例覆盖这两种情况。

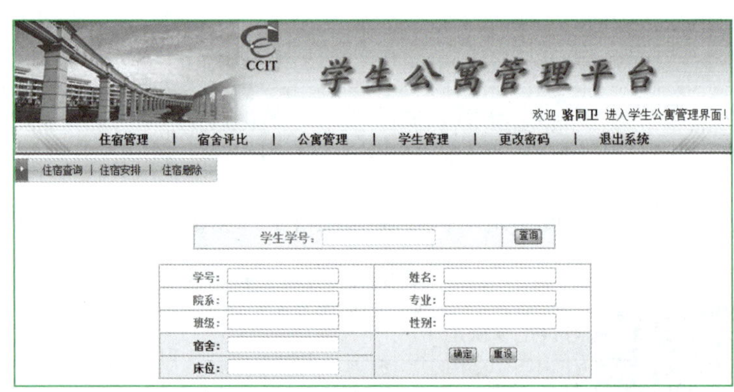

图 8-11 住宿安排图形界面

① 测试用例 TZSGL-ZSAP-001：在如图 8-11 所示的界面中输入平台系统数据库中已有学生的学号，单击“查询”按钮，显示如图 8-12 所示的执行结果。

图 8-12　主过程描述②执行结果

② 测试用例 TZSGL-ZSAP-002：在如图 8-11 所示的界面中输入平台系统数据库中没有的学生学号，单击“查询”按钮，显示如图 8-13 所示的提示信息。

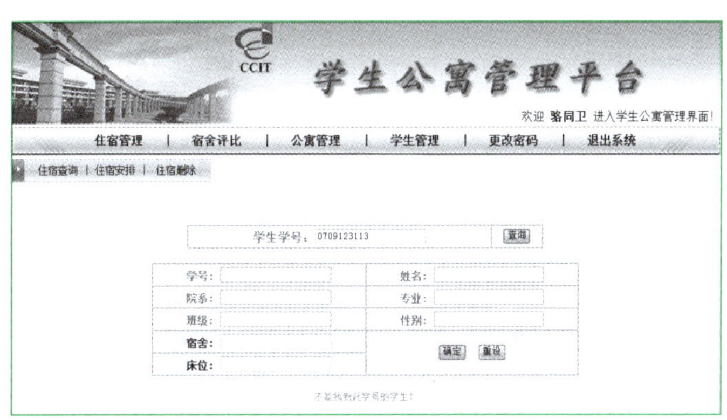

图 8-13　主过程描述②备选描述执行结果

测试用例中的主过程描述③有 3 个分支，另两个分支是备选描述③A和③B，对应 3 个结果，如图 8-14 ～图 8-16 所示。此时必须设计下列 3 个测试用例覆盖这 3 种情况。

① 测试用例 TZSGL-ZSAP-003：在如图 8-12 所示的界面中输入合法的宿舍号和床位号，单击“确定”按钮，如果学生和床位均已安排，则显示如图 8-14 所示的执行成功的提示信息。

② 测试用例 TZSGL-ZSAP-004：在如图 8-12 所示的界面中输入合法的宿舍号和床位号，单击“确定”按钮，如果床位已安排给其他学生，则显示如

图 8-15 所示的执行成功的提示信息。

图 8-14 住宿安排执行成功后的提示信息

图 8-15 “床位已安排给其他学生”提示信息

③ 测试用例 TZSGL-ZSAP-005：在如图 8-12 所示的界面中输入合法的宿舍号和床位号，单击“确定”按钮，如果学生已安排，则显示如图 8-16 所示的执行成功的提示信息。

图 8-16 “学生已安排住宿”的提示信息

二、白盒测试

如图 8-17 所示是住宿查询界面，可以按 3 种条件执行查询。如图 8-18 所示是按宿舍号查询的结果。

图 8-17　住宿查询界面

图 8-18　按宿舍号查询的结果

设计白盒测试用例将安排在实训内容中，由同学们完成。

三、系统性能测试

系统性能测试是对整个平台系统的测试，测试其能够支撑的最大在线用户数、各功能模块的响应时间等性能。

黑盒测试和白盒测试可以手工测试，对于类似于回归测试的重复性测试工作，也可以使用自动化测试工具。系统性能测试则必须使用测试工具。常用的系统性能测试工具有 LoadRunner 和 IBM Rational Performance Tester。

单元五中对 LoadRunner 的使用方法进行了完整的说明，这里将“学生公寓管理平台”的性能测试作为实训内容，由同学们自行完成。

实训

1. 阅读单元五中的测试用例设计模板，将测试用例 TZSGL-ZSAP-001 ～ TZSGL-ZSAP-005 写成规范形式。

2. 仔细分析住宿安排中宿舍号和床位号的取值范围，设计测试用例，覆盖这两个取值的所有组合。

3. 根据图 8-17，用伪代码设计住宿查询的执行流程，选择一种合适的覆盖标准，设计白盒测试用例。

4. 设计“学生公寓管理平台”的系统性能测试场景，使用 LoadRunner 测试工具录制这一场景所有功能模块的脚本，设置用户数，执行测试，并分析测试结果。

能力训练与素质拓展

第一部分 知识回顾与思考

1. 如何进行需求调研？
2. 用例说明和用例图对需求分析有什么帮助？
3. 设计软件系统的 4+1 模型分别有什么作用？
4. 在数据库设计中，E-R 图如何转换为数据库的表结构？
5. 为什么必须按照规范编写代码？
6. 黑盒测试和白盒测试有什么优缺点？为什么一个软件系统必须进行黑盒测试和白盒测试？
7. 自动化测试有什么好处？自动化测试能完全取代手工测试吗？

第二部分 职业能力训练

一、单项选择题（下列答案中有一项是正确的，将正确答案对应的字母填入括号内）

1. 下列（　　）模型是数据需求分析中需要用到的。

A. 用例图　　B. 时序图

C. 实体关系图　　D. 活动图

2. 下列（　　）模型是数据库设计过程中需要用到的。

A．用例图　　B．时序图

C．实体关系图　　D．活动图

3．下列（　　）任务不属于编码阶段。

A．设计模块结构图　　B．代码优化

C．编写代码　　D．代码调试

4．下列（　　）属于软件测试活动。

A．设计数据库、准备测试环境、分析测试结果

B．设计测试用例、准备测试环境、分析测试结果

C．设计数据库、设计测试用例、分析测试结果

D．设计数据库、设计测试用例、准备测试环境

5．下列（　　）活动不属于需求分析阶段。

A．需求调研　　B．分析需求

C．编写需求分析文档　　D．可行性分析

二、填空题（请在括号内填空）

1．需求分析包括下列 3 个任务：（　　）、（　　）和（　　）。

2．软件系统的 4+1 视图模型是（　　）、（　　）、（　　）、（　　）和（　　）。

3．软件设计通常包括（　　）、（　　）、（　　）和（　　）的设计。

4．根据需求设计测试用例的测试是（　　），根据单元模块内部结构设计测试用例的是（　　）。

5．需求调研的途径有（　　）、（　　）、（　　）和（　　）。

三、简答题

1．学生公寓管理平台的用户有哪些，这些用户分别对平台有什么需求？

2．参照图 8-7，分析学生公寓管理平台数据库表的多对多关系。

3．简述 Java 语言的编码规范，为什么需要这些规范？

4．学生公寓管理平台的白盒测试和黑盒测试有哪些测试内容？

5．学生公寓管理平台的系统测试包括哪些内容？

第三部分　实践能力训练

1．设计宿舍新建模块的时序图。

2．对宿舍新建模块做详细设计。

3．设计宿舍新建模块的图形界面。

4．设计宿舍新建模块的功能测试用例。

第四部分 考核评价标准

<table>
<tr><th rowspan="2">单元名称</th><th colspan="3">结果考核（70%）</th><th colspan="6">过程考核（30%）</th><th rowspan="2">总分</th></tr>
<tr><th>考核主体</th><th>职业能力训练</th><th>实践能力训练</th><th>考核主体</th><th>课堂学习</th><th>小组学习</th><th>创新能力</th><th>课堂实践</th><th>实践报告</th></tr>
<tr><td rowspan="4">单元 8
综合项目实战</td><td rowspan="2">教师</td><td rowspan="2"></td><td rowspan="2"></td><td>教师（70%）</td><td></td><td></td><td></td><td></td><td></td><td rowspan="2"></td></tr>
<tr><td>学生（30%）</td><td></td><td></td><td></td><td></td><td></td></tr>
<tr><td colspan="3">教师评价</td><td colspan="7">自我评价</td></tr>
<tr><td colspan="3"></td><td colspan="7"></td></tr>
</table>

考核评价时间： 教师签字：

附录 A

编写需求规格说明书

“学分管理系统”需求规格说明书的文件变更记录表如表 A-1 所示。

表 A-1 文件变更记录表

（变更类型：A- 增加、M- 修订、D- 删除）

版本号	变更日期	变更类型	变更人	变更摘要	备注
1.0	2021.03.27	A	朱明	新建	
1.1	2021.05.27	M	朱明	增加 3.2 节，修改 4.1 节	

1. 引言

1.1 目的

为培养学生的创新能力、实践能力和创新精神，提高学生综合素质，促进学生全面发展，推动“大学生综合素质训练”的全面实施，学工部门制定了素质训练项目管理办法和学分认定办法。本项目开发的“大学生综合素质训练项目管理系统”可对素质训练项目和学分情况进行信息化管理。调研的内容作为项目开发的基础资料。

本文档是“项目计划制订模块”部分的说明书。

1.2 文档约定

按照公司需求规格说明书的格式要求进行编写。

1.3 预期的读者和阅读建议

本产品需求规格说明书的编写目的是，提供给“学工处”和“系部”用户，以及设计人员、主要开发人员阅读、参考。

1.4 产品的范围

本产品仅用于“大学生综合素质训练项目管理系统”的“项目计划制订模块”。

1.5 参考文献

略。

2. 综合描述

2.1 产品的前景

随着学校工作的日益深入、在校生人数的日益增多、校园面积的日益扩大，传统的对学生综合素质的评价及考核方法已越来越不能适应现代管理与教学的需求。当需要在几百或几千个学生中找出一个学生的资料时，采用手工查询的效率十分低下，并且经常会出现修改、存储数据十分不便，以及计算综合积分时容易出错等情况。因此，设计和开发一套大学生综合素质测评管理系统十分必要。应用计算机来管理庞大、复杂的学生资料，不仅查询、修改、统计十分方便，而且效率高、速度快，能够满足现代管理的要求。

本产品通过系统提供的灵活配置功能，能够满足学校在不同时期对项目变化的要求。同时，也可以满足大部分学校的管理要求。

2.2　产品的功能

本系统主要提供 3 个功能，即“项目配置功能”、“项目计划与实施功能”和“统计查询功能”。

2.3　用户类和特征

本系统角色主要有“学工处”、“系部”、“学生”和“系统管理员”四大类，其角色和职责描述如表 A-2 所示。

表 A-2　角色和职责描述

序　号	角　色	职责描述
1	学工处	① 设置素质领域、模块名称和项目名称 ② 设置最高素质分 ③ 设置学分 ④ 安排项目 ⑤ 查询统计分析
2	系部（计算机学院）	① 登记学生 ② 记录项目实际开始时间 ③ 评分 ④ 记录项目实际结束时间 ⑤ 统计查询（本系已完成的项目）
3	学生	查询
4	系统管理员	① 总素质分配置（设置到模块） ② 学分配置（设置到项目） ③ 考核评价配置（依据实际训练总分设置） ④ 用户权限设置

2.4　运行环境

系统运行环境如表 A-3 所示。

表 A-3 系统运行环境

内　容	描　述
操作系统	Windows Server 2012 及以上版本
CPU	Intel Xeon 及以上型号
内存	4 GB 及以上
数据库	SQL Server 2012
开发工具	Visual Studio 2012 及以上版本
应用服务器	IIS 8.5 及以上版本

2.5 设计和实现上的限制

无。

2.6 假设和依赖

无。

3. 外部接口需求

3.1 用户界面

这里采用网页风格用户界面，通过浏览器展现。用户界面元素间要支持 Enter 键的切换，要提供快捷键操作和容错能力。如表 A-4 所示为用户界面名称及描述。

表 A-4 用户界面名称及描述

界面名称	描　述
登录界面	学工处、系部、学生统一用户登录界面，系统根据不同用户名自动分配各自权限
素质领域、模块、项目维护界面	学工处可以对素质领域、模块名称、项目进行查询、添加、修改和删除管理
项目配置界面	学工处可以对项目进行学分配置，还可以进行考核评价配置
项目计划制订与项目实施界面	① 学工处利用此界面进行项目计划的制订，并提交制订的计划到系部 ② 系部接收到学工处的项目计划之后，添加学生到此项目，并启动该项目 ③ 项目完成后，系部负责人统计参加项目的学生并对他们进行评分 ④ 评分结束后，关闭此项目，并记录项目结束
统计查询界面	对于此界面，学工处和系部都可使用，可用来查询项目信息，分别有以下几种方法。 ① 按学期统计查询信息 ② 按系统计查询信息 ③ 按年级统计查询信息

续表

界面名称	描　　述
统计查询界面	④ 按班级统计查询信息 ⑤ 按年月统计查询信息 ⑥ 按项目统计查询信息 最后，学工处和系部可以查询学生的素质成绩，学生可以使用此功能查询自己的成绩
异常处理	异常处理界面

3.2　硬件接口

无。

3.3　软件接口

提供 XlS 文件的引入和导出，包括组织部门数据导入、学生数据导入。

3.4　通信接口

无。

4.　系统特性

4.1　说明和优先级

开发进度：高，按照合同准时提交产品。

4.2　激励 / 响应序列

无。

4.3　功能需求

本产品的功能结构如图 A-1 所示。下面以项目计划制订为例进行功能要求描述。

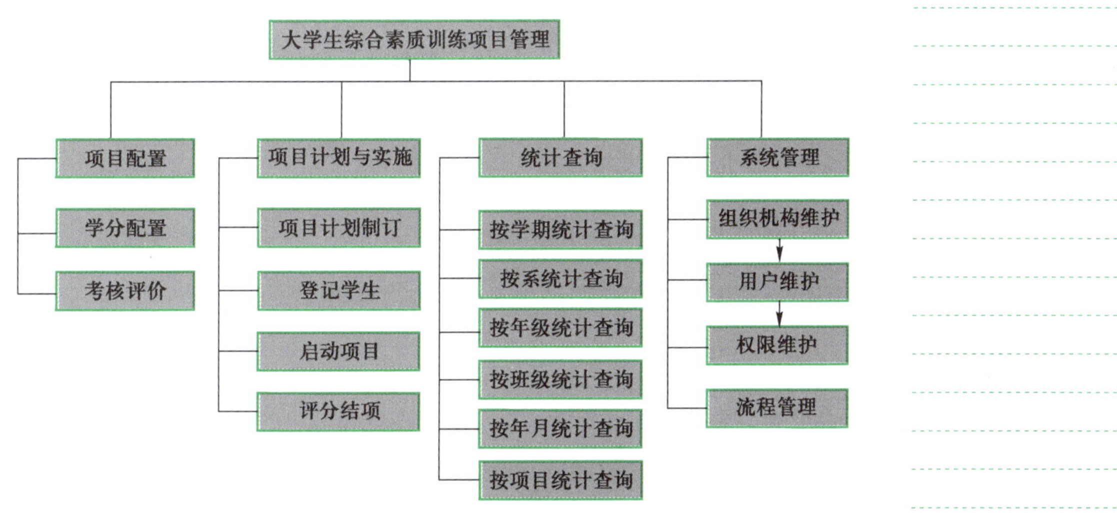

图 A-1　功能结构图

(1)项目计划制订

大学生综合素质训练项目是整个产品的核心,整个系统围绕着项目展开,包括项目内容的确定、项目计划的制订,以及项目的开始、实施、评分和结束。

(2)项目计划制订流程

大学生综合素质训练项目计划的制订过程如下。

① 系部申报:系部准备申报的项目资料,输入系统,送学工处审批。

② 学工处审批:学工处分析送审的项目,对项目做出通过或退回的决定,同时提供项目审批意见。

③ 启动项目:系部对通过的项目实施启动。

项目计划审批业务流程如图A-2所示。

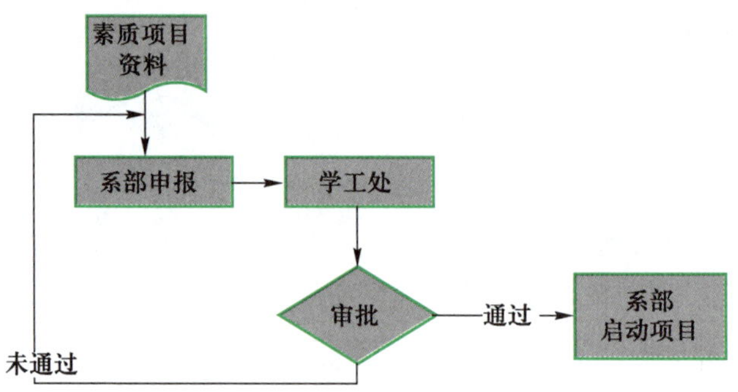

图A-2 项目计划审批业务流程

(3)项目计划用例

项目计划用例如图A-3所示。

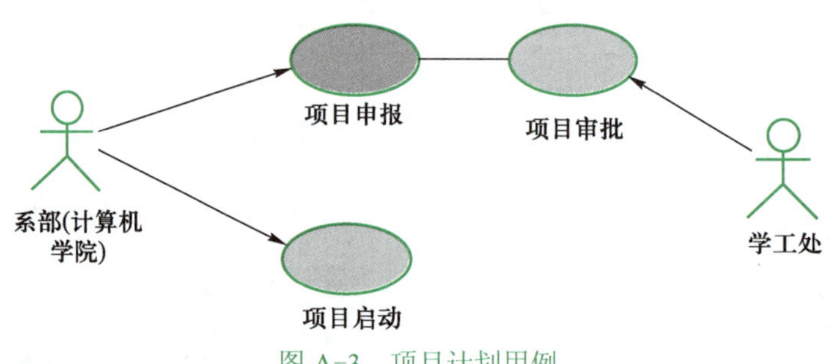

图A-3 项目计划用例

(4)项目申报用例描述

项目计划用例描述如表A-5所示。

表 A-5 项目计划用例描述

内 容	说 明
系统用例编号	QTPSB001
系统用例名称	项目申报
用例描述	项目申报是学院各系部提出的，向学工处进行申报和开设的大学生综合素质训练项目
执行者	各系部项目经办人
主过程描述	① 选择素质领域、模块、项目 ② 单击“新增”按钮，项目计划编号便显示在页面上 ③ 输入项目内容、考核要点、素质训练分、学期安排、负责系部和负责人 ④ 单击“保存”按钮，所制订的项目计划便显示在页面 ● 如果成功，结束用例 ● 如果失败，则转至备选描述 A
备选描述	A 单击“修改”按钮，修改原来的项目计划，并转到③
业务规则	按规则自动生成计划编号；必须输入素质领域、模块、项目名称、项目内容、考核要点、素质训练分、学期安排、负责系部、负责人；确保项目名称的唯一性，避免一个项目重复申报
涉及的业务实体	项目数据库
前置条件	已经登录系统，并有项目申报的权限，素质领域已经成功维护
后置条件	查询已申报的项目列表，学工处可以查询和审批申报项目
补充说明	无

（5）项目计划用户接口

提供申报界面：主要由新增、修改、删除和送审等功能实现项目维护和送审。

提供审核界面：主要由审核、同意和退回等功能实现项目的审批。

（6）项目计划数据项

项目表数据项如表 A-6 所示。

表 A-6 项目表数据项

表 名	Project				
列名	描述	数据类型（精度范围）	空 / 非空	唯一	约束条件
ModuleID	模块 ID	int	否	否	从 1 000 递增到 9 999（递增值为 1）
ProID	项目 ID	int	否	是	从 10 000 递增到 99 999（递增值为 1）

续表

表　名	Project				
列名	描述	数据类型（精度范围）	空 / 非空	唯一	约束条件
ProName	项目名称	nvarchar(50)	否	否	无
MaxQualityScore	最高素质分	int	否	否	无
DeleteSign	删除标识	bit	否	否	无
其他说明	Primary Key：ProID 外键：ModuleID 最高素质分：默认值为 5 删除标识：默认值为 0				

项目计划表数据项如表 A-7 所示。

表 A-7　项目计划表数据项

表　名	ProjectPlan				
列名	描述	数据类型（精度范围）	空 / 非空	唯一	约束条件
PlanID	计划 ID	bigint	否	是	从 10 000 000 递增到 99 999 999（递增值为 1）
ProID	项目 ID	bigint	否	否	从 10 000 递增到 99 999（递增值为 1）
ProOverview	项目内容概述	nvarchar(200)	否	否	无
ProPlan	项目计划安排（学期安排）	nvarchar(200)	否	否	无
AssessPoints	考核要点	nvarchar(200)	否	否	无
QualityTrain	素质训练分	int	否	否	无
ResponsePerson	项目负责人	nvarchar(50)	否	否	无
ProStartTime	项目开始时间	dateTime	否	否	无
ProEndTime	项目结束时间	dateTime	否	否	无
PlanDraftOrgID	计划制订机构 ID	nvarchar(2)	否	否	无
PlanImpOrgID	计划实施机构 ID	nvarchar(2)	否	否	无
ProDraftPeoID	项目计划制订人 ID	bigint	否	否	从 10 000 000 ～ 99 999 999

续表

表　名	ProjectPlan				
列名	描述	数据类型（精度范围）	空 / 非空	唯一	约束条件
DraftProDate	项目计划制订日期	dateTime	否	否	无
PlanImpID	计划实施人 ID	bigint	否	否	从 10 000 000 ～ 99 999 999
PlanImpDate	计划实施人最近操作日期	dateTime	否	否	无
PlanPhase	计划执行阶段	int	否	否	无
EndSign	计划结束标识	bit	否	否	无
InvalidSign	计划作废标识	bit	否	否	无
其他说明	Primary Key：PlanID 外键：ProID 素质训练分：默认值为 5 计划执行阶段：1（制订，默认值），2（实施）、3（结束） 计划结束标识：默认值 0，未结束 计划作废标识：默认值 0，未作废				

（7）项目计划用户权限

系统是通过划分用户组来进行用户权限控制的。

下列用户组可以使用本功能：系部用户，按照不同的系部访问自己的申报项目；学工处，访问和审批所有的送审的项目。

5. 其他非功能需求

其他非功能需求如表 A-8 所示。

表 A-8　其他非功能需求一览表

主要质量属性	详 细 要 求
正确性	数据的输入 / 输出保持正确，界面显示无误
健壮性	用户输错数据时有提示信息，具有较好的容错性能
可靠性	本系统的数据必须可靠和正确，不要有严重的逻辑错误，以免导致系统崩溃或数据丢失
性能、效率	正常使用时能在 3 s 左右对用户做出响应
易用性	本系统用户界面简单，用户在经过培训以后能很快上手使用

续表

主要质量属性	详 细 要 求
安全性	所有操作人员都要通过用户名和密码登录系统，特别是 B/S 端用户还必须通过证书验证才能进入系统，从而保证了数据的安全性
可扩展性	对于用户的需求，本系统在功能上可以进行扩展，以满足业务发展的需求
可移植性	本系统在数据库上可以进行移植，支持 Oracle、Sybase 等数据库

附录 B

测试用例模板

1. 功能测试测试用例模板

功能测试测试用例模板如表 B-1 所示。

表 B-1 功能测试测试用例模板

用例编号				
功能 A 描述				
用例目的				
前提条件				
子用例编号	输入 / 动作	期望的输出 / 响应	实际情况	状态
	示例：典型值……			
	示例：边界值……			
	示例：异常值……			

2. 容错能力 / 恢复能力测试用例模板

容错能力 / 恢复能力测试用例模板如表 B-2 所示。

表 B-2 容错能力 / 恢复能力测试用例模板

用例编号				
用例目的				
前提条件				
子用例编号	异常输入 / 动作	容错能力 / 恢复能力	造成的危害、损失	状态
	示例：错误的数据类型……			
	示例：定义域外的值……			
	示例：错误的操作顺序……			
	示例：异常中断通信……			
	示例：异常关闭某个功能……			
	示例：负荷超出了极限……			

3. 性能测试用例模板

性能测试用例模板如表 B-3 所示。

表 B-3　性能测试用例模板

用例编号				
性能 A 描述				
用例目的				
前提条件				
子用例编号	输入数据	期望的性能（平均值）	实际性能（平均值）	状态

4. 界面测试用例模板

界面测试用例模板如表 B-4 所示。

表 B-4　界面测试用例模板

用例编号				
用例目的				
前提条件				
指标	子用例编号	检查项	评价	状态
合适性和正确性		用户界面是否与软件的功能相融洽		
		是否所有界面元素的文字和状态都正确无误		
容易理解		对于常用的功能，用户能否不必阅读手册就能使用		
		是否所有界面元素（例如图标）都不会让人误解		
		是否所有界面元素都提供了充分而必要的提示		
		界面结构是否能够清晰地反映工作流程		
		用户是否容易知道自己在界面中的位置，从而不会迷失方向		
		是否有联机帮助		
风格一致		同类的界面元素是否有相同的视感和相同的操作方式		
		字体是否一致		
		是否符合广大用户使用同类软件的习惯		

续表

指标	子用例编号	检查项	评价	状态
及时反馈信息		是否提供进度条、动画等反映正在进行的比较耗时间的过程		
		是否为重要的操作返回必要的结果信息		
出错处理		是否对重要的输入数据进行校验		
		执行有风险的操作时，是否有“确认”“放弃”等提示吗		
		是否根据用户的权限自动屏蔽某些功能		
		是否提供 Undo 功能用以撤销不期望的操作		
适应各种水平的用户		所有界面元素是否都具备充分必要的键盘操作和鼠标操作		
		初学者和专家是否都有合适的方式操作这个界面		
		色盲或者色弱的用户是否能正常使用该界面		
国际化		是否使用了国际通行的图标和语言		
		度量单位、日期格式、人的名字等是否符合国际惯例		
个性化		是否具有与众不同的、让用户记忆深刻的界面设计		
		是否在具备必要的“一致性”的前提下突出“个性化”设计		
合理布局和谐色彩		界面的布局是否符合软件的功能逻辑		
		界面元素是否在水平或者垂直方向进行了对齐		
		界面元素的尺寸是否合理？行、列的间距是否保持一致		
		是否恰当地利用窗体和控件的空白，以及分割线条		
		当窗口切换、移动、改变大小时，界面是否正常		
		界面的色调是否让人感到和谐、满意		
		重要的对象是否用醒目的色彩进行了表示		
		色彩使用是否符合行业的习惯		
……	……	……	……	

5. 信息安全测试用例模板

信息安全测试用例模板如表 B-5 所示。

表 B-5　信息安全测试用例模板

用例编号				
用例目的				
假想目标 A				
前提条件				
子用例编号	非法入侵手段	是否实现目标	代价－利益分析	状态
	……			

6. 压力测试用例模板

压力测试用例模板如表 B-6 所示。

表 B-6　压力测试用例模板

用例编号				
用例目的				
极限名称 A	如“最大并发用户数量”			
前提条件				
子用例编号	输入 / 动作	输出 / 响应	是否能正常运行	状态
（例如 10 个用户并发操作）				
（例如 20 个用户并发操作）				

7. 可靠性测试用例模板

可靠性测试用例模板如表 B-7 所示。

表 B-7　可靠性测试用例模板

用例编号	
任务 A 描述	
连续运行时间	
故障发生的时刻	故障描述
……	

续表

统计分析	
任务 A 无故障运行的平均时间间隔	（CPU 小时）
任务 A 无故障运行的最小时间间隔	（CPU 小时）
任务 A 无故障运行的最大时间间隔	（CPU 小时）
结论	

8. 安装 / 反安装测试用例模板

安装 / 反安装测试用例模板如表 B-8 所示。

表 B-8 安装 / 反安装测试用例模板

用例编号			
用例目的			
配置说明			
子用例编号	安装选项	是否正常	难易程度
	全部		
	部分		
	升级		
	其他		
	反安装选项	是否正常	难易程度

附录 C

软件维护相关表

1. 软件问题报告表

软件维护通常从问题报告开始，维护人员有义务将问题进行整理，以便于开发人员找到原因，提供解决方案。如表 C-1 所示为软件问题报告表。

表 C-1　软件问题报告表

<table>
<tr><th colspan="5">软件问题报告表</th></tr>
<tr><td colspan="3" rowspan="3">软件问题报告</td><td colspan="2">编号：</td></tr>
<tr><td colspan="2">登记日期：</td></tr>
<tr><td colspan="2">时间：</td></tr>
<tr><td>报告人资料</td><td>姓　名</td><td></td><td>电　话</td><td></td></tr>
<tr><td>地　址</td><td colspan="4"></td></tr>
<tr><td colspan="5">问题：　[ ] 程序　[ ] 数据库　[ ] 文档</td></tr>
<tr><td colspan="5"></td></tr>
<tr><td colspan="5">问题描述 / 影响 / 解决期限：
签名：　日期：</td></tr>
<tr><td colspan="5">软件开发部意见：
签名：　日期：</td></tr>
<tr><td colspan="5">附注：</td></tr>
</table>

2. 软件维护需求表

软件维护工作是一个持续的过程。软件维护需求表用于在客户服务部门与变更控制委员会、开发部门之间的联系。它将维护的要求详细地提供给变更控制委员会评审，评审通过后又会移交给开发部门，以帮助他们更好地有针对性地安排维护工作。如表 C-2 所示为软件维护需求表。

表 C-2　软件维护需求表

软件维护需求表
维护需求的编制者：________ 申请者：________ 模块 / 程序名：________ 紧急程度：[　] 紧急　[　] 高　[　] 中　[　] 低
问题 / 需求描述：
维护案例的标志：________ 维护活动的标志：________ 估计成本：________ 维护工作开始时间：________ 预计维护工作结束时间：________
对产品和修改的模块所产生的影响 / 注释：
评审委员会意见： 接收 / 拒收：________ 日期 / 签名：________

3. 软件维护报告表

开发部门将软件所做出的维护性修改记录在案，是十分有必要的。软件维护报告表可防止文档的不一致性而带来的维护麻烦。如表C-3所示为软件维护报告表。

表C-3 软件维护报告表

<table>
<tr><th colspan="4">软件维护报告表</th></tr>
<tr><td colspan="4">维护案例的编号：________________
维护需求的类型：[ ]改正性 [ ]适应性 [ ]完善性</td></tr>
<tr><td colspan="4">需要维护的原因和维护后产生的影响：</td></tr>
<tr><td></td><td>原　因</td><td colspan="2">影　响</td></tr>
<tr><td></td><td></td><td colspan="2"></td></tr>
<tr><td></td><td></td><td colspan="2"></td></tr>
<tr><td></td><td></td><td colspan="2"></td></tr>
<tr><td colspan="4">所有维护过的模块和系统的结果及成本/工作：</td></tr>
<tr><td rowspan="2">模块标志</td><td colspan="2">维护变更量</td><td rowspan="2">工作
（人小时）</td></tr>
<tr><td>源码</td><td>文档</td></tr>
<tr><td></td><td></td><td></td><td></td></tr>
<tr><td></td><td></td><td></td><td></td></tr>
<tr><td></td><td></td><td></td><td></td></tr>
<tr><td colspan="4">对所进行维护工作的注释：</td></tr>
<tr><td colspan="4">维护人签名：

日期：</td></tr>
</table>

4. 软件问题解决记录表

软件问题解决记录表用于上门维护人员记录其发现问题之后的解决过程，并将其备案，这对于维护工作有很重要的价值。如表 C-4 所示为软件问题解决记录表。

表 C-4　软件问题解决记录表

<table>
<tr><th colspan="2">软件问题解决记录表</th></tr>
<tr><td colspan="2">软件问题编号：</td></tr>
<tr><td>软件维护人：</td><td>维护时间：</td></tr>
<tr><td colspan="2">软件解决过程：

签名：　　　　　　　　日期：</td></tr>
<tr><td colspan="2">软件用户意见：

签名：　　　　　　　　日期：</td></tr>
<tr><td colspan="2">评审委员会意见：

签名：　　　　　　　　日期：</td></tr>
<tr><td colspan="2">备注：

签名：　　　　　　　　日期：</td></tr>
</table>

参 考 文 献

[1] 杨雪瑜，高立军．软件开发过程与项目管理 [M]．北京：电子工业出版社，2008.

[2] 周贺来，连卫民，等．软件项目管理与实用教程 [M]．北京：机械工业出版社，2009.

[3] 张念．软件项目管理 [M]．北京：中国水利水电出版社，2008.

[4] 阳王东，曾强聪，等．软件项目管理方法与实践 [M]．北京：中国水利水电出版社，2009.

[5] 陈宏刚，熊明华，等．软件开发过程与案例 [M]．北京：清华大学出版社，2003.

[6] 吴建，郑潮，等．UML 基础与 Rose 建模案例 [M]．北京：人民邮电出版社，2007.

[7] 肖玉朝，何伟．ASP.NET 项目化教程 [M]．青岛：中国海洋大学出版社，2011.

[8] 曹哲．软件工程 [M]．北京：中国水利水电出版社，2004.

[9] 唐晓波．IT 项目管理 [M]．北京：科学出版社，2008.

[10] 韩万江．软件项目管理案例教程 [M]．北京：机械工业出版社，2005.

[11] 吴吉义．信息系统项目管理案例分析教程 [M]．北京：电子工业出版社，2006.

[12] 莫勇腾．深入浅出软件设计模式（C#Java）[M]．北京：清华大学出版社，2006.

[13] 温昱．软件架构设计 [M]．北京：电子工业出版社，2007.

[14] 曹向志，于涌，等．软件测试项目实战——技术、流程与管理 [M]．北京：电子工业出版社，2010.

[15] 徐芳．软件测试技术 [M]．北京：机械工业出版社，2012.

[16] 张万军，葛瀛龙，林菲，等．敏捷软件开发项目管理与实践——以 Azure DevOps Server 软件开发为例 [M]. 北京：高等教育出版社，2023.

郑重声明

高等教育出版社依法对本书享有专有出版权。任何未经许可的复制、销售行为均违反《中华人民共和国著作权法》，其行为人将承担相应的民事责任和行政责任；构成犯罪的，将被依法追究刑事责任。为了维护市场秩序，保护读者的合法权益，避免读者误用盗版书造成不良后果，我社将配合行政执法部门和司法机关对违法犯罪的单位和个人进行严厉打击。社会各界人士如发现上述侵权行为，希望及时举报，我社将奖励举报有功人员。

反盗版举报电话　（010）58581999　58582371

反盗版举报邮箱　dd@hep.com.cn

通信地址　北京市西城区德外大街 4 号

　　　　　高等教育出版社知识产权与法律事务部

邮政编码　100120

读者意见反馈

为收集对教材的意见建议，进一步完善教材编写并做好服务工作，读者可将对本教材的意见建议通过如下渠道反馈至我社。

咨询电话　400-810-0598

反馈邮箱　gjdzfwb@pub.hep.cn

通信地址　北京市朝阳区惠新东街 4 号富盛大厦 1 座

　　　　　高等教育出版社总编辑办公室

邮政编码　100029